Dynamic Conservation of the Rural Landscape as a New Resource :
The Rice Terraces Preservation Strategies of Chinese Village Communities

農村景観の資源化
——中国村落共同体の動態的棚田保全戦略

菊池 真純
Kikuchi Masumi

御茶の水書房

農村景観の資源化
中国村落共同体の動態的棚田保全戦略

目　次

目　次

序　論　問題意識の所在と本書概要 …………………………………… 3

第1章　農村景観の動態的保全に関する理論 ……………………… 9

はじめに　9

1　農村景観への着目 ……………………………………………………… 10
1-1　農村景観　10
1-2　農村景観に焦点を当てる理由　11
1-3　農村景観を保全する理由　13
1-4　農村景観の保全方法　14

2　問題意識の所在 ………………………………………………………… 17
2-1　農業の目的と役割の変化　17
2-2　開発と保護の二極論に対する疑問　21
2-3　自然文化財保存制度による農村景観保存に対する疑問　23
2-4　中国農村の発展形態に対する疑問　25

3　景観・農村景観・文化的農村景観 ………………………………… 27
3-1　景観と風景　27
3-2　景観に対する評価　30
3-3　景観と公共性　32
3-4　農村景観の形成背景　33
3-5　文化的農村景観　36
3-6　文化的農村景観と人の意識　41
3-7　文化的農村景観保全の意義　45
3-8　文化的農村景観の動態的保全　46

4　資源としての農村景観 ……………………………………………… 49
4-1　資源論　49
4-2　農村景観が資源化する過程　51
4-3　農村景観資源を取り巻くアクターと関係　54

5　コモンズ論を基にした資源分配 ……………………………………… 57
　　　5-1　コモンズ論　57
　　　5-2　地域という範囲でのコモンズ　59
　　　5-3　事例からみるコモンズの崩壊　61
　　　5-4　中国農村の共同体を否定する議論　64

　6　質的調査研究の手法 …………………………………………………… 65

第2章　龍脊棚田地域の3つの村 ………………………………… 79

はじめに　79

　1　龍脊棚田地域の概要 …………………………………………………… 80
　　　1-1　調査地の選定理由　80
　　　1-2　広西龍脊棚田地域の基本概要　81

　2　平安村の概要 …………………………………………………………… 89
　　　2-1　資料からみる平安村　89
　　　2-2　平安村書記・主任へのインタビュー　90
　　　　①村の概要　90
　　　　②旅行業開発の流れと管理体制　91
　　　　③入場チケットの管理と地域住民への利益配分　92
　　　　④地域住民の経済水準　92
　　　　⑤耕作放棄地と棚田維持への努力　93
　　　　⑥今後取り組むべき課題　94
　　　　⑦子供たちの教育水準と次世代への希望　95

　3　大寨村の概要 …………………………………………………………… 96
　　　3-1　資料からみる大寨村　96
　　　3-2　大寨村書記・主任へのインタビュー　97
　　　　①村の構成　98
　　　　②旅行業開発の流れと管理体制　98
　　　　③入場チケットの管理と地域住民への利益配分　101
　　　　④地域住民の経済水準　103

⑤耕作放棄地と棚田維持への努力　104
　　　⑥今後取り組むべき課題　105
　　　⑦子供たちの教育水準と次世代への希望　107

　4　古壮寨の概要……………………………………………………108
　　4-1　資料からみる古壮寨　108
　　4-2　古壮寨書記・主任へのインタビュー　109
　　　①村の構成　109
　　　②旅行業開発の流れと管理体制　110
　　　③入場チケットの管理と地域住民への利益配分　111
　　　④地域住民の経済水準　111
　　　⑤耕作放棄地と棚田維持への努力　113
　　　⑥今後取り組むべき課題　114
　　　⑦子供たちの教育水準と次世代への希望　115

　5　寨老制という伝統的村内自治体制……………………………115
　　5-1　寨老制とは　115
　　5-2　寨老と慣習法　117
　　5-3　寨老制の周辺化　118

　6　龍脊棚田地域に現存の寨老……………………………………119
　　6-1　龍脊棚田地域各村民の寨老に対する考え　119
　　6-2　個人史の作成　120
　　6-3　平安村の寨老　120
　　6-4　大寨村の寨老　125
　　6-5　古壮寨の寨老　129

　7　寨老制廃止の意味と今日に寨老制が残る背景…………………133

第3章　3つの村の棚田保全を支える特徴的要素…………137
　はじめに　137

　1　棚田耕作へ出稼ぎに来る村外農民（平安村）…………………138
　　1-1　山間地・中山間地農村における議論　138

2 平安村へ来る出稼ぎ棚田耕作者に関する調査 ……… 139
2-1 平安村書記・主任へのインタビュー　139
2-2 調査の概要　141
2-3 平安村住民の調査結果　142
（1）現在、村外からこの村に棚田耕作の日雇い労働に来ている人がいますか。　142
（2）現在、あなたの家では、棚田耕作のために村外の人を雇っていますか。　143
（3）近年、なぜ日雇い労働の棚田耕作者が必要になったと考えますか。　143
（4）村外の人を雇うのはなぜですか。　144
（5）日雇い棚田耕作に来る人の農業技術は十分ですか。　145
（6）日雇い耕作者を1日雇うのに相応しい賃金はいくらですか。　146
（7）あなたは今後、耕作のために村外の人を雇いますか。　146
（8）それはなぜですか。　146
（9）例えば、今後さらに村外の日雇い耕作者による棚田耕作が増え、その現象が普遍化していくことに対してどう思いますか。　147
2-4 村外の日雇い棚田耕作者を雇っている家庭の調査結果　148
（10）どのような人を雇っていますか。　148
（11）あなたの家では、日雇い耕作者をいつの時期に何人、何日間程度、何ムの田を耕作するために雇いますか。　148
2-5 日雇い棚田耕作者に対する平安村住民の考え　149

3 出稼ぎ棚田耕作者に関する今後の課題 ……… 150
3-1 非直接的な棚田景観形成物の管理に関する課題　150
3-2 民族文化の継承に関する課題　151
3-3 雇用形態に関する課題　153

4 伝統的村落共同体による森林管理（大寨村）……… 154
4-1 瑶族と瑶族の慣習法　154

5 現在の大寨村の森林資源管理 ……… 157
5-1 大寨村の森林資源　157
5-2 防火活動　158
5-3 林地荒廃防止への施策　159
5-4 水源林管理　161

5-5　境界を基にした経済林管理　163

6　生態博物館制度による旅行教育（古壮寨）……………………… 166
　　　6-1　中国生態博物館　166
　　　6-2　中国生態博物館への評価　170

7　古壮寨への生態博物館指定 ……………………………………… 173
　　　7-1　周辺村が古壮寨に示す経験と教訓　173
　　　7-2　生態博物館としての古壮寨　174
　　　7-3　百年古屋の開放と語り部としての家主　178
　　　7-4　古壮寨生態博物館での旅行教育　181

小　括　184

第4章　住民・旅行者・政府の農村景観への眼差し ……… 187

はじめに　187

1　地域住民への調査方法 …………………………………………… 188

2　地域住民への調査結果 …………………………………………… 191
　　　2-1　基本情報の調査結果　191
　　　2-2　地域住民の農村景観に対する意識　198
　　　2-3　地域住民の農村景観変化に関する考え　205
　　　2-4　地域住民の農村景観形成に関する行動と意識　208
　　　2-5　地域住民の農村景観を取り巻く他のアクターへの考え　216
　　　2-6　地域住民の将来の農村景観に対する考え　221

3　国内外旅行者への調査方法 ……………………………………… 232
　　　3-1　インタビュー調査票　232

4　国内外旅行者への調査結果 ……………………………………… 235
　　　4-1　回答者の基本情報　235
　　　4-2　地域景観に対する感覚と認識　237
　　　　（1）あなたは、ここの農村景観を美しいと思いますか。　237

    (2) あなたは、ここの農村景観に親近感がありますか。 238
    (3) あなたは、地域住民の人々の文化・家屋・土地など彼らが有するものも全て「地域景観を構成する一部分」だと思いますか。 240
    (4) 地域景観にとって、地域住民の有する文化・家屋・土地など彼らに属するものも全て地域景観の貴重な財産だと思いますか。 241
    (5) あなたは、ここの農村景観は誰のものだと思いますか。 242
  4-3 地域景観の変化 243
    (6) あなたは、ここの農村景観の長所と短所はなんだと思いますか。 243
    (7) 過去と現在では、ここの景観に変化はあると思いますか。 245
    (8) 農村景観に変化がある場合、変化を生み出した主な要因はなんだと思いますか。また、農村景観に変化がない場合、その主な要因はなんだと思いますか。 246
    (9) 農村景観に変化がある場合、それぞれどのような利点と欠点があると思いますか。 248
  4-4 農業活動への考え 250
    (10) なぜ、この地域では今日まで棚田を維持していると思いますか。 250
    (11) 地域住民が棚田を維持する過程において、最も苦労していることはなんだと思いますか。 251
    (12) それらの苦労を克服するために、彼らが最も必要としていることはなんだと思いますか。 252
    (13) 農村景観を守るため、或いは更に美しくするために、あなたがここに訪れてから特に注意して行動している点はありますか。 254
    (14) もし機会があれば、農村景観を守るため、或いは更に美しくするために、あなたは1年でいくら募金を支払う、或いはなん日間ボランティア活動に参加することができますか。 255
  4-5 旅行業のなかの景観 256
    (15) あなたがここに訪れた最大の理由はなんですか。 256
    (16) あなたがここを訪れてから、最も魅力を感じた点はなんですか。 257
    (17) あなたがここを訪れてから、最も残念に思ったことはなんですか。 257
    (18) あなたがここを訪れる前に予想していたものと、実際訪れてからで異なる点はありましたか。 259
    (19) あなたは、どのアクターがここの旅行業を管理するのが最適だと思いますか。 260
    (20) あなたは、大寨村と平安村どちらの村が最も好きですか。 261

    4-6　将来の展望　262
       （21）あなたは、将来ここの農村景観がどのようになると思いますか。　262
       （22）もし棚田を切り開いて平地にし、米の生産量が多くなるとしたら、地域住民が棚田を放棄することをあなたは支持しますか。　264
       （23）もし棚田を切り開いて、娯楽施設を作り地域住民の収入が多くなるとしたら、地域住民が棚田を放棄することをあなたは支持しますか。　264
       （24）もし将来ここで旅行業が衰退してなくなったとしても、地域住民はここで棚田の耕作を継続し続けると思いますか。　264
       （25）地域住民は、機会があれば地域を離れて都市に住みたいと考えていると思いますか。　265

5　龍脊棚田地域に対する需要（旅行者の視点） ………………………… 266
    5-1　地域住民との比較からみる旅行者の考え　266
    5-2　農業と生活の変化に関する考え　268
    5-3　地域に対して問題視している点　269
    5-4　将来に対する予想　273
    5-5　旅行者が地域に求めるもの　276

6　景観形成のための棚田耕作への移行（住民の視点） ………………… 280
    6-1　景観地化する棚田　280
    6-2　地域住民の価値観と選択　284

7　所得政策と結びつく棚田景観（政府の視点） ………………………… 289
    7-1　龍脊棚田地域の農村景観保全への規制と生態補償　289
    7-2　菜の花プロジェクトを通じての生態補償　293
    7-3　従来の生態補償をめぐる問題への対応　296

第5章　農村景観資源の動態的保全戦略　299

はじめに　299

1　農村景観の資源化による保全 ……………………………………………… 300
    1-1　龍脊棚田地域における農村景観の資源化　300
    1-2　旅行業の平安村　302

1-3　グリーンツーリズムの大寨村　304
　　　1-4　生態博物館の古壮寨　307
　2　地域住民の兼業化の奨励 ………………………………………… 310
　　　2-1　多彩な農村住民の仕事　310
　　　2-2　地域を支える兼業　311
　　　2-3　本業である農業と副業である旅行業の位置づけ　313
　3　伝統を基礎とした新共同体の再構築 …………………………… 315
　　　3-1　自然資源を扱う伝統的な共同体の重視　315
　　　3-2　農業に従事しない共同体構成員の捉え方　318
　　　3-3　多様なアクターを取り込む伝統的村落共同体の発展　322
　4　地域の強みへと転換した従来の弱点 …………………………… 324
　　　4-1　農村景観資源の活用における地理的優位性　324
　　　4-2　視覚的変化を農村景観に有する優位性　325
　　　4-3　少数民族居住地域としての独自性　327
　　　4-4　資金と労働力の確保における優位性　328
　5　結　論 …………………………………………………………… 330
　　　5-1　龍脊棚田地域の質的変化が現代中国で意味するもの　330
　　　5-2　市場経済への緩やかな移行形態　331
　　　5-3　他の中山間地農村への示唆　333
　　　5-4　農村景観の動態的保全　335

おわりに………………………………………………………………… 339
人名索引………………………………………………………………… 341
地名索引………………………………………………………………… 347
事項索引………………………………………………………………… 349
図表索引………………………………………………………………… 354

農村景観の資源化

中国村落共同体の動態的棚田保全戦略

序論

問題意識の所在と本書概要

　農の多面的機能が重視され、農村景観の美しさに対する評価が高まる一方で、農村景観によって生計を立てられる農家は多く存在していない。市場経済のなかで、農業の衰退や農村の疲弊が存在するなかでも、農業を営む人々が農村景観を糧に生活を成り立たせることは可能か、という問いが本書の原点である。それを実現するためには、本書の題目でもある『農村景観の資源化』が必要であり、本書では、すでに『農村景観の資源化』がみられる調査地の考察を行った。

　本書では、中華人民共和国広西壮族自治区龍勝県の龍脊棚田地域（以下、中国広西龍脊棚田地域）を調査地として、当該地域の農村景観という資源に着目し、1、人々が既存の物事を資源として認知する過程、2、資源を取り巻く各アクターの存在とそれぞれの関係、3、資源管理方法と資源から得られる利益の分配方法、4、資源の内容の変化、に関する考察を行った。

　社会や市場の変化、また、人々の価値観や需要の変化が生まれるなかで、資源とされるものも変化し、また資源を扱う村落共同体のあり方にも変化がみられる。その一例として、これまで資源として認識されることがなかった農村景観が今日、社会のなかの価値観の多様化によって１つの有望な資源となり始めている。

　農村景観とは、人と自然の共同作品であり、自然環境に対するその地域の人々の作法の表れである。自然と人間の協働によって形成される農村景観を

読み解くことは、自然と人間の関わりを読み解くことといえる。

農村景観を作り上げてきた背景には、伝統的な村落共同体の存在がある。本書の研究における村落共同体の範囲は、森林・水源・農地といった自然資源の管理・分配の単位と捉えられ、具体的には、地域内・村内の中に複数存在する伝統的な自然集落・住民グループが挙げられる。今日もこうした自然資源の管理・分配がみられるが、地域外部の農村景観に対する評価により、農村景観が旅行業資源として変化した今日、その新たな資源を取り巻く行動主体は多様化し、範囲も広がりをみせている。つまり、従来の伝統的な村落共同体を基礎としたうえで、地方政府・旅行会社・学者・旅行者といった新たな行動主体が共同体構成員として加わり、さらに発展した広義の村落共同体による資源管理が生まれているといえる。

中国は、世界のなかでも国内地域間格差が最も大きな国のひとつといえる。中国の山間地域・中山間地域農村には、今日もなお600年以上続く伝統的な村落共同体に基づく生活が営まれ、農村景観が継承されている地域が存在する。今日、道路の開通に伴う旅行業の地域進出により、わずか十数年の間に地域住民の収入は大幅に向上するに至っている。本書の調査地の龍脊棚田地域では、急速に市場経済に取り込まれていくなかで、何百年、何千年と培ってきた村落共同体を基盤にする農村社会が地域の農村景観を資源として活用している。

本書は、こうした社会変化のなかで人々が農村景観を資源化してきた過程を示し、農村景観に対する人々の価値観や管理の方法、資源分配、そこに関わるアクターにどのような変化が生まれたか、またその過程のなかで、農村景観を動態的に保全することが可能であるか、それによっていかなる山間地農村の発展形態を模索することができるかという課題に関して、現地調査をもとに考察した。

本書の構成は、第1章から第5章までの構成である。これまでに査読を経て、学術雑誌や紀要に掲載された研究論文17本に加筆した内容が含まれている。

第1章では、先行研究を整理し、理論的枠組みを明確にすることを目的と

した。農村景観を研究対象とするうえで、自然環境のみでなく、社会や文化を含めた農村景観を資源と捉えて資源論を用い、その資源の分配方法と共同体による安定的で秩序のある分配によって地域社会が形成されることを論じるためにコモンズ論を用いる。具体的には、以下の4点で整理する。①「景観」：景観に関する用語の解釈と整理、景観への着目理由とその必要性に関して論じる。②「農村景観」・文化的農村景観：自然と人間の調和の視点から文化を含めて論じ、各定義を示す。③「文化的農村景観の保全」：自然と人間の調和の視点から保全の意義、保全形態、関して整理し、いかに保全を行うかを論じる。④「資源としての農村景観」：農村景観が資源化する過程や農村景観という資源を取り巻くアクターとその関係を整理する。⑤「コモンズ論をもとにした資源分配」：自然資源に止まらず文化的・社会的要素も包括した農村景観をコモンズとして捉え、地域という範囲での資源そのものと資源管理・分配・利用について整理を行う。これら整理を踏まえ、調査地域である龍脊棚田地域の地域概要をまとめる。

　次に、第2章では、現地調査研究の入り口として、中国龍脊棚田地域全体、またこの地域内の平安村・大寨村・古壮寨の3つの村の状況や課題に関して、3つの村の代表である主任と書記、長老に対するインタビュー調査を行った。調査では、村全体の①経済状況、②資源分配方法、③農業、④旅行業、⑤将来の展望に関して、インタビュー調査から得た内容を中心に文献資料も用いて論じる。さらに3つの村それぞれにおいて、伝統的村落共同体構成員の精神的な拠り所とも言える村の伝統的リーダーである寨老（長老）のインタビューによって個人史を作成した。個人史では、各村の伝統や彼らの半生からみる村の変化、また村を代表する寨老の人物像を映し出すことによって、3つの村それぞれの理解を深める。

　第3章では、それぞれに異なる特徴を持つ3つの村が共通して有する棚田の農村景観をいかなる共同体の形成方法や特徴によって維持・保全をしているかに関して考察を行う。まず、①最も発展が速く商業化の進む平安村では、すでに村内住民だけでは棚田耕作の維持に限界が生じている。それに伴い、村外から日雇い棚田耕作者を雇うことで、新たなアクターを加えた村落共同体の維持、またそれを基礎とした農村景観資源の維持と管理を行っている調

査結果を示す。②大寨村では、自然集落を単位とした村全体での自然資源管理と相互扶助を継承する伝統的村落共同体に関して事例研究を行った。ここでは、特に村内で重視されていて、棚田を維持するための生命線となる森林資源管理に焦点を当て、そこから大寨村の特徴を考察する。③古壮寨は、中国博物館学会と地方政府の指定・指導によって中国生態博物館制度適用地域に2010年から指定されている。ここには、地域をまるごと保全し、旅行業を通して地域の発展と保全の両立を遂げる目的がある。この制度を通して、古壮寨がどのように政府や学界との協力をもとに村落共同体の形成を行い、村の運営をしているかに関して論じる。

第4章では、住民各村50名ずつ合計150名と、中国国内外の旅行者各10名ずつ合計20名に対して、①当該地域の旅行業、②資源分配と各資源への所有意識・帰属意識・公共意識、③棚田耕作、④地域の将来の展望について行った調査結果を示す。それを受けて、「農村景観に対する感覚と認識」、「農業と生活の変化に関する考え」、「地域に関わるアクターに関する考え」、「地域に対して問題視している点」、「将来に対する予想」という5項目に整理し、3つの村の住民の回答の比較と旅行者と地域住民の回答の比較から明確となったそれぞれの特徴を分析する。また近年、地域内で地方政府が実施する政策に関しても考察を行い、地域住民・旅行者・政府の各アクターが農村景観という資源をどう位置づけて解釈し、どのように活用・保全しているのかを考察する。

最終章である第5章では、龍脊棚田地域での農村景観の資源化がどのように形成されたか、またその資源の動態的保全をいかに戦略的に行っているかを論じ、本書の研究事例からみる他の山間地域・中山間地域農村発展への示唆を求め、理論の一般化を図る。龍脊棚田地域の戦略的な農村景観の動態的保全の特徴として、1、本業である農業の位置づけとそれを支える副業としての旅行業の位置づけ、兼業の肯定的な捉え方と奨励、2、地域の伝統的な共同体をもとにさらに多くの外部アクターを取り込み、時代の変化に応じた村落共同体の革新、3、従来、地域の発展阻害要因として存在してきた諸問題を強みに変えた旅行業への活用、が挙げられ、これらに関して考察を行う。さらに、地域の農村景観資源を持続的に保全しながら最大限に活用するため

に必要不可欠な要素といえる①伝統的村落共同体の重視と革新、②資金の確保、③労働力の確保、④付加価値の追加、⑤地域に適応した発展形態の選択、に項目を整理し、評価と考察を行うことで、本書の事例による他地域への示唆、一般化を模索する。最後に結論として、龍脊棚田地域の質的変化が現代中国で意味するもの、市場経済への緩やかな移行形態の重要性、他の山間地域・中山間地域農村への示唆、農村景観の動態的保全に関して論じる。

第 1 章

農村景観の動態的保全に関する理論

はじめに

　本章では、先行研究を整理し、理論的枠組みを明確にすることを目的とする。農村景観を研究対象とするうえで、自然環境のみでなく、社会や文化を含めた農村景観を資源と捉えて資源論を用い、その資源の分配方法と共同体による安定的で秩序のある分配によって地域社会が形成されるか否かを論じるためにコモンズ論を用いる。具体的には、以下の6点に関して整理する。①本書の研究背景、②「景観」：景観に関する用語の解釈と整理、景観への着目理由とその必要性に関して論じる。③「農村景観」・文化的農村景観：人間の手が加わった二次的自然景観において、文化を含めて論じ、各定義を示す。④「文化的農村景観の保全」：自然と人間の調和の視点から保全の意義・保全形態に関して整理し、いかに保全を行うかを論じる。⑤「資源としての農村景観」：農村景観が資源化する過程や農村景観という資源を取り巻くアクターとその関係を整理する。⑥「コモンズ論を基にした資源分配」：自然資源に止まらず文化的・社会的要素も包括した農村景観をコモンズとして捉え、地域という範囲での資源そのものと資源管理・分配・利用について整理を行う。これらの先行研究を踏まえ、本書の調査地における研究調査方法を示す。

1　農村景観への着目

1-1　農村景観

　農村景観とは、その地域の自然条件に合わせて人間が安定的に食糧を生産するために創造した一種の特殊な土地利用方法であるといえる。したがって、農村景観に見られる自然は、すでに純粋な原始の自然ではなく、社会性を有し、人間が農業活動を通して自然環境を自らの生活に合わせて改造した結果といえる。人々が理想的とする農村景観・生態システムは、人間の基本的需要を満足させ、また自然環境の安定的で動態的な維持が実現されている地域といえる。景観と風景、農村景観と文化的景観に関しては、本章第2節で先行研究を用いて論じていくが、ここで、まず、本書の主題である農村景観に関する研究背景を整理する。

　進士五十八（2008）は、農村景観を「大自然と共生しながら培ってきた」、「昔、農民がつくったデザイン、百姓の景観デザイン」であるとしている。また、その特質を「飼いならされた親しみのあふれる自然（二次自然）」と表現している。佐藤誠（2004）は、農村に関して「土地を利用して米・野菜・果樹等を栽培したり鶏・蚕・牛等を飼ったりして生産をあげる農業を生活基盤とする村落」としたうえで、「農業を生活基盤とする地域における様々な構成要素の総合的な眺め」と農村景観を定義し、また篠原修（2002）は、「人間の営為と自然が調和した農村の景観」を田園景観と表現している。

　それぞれの土地によって異なる自然環境が存在し、そのうえにそれぞれ異なる性質の人間集団が生活を営んでいる。このように、独特の自然環境と独特の文化によって形成された農村景観は、地域ごとに独自性を持つ。これに関して湯茂林（2002）は、農村景観を「自然景観のうえに各種人間活動が付加された形態」と表現している。また進士（1983）は、「『農の風景』は元来、農業ならびに農産品の2次加工業、それに集落、昔からの生活文化財が混然一体となって、時間的（歴史的）に調和景観として醸成されてきている」と

述べている。自然・人間・文化が形成する農村景観を原剛（2009）は、「水田稲作の農村地域の営みは灌漑水路、農道、畔からなる生産装置網を保つことができる地域社会の協力関係を前提とする。文化環境は正常な自然環境と人間環境により継承・創造され、地域社会が営まれていく基盤となる精神的な要素からなる環境である。伝統ある祭りや人々が何代にもわたり、自然に働きかけて築かれた地域独自の景観などである」と表現している。

　これらの農村景観に対する見解を受けて、農村景観は、大きく分けて物質的要素と非物質的要素の2つの特徴があると考えられる。まず、肉眼で確認することのできる農村景観の特徴として、例えば、①農地の利用形態、②耕作している作物の種類、③耕作方法、④農道や用水路といった各インフラの整備方法、⑤地域の家屋の建築様式が挙げられる。次に、非物質的な要素としては、①風俗習慣、②信仰、③地域の人々の衛生意識、④道徳観、⑤美的感覚が挙げられる。前者の要素は、その地域を一度訪れた者や写真を通して誰の目にも確認できる、いわば客観的に見ることができる景観の要素といえる。これが農村景観の表面であるとすると、後者の非物質的要素は、その程度に差はありながらも、地域に対する一定の基礎知識が必要である。つまり、この認識に関して、地域住民とそこを訪れたに過ぎない旅行者とでは大きな差異があると考えられ、また同じ地域住民のなかでも、80歳代の老人と20歳代の若者では地域の農村景観に対する非物質的な認識は異なることが予想できる。景観に対する感覚と認識に正解や不正解は存在せず、それぞれ異なる立場の人間には、それぞれの感覚と認識が存在し得る。このように人々が農村景観を読み解く際に用いられる基準は、共通して先に述べた物質的要素と非物質的要素に対する認識と感覚に基づいていると考えられる。

1-2　農村景観に焦点を当てる理由

　先の項を受けて、次に、農村景観に焦点を当てる理由を論じる。
　ひとつの地域における環境保全は、より広い観点から景観の規模で問題に向かう必要性があると考えられる。今日の環境問題とその取り組みに対して、

原（2008）は、「環境論、環境技術、環境法栄えて環境滅ぶ」という指摘をし、環境問題への取り組みに対する現在の状況を「『環境』とは何か、その範囲が明らかでなく、『環境』がその場、その人によりけりでバラバラに扱われ、一人ひとりの生活者が実感し、納得できるまとまりのある形で示され、理解されていない。つまり『環境』とは何か、についての共通したとらえ方がないためではないか」と提議しており、「自然環境と人間環境を土台に築かれた文化環境を統合」し、個別に存在する環境問題をつなぎ合わせ、総合的に取り組んでいく必要性を強調している。同様に、進士（2001）も、「20世紀の開発行為などで軽視してきた『自然』や『地域らしさ』、生産・経済ばかりでなく質も、全体の『バランス』や物事を『トータル』に考えること、色々な要素を『有機的』かつ『総合的』に統合して事業をすすめることがこれからは不可欠である」と、過去への批判と今後の総合的取り組みの必要性を示している。

　高瀬浄（2002）は、「自然とは何かが繰り返し検討されて今日に至っているなか、それのみでは文化的観点が完全に欠落してしまう恐れがあることから、推移のなかで『景観』（landscape）や『風景』（scenery）のレベルで議論する必要性がある」と述べている。また鳥越皓之（2004）は、「景観は自然や文化を覆っている外皮のようなもので、景観を壊すということは、その内部の自然や文化を壊すということである。それはとりもなおさず、人間や人間関係が壊されるということを意味するのではないだろうか」と述べ、自然・文化・生業という要素を分析するうえで、景観がひとつの重要なバロメーターとなることを示している。進士（2009）は、「景観面から農業農村の魅力を再確認し、その魅力の向上発信で、真の農業農村の潜在力を都市民に理解せしめ、さらにいえば現代都市の病理現象を癒すには『農』しかないことを論じようというのも、都市民が農業農村を理解する最初の契機は『目に映る風景』による」と農村景観に焦点を当てる意義を述べている。

　以上の議論を踏まえて、本書で景観に着目する背景には、地域特有の自然・文化・生業といった総体的表現が景観であるという考えがある。換言するならば、それは、自然環境に対するその地域の人々の作法の表れであり、大小様々な変化を敏感に直接反映するものが景観であるという認識である。

まず、景観を分類した場合、大きく3つに分類することが可能である。それらは、原生地である一次的自然景観、人間の活動が介入している二次的自然景観、3つ目に、自然を残さずに人間の介入度合が高い人工景観である。このなかで、二次的自然景観の代表的なものである農村景観は、自然と人間の協働により作り出されたものであり、生態系バランスが保たれている。進士（1999）は、農村景観を「地方地方の土地自然の特質を十分に踏まえた合理的で美しく、生物的にも自然とも共生し、地域らしさを発揮し、ふるさと性を感じさせてくれた『農』の風景デザイン」と表現している。このように、美しい農村景観として評価の高い地域には、人間が自然と付き合ううえでの規則や無理のない関わり方が存在すると考えられる。ここに、農村地域社会を考察する際に景観を最も大きなバロメーターとして観察し、議論することに大きな価値と意義がある。

また、農村景観の考察を行ううえで、本書では、地域社会のミクロレベルでの質的調査研究を中心に行う。祖田修（2000）は、「生産し生活する人間活動の場所であり、経済的・社会的・自然的に一定の自律的、個人的なまとまりを持った地理的空間」であるとし、「地域社会は人間の身の丈にあった、顔の見える関係を持ちうる」ため、「生活世界において、最もよく諸問題解決の可能性がある」としている。具体的には、村内の集落、あるいは村や町を1つの地域社会として捉えることが適していると解釈できる。農村景観を考察するにあたり、地域特有の地理的条件が存在するうえに、独自の文化を持った人々が農業活動を営んで作り上げる農村景観は、地域ごとに異なった景観を有する。したがって、この規模が祖田のいう地域社会の1つのまとまりとして農村景観をみるうえでも最も適した規模であると考えられる。

1-3　農村景観を保全する理由

農村景観を保全する最も大きな理由として、独特で美しいと評価の高い農村景観を有する地域において、景観は最も重要な地域発展のための資源の1つとなりうることが挙げられる。独特な景観を有する地域の開発に関して、

堀川三郎（2001）は、「守ることが真の開発である」とし、またこれを別の表現で、「保存的再開発」と表現している。地域資源が豊富で、地理的条件の良い土地や交通機関の発達した地域では、その多くが工業化や都市化によって発展を遂げているが、独特で美しいと評価の高い農村景観を有する地域の多くは、地理的に辺鄙な場所や近代化・工業化に適さない場所であることが多い。なぜならば、辺鄙な地域においては、地理的条件や工業開発の可能性の面で、他の先進的近代・工業都市に対抗することは困難である。したがって、農村景観の保全による活用は、地域の発展を促進するうえで最も有効な資源活用であると考えられる。

　一定水準の経済発展を遂げている都市において、今日、農村の生活環境に対する憧れや農村での余暇活動を欲する傾向は、世界中の都市住民の行動から見て取ることができる。日本や欧米諸国以外に、都市と農村の格差が大きい中国国内においても近年、同様の傾向が存在し、中間層以上の人々が週末に都市郊外の農村で余暇を楽しむことや、大型連休に遠方の農村へ旅行するといった需要が高まっている（章家恩2005、何麗芳2006）。こうした傾向は、都市住民の需要であると同時に、農村における地域住民にとっても、経済的発展やその他の伝統文化の継承や自然環境の保全といった広い意味での地域発展を目指す大きな機会といえる。

　地域特有の農村景観を有する地域は、その自然環境や文化的・歴史的・社会的重要性において他の地域とは異なる価値を有することも指摘できる。また、地域内に留まらず、周辺地域・その省や国家、さらには世界の財産として価値が今日認められている地域も多く存在する。

1-4　農村景観の保全方法

　農村景観、さらに広い範囲で自然環境というものを評価・把握して論じる方法は様々であるが、その立場は、「自然中心主義」と「人間中心主義」に加えて、その中間にあたる「人間と自然の調和」を求める、3つの立場・思考形態に大きく分類することができる。

「自然中心主義」は、フェリー・L（Ferry, L.）（1994）の「自然界は人間を一切考慮することなく、それ自体として存在に値するという考え」のディープ・エコロジー（Deep Ecology）とも共通する立場である。ここでは、自然環境の保護が強調され優先されるため、ある保護区指定地域から人間の生活・生産活動を排除し、自然環境を保全しようとする場合が多い。さらに厳しい追求には、自然環境を原生の状態に回復しようという考え方も存在する。この典型的な例として、アメリカの国立公園設立の理念が挙げられ、自然保護区は、人間の居住生活空間とは切り離されている。また、地理学や生態学の学問領域においては、議論の対象が、地形や動植物そのものの存在を客観的に分析することにあり、人間の営みをそのなかに含めていない思考形態の研究領域も多く存在する。

こうした「自然中心主義」と逆の立場にあたるのが、「人間中心主義」である。世界中で自然環境の破壊と劣化が叫ばれる今日の状況は、特に産業革命以降の経済成長のための開発を重視した「人間中心主義」が主流であったということができる。

農村景観の保全という目標を掲げるにあたり、「自然中心主義」と「人間中心主義」では出発点が全く異なり、また、このテーマに対する捉え方とその保全手法も異なると考えられる。しかし、このテーマを考えた場合、農村景観とは豊かな自然環境と継続的な人間の営みが共に存在したうえで成立するものであるため、「自然中心主義」や「人間中心主義」といったどちらかに偏った捉え方は相応しくないといえる。そこで、第3の道として、「自然と人間の調和」を探る保全形態を模索する必要がある。「人間と自然の調和」という考え方には、環境社会学における「生活環境主義」が当てはまる。「生活環境主義」とは、現場においてその地域の実情やその地域の人たちの暮らしの現状に合わせて工夫がなされ続けてきたため、その工夫をすくい上げ、地元の人たちの生活のシステムの保全をもっとも大切とみなす考え方であり、鳥越皓之、嘉田由紀子らが琵琶湖調査から提唱した理論である（鳥越皓之、2004年）。

この第3の道である人間と自然の調和を考えるにあたり、その核心となる大きな目標は、人々の生活水準の向上を実現しつつ、農村景観を良好な状態

で保全していくという点にある。とりわけ新興国における農村地域は、貧困地域と極貧地域がその大部分を占めるため、生活水準の向上は最も大きな課題である。一方、日本をはじめとする先進国でも人口の都市集中、農村の疲弊、グローバル化による農業を基盤とした地場産業の衰退がみられる。こうした状況において、人々の生活を犠牲にしたうえで、自然環境の保全や農村景観の保存を実現することは持続可能性がないといえる。また、各地域において長い歳月をかけて構築されてきた伝統的生活習慣や農業は、その地域独自の自然のなかで人間が調和を保ち、生活を営む最適の方法である。これに関して進士（1994）の言葉を引用すると、それは、「地場の自然材料を利用し、地域に伝承された技術を活用した1人1人の百姓[1]たちの手によるヒューマン・スケールの環境デザイン」であり、「地場材料、自然材料を生かした風景デザイン」と表現することができる。

　農村景観の保全・形成について、進士（1999）は、「人間の物質生活と精神生活を調和させまた、満足させ、人間生存を助長し、生々した人間（生命）活動を支援する環境風景が好ましい」と述べている。この農村景観を持続可能な形で継続させる具体的方法について、郭玉華（2007）は主に、3つの要素である①自然（優美な環境）、②経済（経済的活力）、③社会（人間活動）に分類している。そのうえで、さらに詳しく、①農業従事者に相応の一定経済収入があること、②自然資源が永続的に利用可能なこと、③環境への負の効果を最小限に止めること、④比較的小さな規模での非農産品を投入すること（つまり、農業の他に、非農業産品による副収入の開発も進めるということ）、⑤人間の食物やその他の産品を産出することに対しての需要を満たすこと、⑥理想的農村社会環境をつくること、という農村景観を持続的に継続させるうえでの6つの具体的な目標を挙げている。

1）　農にまつわる様々な技術を持ち、様々な仕事をこなすことができる人々という意味で使用している。

2　問題意識の所在

2-1　農業の目的と役割の変化

　農業とは、本来、食糧を生産することが最大の目的と役割であり、それは従来、農業活動の唯一の目的と役割であるとも認識されてきた。この代表的な主張として、日本の戦後復興期から高度経済成長前期に農学原論をまとめた柏祐賢（1962）は、農業を「有機的生命のある作物や家畜を栽培、飼育して、もってより高い経済的価値を実現しようとする人間の営為であり、目的的営みである」としている。柏はこの農業の主要目的の他に、「共同福祉」や「秩序の自己内形成」といった公共的役割をも認めているが、しかし、そのなかで最も大きな軸となるのは、食糧生産としての経済的価値の実現であるという主張をしている。

　人間が生存するうえで、食糧の確保は最も重要であり、基本であることは、いつの時代にも共通することといえる。これを踏まえたうえで、近年、先進諸国、また本書の調査対象地域のある中国の一部のすでに経済発展を遂げている地域社会においては、単に物を食べるという行為からさらに一歩うえの食生活の質が問われ、その向上を目指す状況へと移行している。こうした社会の流れのなかで、農業の目的と役割においても本来の食糧生産の他に農の多面的機能への認知度が高まっている。農村景観の美しさ・文化的要素・レクリエーション機能といったものも、その一部分として評価されてきている。言い換えれば、今日、先の柏の定義にある「経済的価値の実現」以外に、農業によって作り出される社会的・文化的価値の実現が以前よりも重視されはじめたのである。祖田（2000）は、農業生産は、「人間にとって食料や工業原料供給のほかに、国土環境保全の役割や社会的・文化的な存在理由も持っている」とし、農業が創造する生態系の保全にみられる多面的機能を「生態環境価値」と示し、また、社会的・文化的価値としての農の多面的機能を「生活価値」と表現している。

図 1-1　現代農業・農学の価値目標

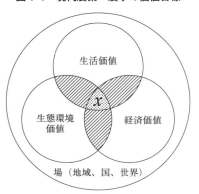

出典：祖田修『農学原論』（岩波書店、2000年、47頁）を参考のうえで筆者作成。

　地域社会において、図 1-1 に見られるそれぞれの価値は、往々にして衝突し合い、せめぎ合う状況となっている。例えば、「経済価値」拡大のためには、農作物の収量を増やす必要があり、そのために土壌や周辺河川の水源の限界を超えた利用をし、大量の農薬を使用する。その結果、周辺環境の劣化を招き、「生態環境価値」は低下し、人々の健康にも悪影響を及ぼすため、「生活価値」も低下する。しかし、今日、こうした多元化・重層化している農業の価値の総合的実現を目指し、図 1-1 の「x」部分をいかに融合的に拡大していくことができるかを模索する必要がある。

　祖田の農業価値の構図は、概ね支持できる内容であるが、一方で、問題点も指摘できる。祖田の指す従来の「経済価値」は食糧生産によって生み出されるものとされてきたが、今日、必ずしも食糧生産のみが農村地域の経済価値を創出しているとはいえないと考えられる。世界中で農村に対する注目が高まり、多くの大都市では近代化が進み、今日、都市部住民にとっては農村が自身の日常にはない魅力に溢れた場所と変化してきている。つまり、時代の変化に伴い、農村が単なる食糧供給の場や未開発地域という従来の一般的位置づけから、魅力的な景勝地へと移行しはじめている。特に、棚田や周囲の山水と一体化した独特な農村景観を有する地域は、景観が最大の旅行資源

として旅行者に評価されている。今日、旅行業によって資源化される「生態環境価値」や「生活価値」が「経済価値」を支える構図や、さらに一歩進み、これらの価値がすでに一体化する構図が成り立つと考えられる。これら多様な側面を加味したうえで、祖田（2000）の「地域資源を保全・活用して、人間に有用な生物を管理・育成し、それを通して経済価値、生態環境価値、生活価値を調和的に実現しようとする人間の目的的・社会的営為である」という農業の定義を支持したい。

過去に農村景観は、いくら美しいと評価の高い地域であっても、その景観自体が直接収入を生み出し大きな経済効果を生み出すことが困難なことであったことから、「農業は風景をつくるために営まれているのではない」という主張（原田津、1973）や、「農家は風景では飯が食えない」という見解（経済の伝書鳩、2004）がこれまで多く存在してきた。これに関して、合田素行（2001）は、「経済学では、価格に消費者の満足や不満足がすべて表されると考える。農業の場合も、農作物の価格に消費者の意思（選好）は示されるが、棚田のように農業によって美しい景観が作られ、それを都市の人が楽しむといった場合、その景観は農業が生み出しているにもかかわらず、価格も付けられずに満足を提供している。これを農業という生産活動の正の外部効果あるいは外部経済と呼ぶ。」と論じている。

しかし、今日、農の多面的機能への認識が以前よりも広く一般化しつつあり、農産物の消費者や都市居住者による食の安全性への意識やまた農村景観の評価は高まっており、そこでは美しい風景による地域のブランド化を生み、「風景でごはんが食べられる時代」が到来しはじめていると考えられる。本来の農業・農村にあるものを活用した副業としてのエコ・ツーリズム（Ecotourism）やグリーンツーリズム（Greentoirism）[2]の発展や、環境や風景を守

---

[2] エコ・ツーリズム（Ecotourism）に関連する語が最も早くに出現したのは、カナダのクラウド・モーリン（Claude Moulin）が著書のなかで示したEcological tourismであり、後に国際自然保護連盟（IUCN）の特別顧問であったメキシコのCeballos LascurainがEcotourismを新概念として打ち出した。その後、1988年に正式に発表された定義は、「エコ・ツーリズムは一般的な旅行に含まれる一種の形式であり、旅行客は過去ならびに現代の文化遺産を楽しむと同時に、古くから存在する自然区域のなかでその環境や野生の動植物を観察し楽しむもの"としており、後に1992年国際自然組織の

るための農業という位置づけにより、地域で生産される商品に付加価値をつけて流通させる施策の機運が世界中で高まっている。それぞれの地域の独特な自然や文化と地域経済発展の関係は、相互に支え合う関係にあると考えられる。当該地域の経済発展は地域既存の資源の保全に安定性を提供し、最も有力な経済的基礎を築き、また当該地域社会の発展は、地域資源に対する人々の幅広く、深く厚みのある保護意識と保護行動の基礎を築くのである。

　こうした今日の状況を受けて、合田（2001）は、「農業と環境の関係において、生産そのものより環境保全が重要である場合が、かなりあるのではないか」という農業の一部のパラダイムシフト（paradigm shift）を主張している。また中国の社会学者費孝通（1985）は、「食糧生産に力を入れるだけでは農民の生活を飛躍的に向上させることができない」と述べ、「農業、副業、農村工業の3つを包括的に同時に発展させることである」という問題解決に向けた見解を示している。

　またこれに関して、原（2009）は、「市場的な効率性を基準とした資源分配にとどまらず、貨幣による交換価値はなじまない、非市場的な価値──国土、環境、景観、文化の維持機能──など農業・農村がもつ外部経済性を国富のストックとして評価し、その維持・供給コストを第2・3次産業と都市・消費側が分担する社会資源の再分配が構想・実践されるべきときである」と論じている。この考え方は、ファラー・T（Fuller・T）（1994）の提唱する、農村社会の共同体が外部社会との広範囲での関わりのなかで、重層的に多様性と機能性を実現しながら、農村の自然環境・文化・生活を持続可能とするアリーナ社会の考え方に共通するものである。

　今日、すでに一部の地域においては、農業本来の目的と役割である食糧生産による「経済価値」の実現が減少あるいは失われ、旅行業を中心とした「生態環境価値」や「生活価値」によって生み出される「経済価値」が主流となっているのではないかという問いが存在する。つまり、食糧生産のための農業活動から、旅行業維持のための農業活動への変化がすでに起きているのでは

　定義では、「エコ・ツーリズムは、自然の美学を享受することを旅行の基礎とし、それと同時に、自然環境に対する関心を注目を表すもの」としている。

ないかという問いである。

　具体的事例として、本書の調査地である龍脊棚田地域では、現在すでに棚田の耕作活動がすでに旅行業のための一種のパフォーマンスと化し、棚田は旅行資源維持のために残さざるを得ない状況となっているのではないだろうか、という疑問がある。そのうえで、本来の農業の目的を失い、旅行業のための農業は成り立ち、また継続可能であるのか、という問いが存在する。また、棚田保全のためのいかなる制度も旅行者のいかなる要求もその本質的部分を動かす力を持ち合わせていないと考えられ、住民の棚田耕作に対する考えや、農村景観の維持に対する意識と価値観がその大部分を決定する要素ではないかと考える。

　地域における旅行業の発展は、農業の基盤があってはじめて存在するものである。そのため、地域の人々が棚田の耕作を放棄することは、地域に大きな収入をもたらしている旅行業を衰退させることにつながる。いくら旅行業による収入が増加しようとも、龍脊棚田地域の人々は、農業が地域における本業であるという意識を持ち続ける必要があるのではないかと考えられる。

2-2　開発と保護の二極論に対する疑問

　環境問題や地域政策において、多くの場合、環境や文化をいかに外からの汚染のないように保護するか、あるいは、いかに開発を進めるかというように、多くの場合、開発か保存かという二項対立で議論が展開される。赤尾健一（2008）の主張が代表するように、「環境問題は開発か環境保全かの選択の問題である」という見解も少なくない。また利用＝旅行業開発か保存＝規制を厳しくし、現状を保つために囲い込みに近い方策を用いるという2項目のみを選択肢とし取り上げ、その折り合いをどこでつけるかという問題提起のみに止まっている議論が多くみうけられる。またそれらの具体的方策や代替案を論じる研究が必要であることも指摘できる。

　まず、はじめに、「開発か或いは保存か」といった二者択一を前提として、それ以外の道の模索を排除する問題設定を見直す必要があると考えられる。

環境保全主義や文化財保護を提唱する学者に多く見られる主張では、当該地域の生態や文化の保護が当然のことのように強調されることが多い。しかし、本書の研究対象地域のような農村では、深刻な貧困問題が存在する地域が多いのが現実である。環境保護を行うために、地域住民が自身の生活を犠牲にせざるを得ないのであれば、その持続可能性は非常に低いといえる。

これとは逆に、近年の中国の開発方法を例にとると、経済発展を最重視した商業化や工業化の開発が行われている。北京オリンピックの開発に伴う北京市内の伝統的住居・胡同の強制立ち退きと取り壊しや、三峡ダム開発の際に三国演義で有名な複数の景勝地が水没するといった事態が例として挙げられる。これらは、いずれも歴史的文化財に属するが、このように多くの遺産や文化財が開発という大義の元に惜しげもなく破壊されてきた事例は数多く存在する。

同様に、本書調査地のある中国において、この開発と保存の二者択一に関しての議論は多数あるが、開発と保存のせめぎ合いが顕著である典型的な例は、世界遺産にも認定されている雲南省麗江古鎮での極度の商業化による旅行業開発である[3]。現在も政府は、国内の貧困地域とされる農村地域において、麗江のように世界遺産登録を目指し、それによって旅行業を発展させる政策を行っている。すでにユネスコ（UNESCO）に世界遺産登録の申請を行った貴州省西江鎮は、国内でも最貧困地区にあたる 1200 世帯の納西族が生活する地域である。政府は、2008 年から 5000 万元（約 6 億円）を投入し、地域の家々に提灯をつけ飾り、農地を埋め立て商店街の建設をしている（読売新聞、2010）。農村地域において旅行業を発展させることによって、所得政策を行うという政策は肯定的に評価できるが、しかし、そこでの問題として、発展を目指す際に、急速な速度での開発・極端な商業化によって地域既存の

---

[3] 麗江古鎮では、地域全体に商業化が進み、夜間のネオン・騒音・水質汚染・物価の高騰の問題が深刻化している。この地域の諸問題について、広州美術学院教授の李公明は、「政府と業者、それに御用達学者が加わって利益を追い求め、少数民族本来の暮らしという視点を欠いた観光振興は問題だ」と指摘している。当該地域では、世界遺産登録後から現在まで、地域住民であった納西族の半数以上が、地域の商業化を嫌い、移住を選択している。読売新聞、2010 年 1 月 30 日。

ものが破壊されていることが挙げられる。こうした事例は、現在も国全体が発展の途中の段階にあり、農村での旅行業が定着していない中国においてみられる現象である。

いずれの議論も、開発と保存の二者択一から端を発している極端で危険性をはらむものである。この開発と保存の二極論に対して、進士（2002）は、「開発は本来、そのものの潜在力を導き出すものであって、必ずしも破壊を意味するものではない。ただ、これまでの開発の方法が、自然の容量を無視し、自然の適応力を超え、技術的にも乱暴であったので、開発イコール破壊というイメージが定着してしまったのである」と指摘している。進士のいう「本来あるべき開発の姿」とは、本来の景観を完全に変えてしまう自然破壊の開発でもなく、景観の一部の変化すらも容認しない厳格な保存でもなく、環境容量を守り、自然と人間をはじめとする生命体を含む景観の潜在能力を活かすということだと考えられる。

2-3 自然文化財保存制度による農村景観保存に対する疑問

自然文化遺産としての農村景観の保存政策は世界中にあり、世界ではユネスコ、日本では文化庁、中国では政府の文物局・文化局と中国博物館学会が制度上での中心アクターとなっている。

垣内恵美子（1999）がここで述べているのは、日本の文化庁の保存政策に関するものであるが、日本の文化庁の政策概念も、世界のユネスコや中国文化局・博物館学会の農村景観の保存政策の考え方と強い共通性がある。垣内は、従来の文化財保存の扱う範囲について、文化財保護法における文化財の保護が「点」としての保護にとどまり、「面」としての保存には著しく欠けるところがあった、と指摘し、文化財保護政策が農林水産業に関する景観という分野を取り扱うようになったことに、従来の文化財の概念を「面」にまで拡大した画期的なものであった、と主張している。しかし、農林水産業があってはじめて形成される農村景観に対して、農業という産業の抱える問題や構造には直接的に関与せず、様々な要素により成立した結果としての景観

のみを評価する保存策は、まさに1枚の絵画を保存する考え方と同レベルのものといえる。しかし、農村景観形成の背景には、当該地域の人間の生活、季節によって移り変わる自然環境、常に急速に変化する外部社会から受ける影響が存在する。こうした動きのあるものを含む景観に対して、静態の絵画を保存する思想も手法も適用できるものではない。したがって、こうした保存制度を全面的に評価・信頼してしまうのであれば、実用性のない表面的な保全から脱却することは不可能だと考えられる。

ただし、農村景観もひとつの文化財として、自然環境と人間の調和が生み出す景観という観点から文化的要素に着目して評価するその新しい視点は、環境を総体的に考えるといった点で評価ができる。その保存方法がただの表面的な飾りとしての存在から脱却するためにはまず、従来、文化財保護が取り扱ってきた骨董・絵画・建築物といった静態のものと、農村景観のような動態のものとの本質が根本的に違うということを念頭に置いたうえでの制度化がなされる必要がある。この場合、先に挙げた中心アクターは農業という産業に関して全くの専門外であるため、彼らのみでの農村景観保全政策の実施は不可能なものであり、さらに広い領域からの複合的取り組みが不可欠である。

中国には現在でも外部地域と隔絶された状態に近い辺鄙な村が数多くあり、そのために市場経済の影響を強く受けていない地域が存在し、その結果、地域の生業をはじめとした人々の生活形態に大きな変化が及んでいないことによって独特の文化的農村景観を今日まで継承しているといえる。また中国農村において、古くから残る文化的農村景観の現時点での保全状態と将来へ向けての保全に関しての大きな可能性に対する、国内外の期待も大きい。しかし、この価値観と地域住民が当該地域に抱く価値観が等しいとは考えがたい。往々にして、発展した地域が未開の地に抱く好奇心と保全すべきだという価値観の押し付けが強制的なものとなり、地域住民との衝突が起きると考えられる。

中国、とりわけ東南丘陵盆地地域における農業文化は、長期にわたり自然と人間の調和の取れた関係を維持してきた。しかし、多くの農村地域が長期にわたり外部社会から隔離封鎖され、自給自足の生活を行う状況下、さらに

一歩進んだ発展は達成しがたく、現代の価値観に基づいて評価するならば、単なる発展の遅れた地域であるに過ぎない。仮に、地域を外部に開放した場合、そこに本来存在する農村生態景観は確実に現代化の衝撃に直面することが予想でき、問題は、いかなる方法で現代化の影響を吸収しつつ発展を遂げるかという点にある。兪孔堅（1992）は、「現代の交通機関が整っておらず、今もなおすばらしい農村生態景観が残っている地域で発展の道を探ろうとする際、生態系を重視した発展の道を選ぶ以外はなく、言い換えるならば、伝統的文化と生態環境を重視した発展方法が必須である」と述べている。今日、本書調査地においても旅行業を発達させ、現地住民の収入を大幅に引き上げている最も重要な要素は、棚田での耕作が作り上げた景観とそこでの少数民族の暮らしが融合した地域景観である。したがって、伝統的農業を中心とした地域の生態系と人間の関わりがあってはじめて成り立つ当該地域の発展といえる。

　農村景観を最大の資源とする保護地域においては、人間を排除せずに自然環境と人の調和を最大のテーマとし、文化をも包括した地域の総合的保存を目指す概念に注目する必要がある。

2-4　中国農村の発展形態に対する疑問

　本書の問題意識としての4つ目は、従来の中国農村研究での取り組みに関する内容である。中国では、貧しい農民・疲弊した農村・劣悪な農業という三農問題が国内最大の問題の1つとなっている。そのなかで、中国の農村地域における、現状の発展形態に対する疑問が存在する。

　まず、第1に、近年、三農問題の議論の中心が、農村における農民生活よりも都市における出稼ぎ農民労働者を対象としている場合が多いことが指摘できる。具体的には、都市においての給料・社会保障・福利厚生・居住問題で、都市住民との格差がある点や低賃金で雇用される点が挙げられる。これらも重要な課題ではあり、すでに一部地域では、都市住民戸籍と農民戸籍の二元戸籍制度撤廃に向けた動きは存在するが、完全に廃止されることは難し

く、この問題の根本的解決は困難である。こうした状況を受けて、都市に流出している大量の農民を、都市という場で問題解決の議論をしようと試みるよりも、農村内部での発展形態を考えることが三農問題の緩和・解決に有効であると考えられる。農村では、収入が低く、生活水準向上の機会が少ない。したがって、人々は貧困状態を抜け出すために、都市での農民の労働条件が極めて悪条件であっても、それでも都市へ出稼ぎに出るのである。農村において、新たな産業が振興した場合、地域に留まる労働力が増加することが予測できる。したがって、三農問題の根本的解決策を考えるには、都市でではなく、農村に場所の焦点を向ける必要があるという問題意識を持つ。

　第2に、所得政策として農民の収入を向上させるために、急速な開発を行い、経済発展のみを目標とした発展形態がとられることに対して問題意識を抱く。世界中の多くの先進国が過去に経験してきたように、経済発展のみを目標とした急速な開発は、自然環境の破壊・地域特有の文化の消失・地域社会の人間関係の崩壊というように、数々の問題を引き起こした。科学技術が急速に進歩し続け、社会も急速に変化を遂げているが、それを使いこなす人間の思想・価値観・知識がそれに追いついていない場合が多いと考えられる。

　特に、中国農村地域に目を向けると、近年まで自給自足に近い生活を営んできた地域が所得政策という政策のもとに、突如、市場経済のなかに取り込まれ、新産業としての地場産業開発や旅行業開発が開始されている。そのなかで、先に挙げた自然環境の破壊をはじめとする諸問題の発生は顕著であり、地域社会に大きな混乱を招いている。農村での新産業の振興による三農問題の緩和・解決を目指すうえで、当該地域の伝統文化・自然資源の利用方法・人々の価値観を尊重することは必須である。またこれらを基準とした発展形態をつくることによって、経済発展のみではなく、地域の人間の発展と地域住民の幸福感の追及をすることが望まれる。農村における発展形態は、工業化・効率至上主義に基づいた都市の基準で農村を都市化することではなく、農村の地理的環境・伝統文化・生活習慣を基礎とした、都市には形成できない農村独自の発展形態が構築される必要がある。すでに中国の山奥の農村地域にも及びはじめている市場経済と国際化の波に農村地域が急速に取り込まれ、混乱を招くのではなく、緩やかに相互が対応して、段階的に発展を遂げ

3 景観・農村景観・文化的農村景観

3-1 景観と風景

　最も早くに景観（Landscape）という単語が書物のなかで使われたのは、ヘブライ語による旧約聖書のなかであったとされ、これに関してナヴィー・リーバーマン（Naveh Z. & A. S. Lieberman, 1984）は、ここで登場した景観には、風景・風致・景色といった意味が含まれ、「Scenery」に相応する視覚上の概念での美の観賞対象であったと述べている。

　学術研究における景観は、本来地理学の研究分野であり、一般的に地表の形態・構成・色彩を含む自然景観を指した。1800年代、ドイツの地理学者F・H・アレクサンダー（F・H・Alexander）は、景観を「ある地理区域の総体的特性」と示し、その後、19世紀後期から20世紀はじめにかけて後継者である研究者たちによって、景観形成の研究と景観の変化・特性についての景観学が展開された（劉茂松、張明娟、2004）。

　まず、先行研究をもとに、景観という語と風景という語の区別を明らかにしておく必要がある。特に、この景観と風景の区別に関する議論は、人文社会学系・造園学系・工学系の学者によって議論が行われており、一般的な解釈とし、景観とは、人間の主観との関わりから離れ、分類学的観点から土地の特色を面的で客観的に記述するという立場を明確にするためのものとされる（井手久登、1975）。したがって、無機質な専門用語の色彩が強く、また、科学的に説明できるものであると考えられる。一方、風景とは、意味の奥行きが深く、対象とする地形や地物の背景にある文化や生活まで広く網羅している（西村幸夫、2000）とされ、人間の主観的な感情や心境が反映されるという解釈が一般的である。

　これについて、オギュスタン・ベルク（Augustain Berque, 1990）の主張か

ら簡素化した表現に換言すると、「客観的な景観という概念に対して、風景という概念は文化的アイデンティティと密接に結びついている。どのような景観に対して賛意を示すかという文化的な価値基準によって判断されるもの」となる。この主張では、景観のなかに風景を論じることはできないが、風景のなかに景観は包含されるものであると認識できる。さらに、ベルク（1995）は風土という語を用い、それを人間と自然の関係として捉え、主体としての人間と対象としての自然を媒介するはたらき（通態[4]）によって作り出されるとした。また、勝原文夫（1999）は、「風景とは景観のように視覚によってのみとらえるべきものではなく、聴覚をはじめとして他の五感：嗅覚、触覚、味覚をも動員し、その社会の歴史さらにはコミュニティの雰囲気までも包み込んだかたちで、いってみれば歴史的社会的存在としてのわれわれが心身全体で全方位的に享受すべきもの」と考えている。ひとつの地域にとっての風景について、中島峰広（1999）は、「風景とは、地域で共有されるもので個人的な感性を超え、自らの変容・熟成された対象がそれであるとし、そこには歴史に生きた人々の思想、経験、行動すべてが集録され、そこに多元的な諸文化および民俗的周辺領域への視線をも促される」と表現している。こうした議論を総じて、進士（1999）は、「『風景』も『景観』も『けしき』も、ほぼ同じように使われている」とし、「その意味するところに大差はない」としながら、その差異について厳密に表現するのであれば、「『風景』は風土といった言葉と似て人間にとって認識される視覚環境の全体像や総合像を指し、『景観』はそのうち工学的アプローチによって把握できるフィジカルな側面からの視覚像を指す」としている。

　その他に、景観という語を客観的な工学用語や行政用語とした狭義の用い方のみでなく、人間の感情や価値観・評価、また、文化や生活を含ませた広義の概念として使用している学者も少なくない。例として、鳥越（2004）は、「一般的に景観というと、固定した外見だけをさすことが多いが、社会学的な意味の景観、つまり人びとの動きや祭などの特定の時期に生起する事象を

---

[4]　主体としての人間と対象としての自然を媒介するダイナミックなはたらきを表現する語としてベルクが用いた造語。

も含めたものを、景観とよぶことにしたい」と述べ、足達富士夫（1970）は、「景観とは、環境の形態的（物的）側面である。景観は必ずしも Physical な形態だけをさすのではなく、人間の動きや生活も含めて広く環境全体の姿をも意味すること」とし、人間生活・文化的要素を含めての景観の捉え方を主張している。また、後藤春彦（2007）は、「景観＝地域＋風景」であると示し、「景観研究は、これまで地理的概念と視覚的概念を区別する傾向にあったが、地域と風景はまさにコインの裏表、あるいは、氷山の水面上と水面下の関係にある」とし、「地理的・生態的・視覚的表面と社会経済的・歴史文化的な文脈をも合わせた統合的な景観の把握がもとめられている」と主張している。

以上の風景と景観の区別化の議論は、様々な学問分野で行われており、渡部章郎（2010）は、「景観研究の分野としては、①文学系、②植物学系、③地理学系、④造園学系、⑤工学系の各分野があげられる」としている。このように、今日、社会の変化と多分野を跨いでの学際的研究が進んでいる。

以上の先行研究を踏まえたうえで、本書では、地理的概念の景観のうえに美学的意義や文化レベルでの意義、また生態学的意義をも含む広い概念へと発展し、その概念を総合的に取りまとめている生態学から派生した比較的新しい学問分野の景観生態学で用いられる景観・農村景観・文化的景観という語を用いて論じていく。

まず、この学問領域の原型を最初につくったのは、19 世紀はじめに活躍したアレクサンダー（Alexander）であり、景観を科学的地理用語として打ち出し、また、景観の含む意味を「自然地域の総合体」として示した研究報告が最初のものであるとされている（裴相斌、1991）。景観生態学は、1960 年代に欧州で形成され、土地利用計画と評価を主要な研究内容として位置づけ発展しはじめた。その後、この学問領域が 1980 年代はじめに北米で注目を集め、学術研究の急速な発展を遂げてきた。

研究の方向性としてその代表的なものを挙げると、J・A・ウィーンズと M・R・モス（J・A・Wiens and M・R・Moss）は、景観に対する認識として以下 6 つの研究領域を挙げている。①景観は生態系システムにはめ込まれた異質性のものの相互作用である。②景観は地表、植生、土地利用と人間居住空間の特殊な構成である。③景観は生態系システム向上の延長線上にある組織レ

ベルである。④景観は人間活動と土地区画整備の体系システムである。⑤景観は1種の風景であり、美的価値は文化によって決定される。⑥景観は遠景画像のなかでの配列である。また、R・T・T・フォアマン（R・T・T・Forman, 1989）とM・ゴードロン（M・Godron, 1989）と鄔建国（2000）は、生態学の景観の定義のうえに、景観の組織構成、機能と動態及び景観管理の角度から出発し、景観生態学を景観の構成（structure）、機能（function）、変化（change）を扱う学問であると示している。多くの関連先行研究から、これら大きな3つの基本分野を相互に交錯させ、連動させることによって景観の総体的研究ができると考えられる。

総じていうと、今日、景観に対する多くの学者の注目は、景観の視覚的特徴と文化的価値に集まっている傾向にあり、地理学と景観生態学からさらに一歩進んだ「地域総合体」という概念に基づく研究が今日求められている。景観の研究において、こうした文理融合の学問分野が生まれたことは画期的なことであり、また必然的なことであったと考えられる。なぜならば、ひとつの地域の景観を論じる際に、まず景観を構成する要素は、自然環境を基礎とし、そのうえに人間の社会活動やそこから生まれた文化といった幅広い要素であり、内的要因・外的要因を総合的に加味して様々な時間軸において空間的に捉えなければならないからである。したがって、複数の学問分野による多角的なアプローチが必要となるのである。

3-2　景観に対する評価

本項では、人間にとって、周囲を取り巻く環境の景観はいかなる意味を持ち、人々はそれをどう評価しているのかを明らかにする。景観について、中村良夫（1977）は、「景観とは人間をとりまく環境のながめにほかならない」と定義している。この「ながめ」に関して、篠原（1998）は、「眺めとは内的システムを経た主観性の強い現象であるから、外的環境が共通であっても、その眺めは人によって異なるが、しかし、一切の景観が完全に個人に帰属し、複数の人間で共有しあえないものかといえば、そうでもない」と述べている。

なぜならば、内的システムそのものが、完全に独立した存在ではなく、一定程度の共有が可能なものであるからである。

景観評価での大きな論点は、個々人の主観に強く依存される評価であるために、「景観の美しさには絶対的な評価基準は存在し得ない。その良し悪しはみる人の趣味に左右されるだけである」（千賀裕太郎、2004）という本質的議論が生じる。日本における景観法[5]の制定に関しても、また景観コンクールにおいても、評価基準がつけ難いことが問題として指摘できる[6]。また、齋藤潮（2004）は、「美的価値を重んじる景観の評価は多様であり、美の定義を述べることは困難であり、同時に『美しさとは……である』といった定義をむやみに示すことは、単一の見方を人びとに押し付けるだけでなく、『美しさとは何か』という問題自体の解明を看過する恐れもある」という指摘をしている。

この論点の正当性も認められるが、本書では、先に示した篠原の主張で、「複数の人間で共有しあえる」という考え方を支持する。それは、美しいという誰もが共有し得る価値概念を考察する意義があると考えられる。また、美しい景観として定評の高い場所は、数多く存在するからである。これに関して、勝原（1979）は、「個人の『原風景』のなかには、純粋に個人的な原風景のほかに、『国民的原風景』とも呼べるべきものが重層的に共存し、『国民的原風景』の形成には国民的伝統も大きく影響する」と表現し、景観における国民レベルでの広い共通項が存在することを主張している。大勢の人間が評価する農村景観には、自然環境に対するその地域の人間の作法が生態的・文化的に健全なものであるという共通要素が備わっているのではないかと考えられる。

---

5) 景観に関する法は従来、地方自治体の条例として地域ごとに定められてきた。その条例では困難であった強制力を持たせ、認定を市町村長の裁量に委ねたものが、2004年12月施行の「景観法」である。朝日新聞朝刊、2004年11月17日。

6) 例えば日本国内では、「何が良好な景観かという評価は人により様々。法律上保護されるには中身があいまいだ。」とする最高裁の判断や、「景観に対する考え方は様々だ。一般的に景観利益を認めたら混乱が起きるのではないか。」という民事裁判官の言葉が表すように、司法の場でも景観評価に一定の基準を定めることに対して危惧や難色を示している。朝日新聞朝刊、2004年11月17日。

3-3 景観と公共性

　多くの場合、景観は、多様で多数の主体に共有される「公共の空間」として捉えることができる。この公共性を強く有する性格があることに関して柴田久（2004）は、「本来、景観とは公共性が求められるべき『領域』であるといってもいい」と述べている。これに関して斎藤純一（2000）の主張は、「ある空間において概念化された公共性の議論が一定範囲内という場所の限定をせざるを得ない一方で、閉ざされていないことを要求される」とする。したがって、「共通性」と「公開性」の対立構造に取り込まれる可能性が強いことを示唆している。この対立構造を克服する理論をユルゲン・ハーバーマス（Jorgen Habarmas, 1994）は、支配的な公権力に対する対抗概念として「市民公共性」という概念を示している。民主主義的な意思形成の基盤として公共圏を構築していくという考えのもとに、文化や政治のあらゆる要素に対する大衆のコミュニケーションの意義を主張している。

　また、公共性は、公共財との関係も深い。インゲ・カール（Inge Kaul, 1999）のいう純粋な公共財の定義を経済学的用語で表すならば、消費の非排除性・非競合性を有し、誰をも排除できないものであり、枯渇しないものと示される。この公共財の不足は、市場の失敗と政府の失敗から生じるものであると考えられ、その結果、地球規模の様々なリスクを生み出すと考えられている。しかし、現実の社会のなかでこうした厳格な定義の「純粋な公共財」は存在しがたい。

　また、公共財の概念について李文華（2008）は、生態システムサービス機能である生態システムが人間にもたらす恩恵・効能の大部分は基本的に公共財に属し、市場システムを通して調整することが難しく、また消費と競争性、排他性のある商品的要素を有していないとし、したがって、この公共財の特性が生態システムサービスに関する市場の失敗をもたらす、と主張している。これを逆の角度から考察すると、上記の李の主張のようにして生み出された市場の失敗が、生態システムサービス機能の需要を屈折させる結果を生み出すといえる。この背景には、まず、消費者自身が公共財である自然環境物に対しての価値を理解していない状況があり、消費者は可能な限り多くの利益

をただ乗り（Free Ride）によって得ようとしている点が指摘できる。こうした状況下で、多くの消費者が公共財に対する自身が抱く真の価値と、公共財に対して本来自らが支払うべき価格を明らかにしようと試みることはごく稀である。また、消費者が公共財に対して抱く価値を市場における彼らの行動を通して読み取ることも困難であるといえる。こうした公共財のあり方、公共財を取り巻く環境のなかで、公共性を強く有する景観を資源として管理し、さらにはそれを経済に結びつけることは容易ではないと考えられる。

3-4 農村景観の形成背景

　農村景観を論じる前に、その景観を作り出す産業である農業を祖田（2000）は、「地域資源を保全・活用して、人間に有用な生物を管理・育成し、それを通して経済価値・生態環境価値・生活価値を調和的に実現しようとする人間の目的的・社会的営為である」と、定義づけをしている。また、原（2007）は、「農業は『公共財生産業』であり、農村はその『場所』と理解する」と述べ、「農業集落という人間環境が、社会的にも経済的にも持続してこそ、農業の生産基盤である半自然生態系は維持される」と強調している。

　原生の地である「一次的自然」のなかで、農耕文明が始まった当初、人間が農業という方法で「二次的自然」とされる農村を作り上げるにあたり、選定した土地の条件に関して、田中耕司（2000）は、「農村景観は、自然がもっている条件を最大限に利用しようとしてきた農民の営みが蓄積したものであるが、一方では、自然の恵みと制約のなかで成立しているものである」と述べ、見る者にまとまりと斉一さを感じさせる農村景観について、「適地を選び、適作を実践する農民の絶え間ない営為が農業景観の斉一さを生みだしてきた。しかし、この農民の働きだけではなく、自然の営力との相互作用が農業景観を成立させてきた」と表現している。また進士（2001）は、農村景観について、地形・植生・水・日照という自然条件を踏まえたエコロジカル・プランニングは「農」の常識であったとし、大地密着型の環境デザインは土地の多様性と対応したダイバアシティ・ランドスケープとなると述べ、その地

域毎の、地域にふさわしい「かたち」と「スタイル」があると述べている。

　日本における人間と自然の関わり方に関して勝原（1979）は、「適当に厳しく、適当に穏やかな日本の風土からきているものである」という一因を述べている。この地理的条件や気候の特徴がそこに暮らす人間の自然観に大きな影響を及ぼしたという論は、一般的に広く承認されている。これに関して、ロデリック・ナッシュ（Roderick Nash）は、「『良き』土地は平坦で肥沃、しかも水が豊富である。自然は人間のために秩序正しいので、なかでも最も好ましい条件下での生活は簡単であり安全である。初期文化にはだいたい、地上の楽園についてこのような概念があった。その楽園がどこにあると考えられようと、また何と呼ばれようと、すべての楽園には豊かで恵み多い自然環境という共通点がある」と述べている（小原秀雄監修・阿部治、リチャード・エバノフ、鬼頭秀一解説、2004）。こうした人間を取り巻く気候・風土という自然環境と、そこに形成された自然観は農村景観を作り上げてきた基盤となっている。

　長い年月を経て形成された文化的農村景観に対して、浅香勝輔（1982）は、「農村景観は生活空間や生産活動の場としての特有の構成美を保持している」とし、それは、「長い歴史の間に、自然との共存のなかで、その地の農民たちが体験的に獲得した、洗練された合理性というものであろう」と述べている。この「洗練された合理性」について玉城哲（1974）は、それぞれの地域の農地形成の違いを「田相[7]」と表現している。玉城は、「『田相』をみる時、そこに私が見出すのはその土地そのものの姿や形ではないということもできるとし、水田を通してそこに農民の顔をみるといってもさしつかえなく、水田の相は、農民の相である」と表現しており、これはまさに、景観のなかに風景を読み取っている作業といえる。景観を眺める主体となる人間は、その農村景観のなかに人間が手を加えたと認識できる整備された水田や収穫後の稲を干す様子といった「手がかり」をもとに、当該地域の文化や歴史といった人間の足跡を確認し、風景としての認識を無意識のうちに欲していると考

7）　一般的には人間において「人相」という語が使用されるが、河川の特徴や違いを論じた、安芸皎一『河相論』岩波書店、1951年からヒントを得て表現したもの。

図1-2 稲杭のある農村景観（日本・山形県高畠町）

2004年7月著者撮影

えられる。
　こうした人間の手が加わった自然に関して、趙翠（2001）は、「中国において、農耕文明が始まって間もない時期、人々には自然物崇拝主義があり、自然を尊敬し、環境に対する破壊度合いも少なかったが、中国でもこの時代から存在する村は、『満足景観』として農村を取り巻く周辺の山や川といった村の輪郭を形作る部分を重視し、適度な閉鎖性を持つ地理的条件でありながら、外部へつながる部分をも持ち合わせている場所を選んだ」としている。また、手付かずの自然のなかで農業を通して更なる満足景観を形成していく過程について、中村良夫（1982）は、自然に対して混沌とした不安を感じるとき、人はそれを否定するような抽象的形成の楔と打ち込むことを欲するとの見解を示している。
　次に、先項において、整理した景観の公共性概念を踏まえ、北東アジアの伝統的農村景観にみられる公共性意識に関して言及する。多くの研究におい

て、個人の田畑や家屋であっても、全てが村・集落・地域といった単位における全体の公共財であるという概念が農村には古くから存在してきたと考えられている。オギュスタン・ベルク（Augustin Berque, 1985）は、「公私の不分明は農村の土壌そのものに刻み込まれている。土地所有者が自分の土地を集団的全体から切り離そうとしても、それはできない」と主張している。また、「人々の生活が無意識のうちに作り出す農村景観において、そこに全体のまとまりを生み出している要因は、それぞれの『うち』が固有の理論に従って、全体的統一を生み出す何物かを蔵しているはずである」と述べている。これと同様に、佟慶遠（2007）も、「農村において土地をはじめとするものの資源に関する権利関係は不明確であり、さらには農村の環境資源に一定の『公共的属性』を持たせている」と述べている。

　これまで紹介した先行研究からもわかるように、公共空間や共有空間という概念は、特に農村において古くから存在したと認識できる。

3-5　文化的農村景観

　文化的景観とは、人間活動によって形成され、影響を受けた景観を意味するために、1895年にドイツの地理学者G・ラッセル（G・Russell）が用いたのが最初と考えられる（Birks, H. H, 1988）。また、C・O・サウアー（C.O.Sauar）は、文化的景観を自然景観に人間活動を付加した様々な形と表現している（角媛梅、2009）。これらの主張の形成に関して、H・H・バークス（H・H・Birks, 1988）は、手付かずの自然の対抗概念として文化的景観の概念が生じたものだと述べている。その後、文化的景観に関して様々な定義が打ち出された。A・ファリナ（A・Farina）は、長期にわたる人間の活動のもと、景観の一部分に常に変化が生じ、最終的に形成された特殊な構成の集合体が文化的景観であるとし、このように形成された景観は、必ず人間主導の景観であると主張している（趙翠、2001）。同様に、王恩涌（1993）は、文化的景観を論じるのであれば、それは、その土地に住む人の属する集団そのものを論じることであり、実用的な需要を満足させるために自然界が提供してくれたものを利

用し、意識的に自然景観のうえに自らが創造した景観を折り重ねたものである、と表現している。

今日、文化的景観という概念は、自然環境に人間の介入がなされたもので、農林水産業景観をはじめとする価値が高いものを指し、人間の介入の度合いが高い都市景観とも分類されて考えられている。そこでまず、文化景観との違いを示すことによって、文化的景観とはいかなるものであるかを明らかにする必要がある。地理学者 C・サウアー（C・Sauer, 1925）が論じる「文化景観[8]」という概念は、人間の営力の加わっていない自然景観に対して、人間の営力が加えられて成立した景観を指すものである。したがって、人間の営力が加わり、ゴミが大量投棄されている場所や、乱開発された場所も文化景観のなかに含まれるという考え方が示されている。一方、文化的景観は、人間活動と自然環境の調和が存在する評価の高いものや高い価値を見出している景観を示す場合に使用される。

その他に、B・ボン・ドロースト（B・Von. Droste, 1995）は、文化的景観に関して、空間と時間をめぐる人と自然環境の間の相互作用を反映する、と述べている。したがって、自然という空間において人間が介入して作り出す景観は、時間と共に変化する動態的なものであるということを強調している。また、自然景観と文化的景観に関して鳥越（2004）は、現代社会において純粋な自然景観に触れる機会はごく稀であるが、人は人間の介入度合いの強い景観にばかり身を置いていると、自然景観により近い文化的景観を欲すると述べ、文化的景観の位置を示している。

農村景観の保全を考察するにあたり、まず、国際社会ではユネスコが認定する世界遺産の制度が存在する。ユネスコの世界遺産については、貴重な文化財や価値の高い自然環境を保護するという積極的な面以外に、消極的なものとして、①欧州中心の認定基準や地域の選抜、②認定後に発生する住民生活への制約や利権問題、③知名度が上がることで発生する旅行客の急激な流入から端を発する環境破壊や文化破壊といったことに関して、賛否様々な議論がこれまでに存在してきた。

---

8) "Kulturlandschaft"、もしくは "Cultural landscape" として表記されている。

世界遺産条約に導入[9]された文化的景観[10]は、ユネスコの定義において、「人間と自然との共同作品」であり、「人間と自然環境との相互作用の様々な表現」を意味し、「自然的環境との共生のもとに継続する内外の社会的、経済的及び文化的な力の影響を受けつつ時代を超えて発展した人間社会と定住の例証[11]」と位置付けられている。世界遺産のなかでも新しい概念は、文化的景観である。農村景観のように、自然環境のなかで人間の営みが大きく関与した場所や、その土地の人々が当該地域の自然に対してある種の思想を持ち、それを通してその自然を捉えてきた信仰の山のようなものを指す。認定された自然文化遺産の多くがそうであるように、中国・日本においても、当該地域において伝統的に宗教と結びつきが強い信仰の対象である「神の山」が認定されている。この場合、上の定義からもわかるように、農林水産業の景観も包含されるが、様々な形態から生まれた人と自然の共同作品としての景観という区別となる。稲葉信子（2002）は、ユネスコにおけるこの動きについて、「文化の多様な表現を総体的に捉えようとする動き」と表現し、文化の多様性を保存すべき価値として尊重する気運が高まったと述べている。

　文化的景観への注目と評価に関して、欧州では、世界の他地域と比較しても早い時期から伝統的に田園風景に対して一種のアイデンテティの拠り所、文化の表現として重視し、学術的な関連研究も特に1980年代以降に大きな発展を遂げた。ユネスコの欧州中心の価値観に基づいた偏りのある対象地域

---

[9] 1992年12月にアメリカのサンタフェで開催された第16回世界遺産委員会で、今後拡大していくべき分野の1つとして世界戦略に位置付けられ、新たに加えられた。文化的景観導入の背景には、自然遺産と文化遺産の間で地域的な不均衡がみられ、さらには、自然遺産と文化遺産に2分した結果、景観のような文化と自然の中間的な存在を遺産として評価しがたいという問題があった（本中眞、1999）。

[10] 1992年12月にアメリカのサンタフェで開催された第16回世界遺産委員会で、今後拡大していくべき分野の1つとして世界戦略に位置付けられ、新たに加えられた。文化的景観導入の背景には、自然遺産と文化遺産の間で地域的な不均衡がみられ、さらには、自然遺産と文化遺産に2分した結果、景観のような文化と自然の中間的な存在を遺産として評価しがたいという問題があった（本中眞、1999）。

[11] 世界遺産条約の概念のなかに、初めて「文化的景観」という概念が生まれた「世界遺産条約履行の為の作業指針（Operational Guidelines）」に示された内容である（古田陽久、2003）。

の選定は、そうした理由も背景に存在し、欧州では数多くの農村景観が認定されている[12]。アジアでは、1995年にフィリピンのコルディリェラ山脈の棚田、2012年にインドネシアのバリの文化的景観、2013年に中国雲南省紅河ハニ族棚田群が認定を受けている。

　ある地域にとってその農村景観がユネスコの認定を受けるか否かは特に重要な課題ではないという観点から、本書において、世界遺産に対する評価や提言を行う考えはない。ただし、農村景観を文化的景観として評価していく価値観に対しては共感を抱くため、ユネスコの提唱する文化的景観に含まれる農村景観の概念をひとつの出発点として論じていきたい。

　農村景観を文化的景観として評価・重視する研究は、近年徐々に広まりをみせているが、比較的新しい分野の研究であるといえる。世界自然遺産、世界文化遺産、世界自然文化遺産、文化的景観を数多く有する中国や日本でも、他国と同様に、ユネスコの認定と管理継承方法に基づいてその保護・保存を行っている。そのなかで、文化的農村景観保存への動きに共通する問題が存在することは指摘できる。中国国内では文物局・文化局、日本国内では文化庁、世界ではユネスコが、文化的農村景観の保存に関わっており、いずれも、従来、農業林水産業とは接点がかけ離れた文化財を取り扱う組織が農林水産業の景観に特化した文化的景観の保護に関する法案を管轄し、調査研究と政策の実施を行っている。

　そのなかで、上述した問題点からの脱却を目指すプロジェクトとして、世界重要農業遺産システム（GIAHS：Globally Important Agricultural Heritage System[13]）は、環境・農業・開発・文化教育といった国連の各部門が一体となり2002年に発足した。

　農村景観は、人間の意匠によって形成され、生業や生活によって有機的に

---

12) ラヴォー（スイス）、エーランド島南部の農業景観（スウェーデン）、エルチェの椰子園（スペイン）、アルト・ドウロ・ワイン生産地域、ピコ島のブドウ畑文化景観（ポルトガル）が認定されている。
13) このシステムに関わる機関の詳細は、国際連合食糧農業機関（FAO：Food and Agriculture Organization）、国際連合開発計画（UNDP：United Nations Development Programe）、地球環境ファシリティ（GEF：Global Environment Facility）、ユネスコ（UNESCO）であり、これらの機関の共同プロジェクトと言える。

進化する景観である。さらに、アジアの多くの農村では、土着信仰や自然崇拝といった信仰と関連を持つ農村景観が多い。空間としての景観に、文化という様々な要素を包含し、広範囲を意味するものが投影されて成立する文化的景観は、多くの歴史的・社会的・生態的意味を併せ持つものとして考えることができる。したがって、こうした分類は、便宜上の整理のためのものとして活用することができるという点に止まる。近年、農業・農村の文化的価値は、多方面で認識されはじめている。農村の文化的景観という評価軸が生まれ、認識・理解が大きく広がりをみせていることも、農の多面的機能の認知に起因するものである。環境問題や景観を議論するにあたり、科学的な証明による分析が一般化している。そんななかで、文化というものの存在を重視し、議論されることは前者に比べて少ないが、環境や景観の本質にはそれぞれの地域の文化が依拠していると考えられる。これに関して阿部一（1995）は、「環境の『みかた』には、文化の基本的な特徴が現れる。なぜなら文化とは空中に築かれるものではなく、具体的な環境においてはじめて成り立つものだからである。その環境をどうみるかということは、当然文化そのものの本質とかかわってくるのである」と述べ、環境を捉えるうえでの文化性の重視を強調している。

　上述したように、本書では、ユネスコ、中国文化局、日本の文化庁の推進する文化的農村景観の保存方法に多くの反論を抱くが、文化的農村景観への注目の視点と基本的評価概念は、評価できる点として肯定的に捉えている。したがって、「文化景観」と「文化的景観」の区別を明確にするために、本書では、日本の文化庁の示す、「農山漁村地域の自然・歴史・文化を背景として、伝統的産業及び生活と密接に関わり、その地域を代表する独特の土地利用の形態又は固有の風土を表す景観で価値が高いもの」という文化的景観の定義（農林水産業に関連する文化的景観の保存・整備・活用に関する検討委員会、2003）を用いて、文化的景観を論じていく。

3-6　文化的農村景観と人の意識

　本項では、文化的農村景観の形成背景のなかでも人間の農村景観に対する価値観や意識に焦点をあて、それが景観づくりの行動へといかに結びつくかという根源的な部分に焦点を当てることとする。

　東洋に存在する伝統的な自然に対する思想は、諸外国との比較で顕著なものとして認識できる。アメリカの人類学者K・クラックホーン（K・Kluckhohn）は、東洋と西洋の自然に対する接し方を次のように比較して、表現している。

　第1は、自然は人間に征服されるべきだという考え方で、アメリカ人がその代表である[14]が、元来はヨーロッパの特徴的な態度である。第2は、第1の態度と正反対で、人間は自然に屈服すべきものだという考え方で、これは、メキシコの農民社会にみられる。第3は、人間は自然と調和すべきものだという態度で、日本をはじめとする東洋の考え方がその代表であるとされる。この大まかな分類にもあるように、東洋の伝統的な自然との接し方の基本姿勢は、自然との融合・共生という非常に密接な自然と人間の関係性があることがわかる（宮城音弥、1971）。

　自然環境という土台のうえに、農業という人間の営みがあり、そこで形成される文化的農村景観は、「人と自然の共同作品」や「二次的自然」と形容されるように、自然環境と人間の活動と文化双方の協働があってはじめて成り立つものである。最も基本となる自然環境の存在は重要であるが、その他に、人間の活動や文化が地域環境に及ぼす影響は過去・現在・未来といった全ての時間軸において決定的影響力を持つ要素といえる。人類の出現と発展によって、自然景観は人間の活動と干渉を受けて変化を遂げてきたもので、

---

[14] アメリカにおけるフロンティアスピリットとは、ヨーロッパの文明人がアメリカ大陸へ移住してきて原野という大自然の洗礼を受けながら開拓していった歴史的背景を持つ。開拓者は、原野を邪悪なものと考え、征服すべきものと考えた。その結果、大規模な切り開かれて破壊された自然環境を目の当たりにし、現在に至るアメリカの環境思想が生まれた。（小原秀雄監修・阿部治、リチャード・エバノフ、鬼頭秀一解説、2004）。

この変化の背景には異なるそれぞれの文化が存在する。特に、農業文明の発達した地域では、自然景観が人間によって開拓・改造され、時に破壊されるかたちで強烈な人間活動の痕跡を残している。

こうした考えのもと、地域全体における政策決定から個々人の生活方式にまで至る人間の行動の背景には、その行動を選択・採用した意思決定があり、さらにその背景には人間の意識や価値観が存在しているため、この根源的部分に着目する意義がある。自然環境保全に対する各アクターの思考と行動に関して、佟（2007）は、中国国内の農村政策・環境政策に関して、「思想は行動の指南であり、社会主義体制での新しい農村を整備するなかで、生態環境の保全は必須の課題であるとし、そのためには各レベルの指導者と市民の生態環境保全意識の向上が鍵となり、それぞれの行動主体が意識・認識してこそ生態環境保全が行動として実現する」と述べている。

まず、環境意識という語が環境保全や環境への配慮という概念で国際社会に出現しはじめたのは1960年代であり、その代表的なものには、環境意識（Environmental Awareness）や環境教育の研究者であるＣ・Ｅ・ロス（C・E・Roth）の環境素養（Environmental literacy）という概念が挙げられる（Roth Charles E, 1992）。人類の自然環境に対する価値観が世界規模で明確に打ち出され、人類が地球環境問題に対する認識の大きな転換となったのは、1972年6月ブラジル・リオデジャネイロで開催された国連人間環境会議（1992 The United Nations Conference on Environment and Development）における「人間環境宣言：通称リオ宣言」である。葉文虎（1994）は、この宣言を、「人類の環境に対する認識の飛躍であり、人類の思想と価値観における重大な転換であった」としている。それと同時に、「この宣言は、人類の思想のなかに環境に対する新しい概念と、人類に対する環境の価値がすでに存在していることを意味した」と述べている。

今日、各方面で盛んに用いられるようになった持続可能な発展（Sustainable Development）という語も、このリオ会議で生まれた。現在、持続可能な発展という語が一種の流行語のように氾濫し、語句を使用する者自体がその語句を理解していない場合が多く、持続可能な発展の定義を再度確認する必要がある。リオサミットにおいて打ち出された公式定義は、「将来における必

要や要求に応えるための可能性を危うくすることなく現在の必要や要求に応えること」であり、また、同様に、「人類が蓄積してきた知識や認識、技術、人類が作り出した資産や自然資源、環境資源、そうした前の世代から受け継いだ富を損ねることなく次の世代に引き渡すこと」（World Commission on Environment and Development, 1987）と述べ、これらが持続可能な発展の基本的な概念である。本書においても持続可能な発展に関して、以上の定義を用いることとする。

持続可能な発展という大きな概念のなかで、人間の環境意識や価値観に焦点を当てる意義について、王民（1999）は、「持続可能な発展の目標を実現するということは、ひとつの深い変革を意味するもので、そこには人類の価値観の変革と行動形式、主に生産方式と生活方式の変革が存在する」と主張している。そのなかで王（1999）は、「新しい価値観の形成は核心となる環境意識の生産に道案内的作用をもたらし、全てを包括した新しい価値観、環境倫理・道徳や行動様式は変革のために必要不可欠となる前提である。環境意識は持続可能な発展戦略を実現するための必要条件である」と主張している。

自然環境に対する人間の価値観について、H・アーヴィン・ズービ（H・Ervin. Zube, 1984）は、以下のように述べている。「まず、価値観は個人の信条、思考、感情や態度によって形成されるものであり、私たちがある物事に対しての判断、要求、また自己の目標設定や選択に迫られた場合にも自らの価値観がその一切を決定するといえる。環境評価の最も重要な要素は、人々の自然環境に対する価値観であり、価値観の背景には彼らの経験や認識、将来に対する希望、これら全てが自然環境への評価と自然環境を利用するうえでの基準を作り上げる」としている。同じく、岩崎允胤（1978）は、「感情を含めた価値意識とは、人間が現実の生活過程において関わる様々な対象について、人間の生存と発展にとって、それらの対象が有用であるかどうか、必要かどうかを基準として生じる、主体の側の態度の反映であると考えられるとし、対象についての日常的認識、科学的認識、イデオロギーを媒介として行われる価値評価は、主体にとっての対象の必要性や有効性の反映である」と分析している。

李金昌（1999）は、環境価値における主要な観点を、以下の3つにまとめ、「①環境の価値を判断する基準は労働にある。②環境の価値は、貨幣による環境収益によって表現される。③環境の価値は、課題と主体の間にある一体的関係である。」と述べている。李の①にあるように、中国において、特にマルクス主義の思想に基づいて環境価値を論じる学者の多くには、人間の労働が自然環境の価値を決定するという主張がみられる。それぞれの思想と社会背景に基づいて用いられる表現上の違いはあるが、ここでいう労働とは、「自然環境のなかでの人間の生活の営み」という表現に置き換えたうえで、自然環境のなかでの人間の営みが自然環境の価値を決定するという考えを支持する。したがって、岳友熙（2007）の主張する、「人間の視点からの自然への評価という人類中心主義を否定し、人間以外の生物、生態環境や生物圏の客観的な目的性と権益と価値を重視し、自然生態環境の角度から価値判断を下すべきである」という主張に対して、本書では反対の見解を持つ。これまで自然環境を省みず、行過ぎた人間中心主義が存在してきたことは事実であり、改善を求めるべきことは必須であるが、人間社会のなかで、人間の価値判断を否定し、他の生物や生態系全体の側に立ち、これらの価値基準によって環境への判断を下すということは不可能であると考えられるからである。

　自然生態システムのサービス性能（自然環境の価値）は、客観的な存在であって、評価の主体である人間に依存していない、自然環境が人類を必要としているのではなく、人類が自然環境を必要としているという考えである。そもそも自然環境の価値評価とは、人類と自然環境の価値を感じることのできる動物によってされるものであり、その価値を感じる主体が存在しなければ、自然環境価値の評価も、価値を価値として認識する作業すらも存在し得ないといえる。

　自然環境への価値評価について葉（1994）は、「人類はどのように環境の質に関する価値を認識、評価するか、またいかにして環境の質に関する価値を向上させることができるかを学ぶ必要がある。この学問領域は、高度な芸術化した科学であり、また高度な科学化した芸術であるとし、ここで目指す人間社会と環境の間にある調和のとれた発展の度合いは、人類文明の進歩の最も重要な基準となる」としている。

こうした人間の自然環境に対する意識と価値観の研究から一歩進んで、楊朝飛（1991）は、人間の意識レベルだけに留まらず、そこから派生する人間の行動にも着目すべきであると主張している。楊による環境意識の定義には、「①人々の環境に対する意識レベル、すなわち心理・感覚・感知・思想・感情といった要素を含む環境価値観念、②人々の環境保護行動における自覚の程度」という2点が示されている。環境意識を研究するにあたり、単に意識レベルでのみの分析・把握を行うだけではなく、その意識から導かれる行動にも着目してはじめて実際社会での人間の自然環境との関わりがみえてくると考えられる。

　ここまで、先行研究をもとに、人々の意識や価値観が、人間の自然環境に対する働きかけを決定するという重要な課題を整理した。本書の主題である農村景観の形成もまさに地域住民や政策決定者の意識・価値観を大きく反映するものである。これらへの注目は、農村景観を読み解くうえで重要な課題となる。

3-7　文化的農村景観保全の意義

　自然環境の価値に関する上述の議論を受け、農村景観を文化的景観として評価し、保全の対象として重視する背景にはどのような意義があるのかを本節で整理したい。

　張建華（1994）は、文化的農村景観を包括する自然保護区の保存意義に関して、以下の8つの基準を挙げている。①多様性（コミュニティーの多様性、生存範囲の多様性、種の多様性）、②稀少性（コミュニティー、生存範囲、種それぞれの稀少性・地域的・国家的・全世界的稀少性）、③自然度（自然生態系における人類の介入度合い：半自然状態・自然状態・農業用地）、④面積（規模、範囲）、⑤代表性（その地域、国家の特徴を表すシンボル性）、⑥人類の脅威の妨げ（他の土地利用方法との争い、環境汚染による脅威）、⑦美学的やすらぎ（観賞、レクリエーションといった保護区内の自然環境のアメニティ価値）、⑧その他の指標（それぞれの地域の具体的状況に応じて定めるべき指標であり、例えば生態

系の軟弱性、代替性、管理要素が含まれる)。

　こうした各基準を用い、その稀少性、緊急性、シンボル性、人類への恩恵をもたらすという特徴が強ければ強いほど、保存の意義は強まると考えられる。孫業紅（2010）は、「農業文化遺産の有効な保全と、評価体系の設計には、生態性、複合性、動態性、脆弱性、原生性、独自性を総合的に考慮しなければならない」と主張している。

　これらに関して、孔繁徳、高愛明（1994）は、保存の基本的任務と意義を具体的な対象を「①自然資源の永続的利用の確保と更新、②自然生態システムの動態バランスの保持、③種の多様性と遺伝子バンクの確保、④劣勢であるが典型的な生態環境の保護、⑤稀少種動植物の保護、⑥水源涵養地の保護、⑦科学研究の価値がある典型的地域の保護、⑧自然景観の保護、⑨自然歴史遺産と遺物の保護、⑩人類学分野の遺跡の保護」と分類している。

　任余（2001）は自然文化遺産である文化的農村景観について、「当該地域において自然文化遺産は地域の最も独特なものであり、最も貴重で、いかなるものも代替不可能な財産であるため、経済的にみても地域のなかで最も永遠の価値を持つものである」とし、また、「その価値は高まる流れがあり、経済競争力としての貴重な財産である」と主張している。

3-8　文化的農村景観の動態的保全

　次に、本項では、動態的保全という考え方について先行研究を整理し、その概念を明らかにしたい。景観の保全に関して、金田章裕（2005）は、「単に伝統的景観を固定するものではなく、動態的に好ましい景観をむしろ再形成する方向が望ましいことになる」と記している。C・デュドス（C・Dubos）も同様に、「人間にとっても動物にとっても最も満足できる環境は、自分たちの必要に合わせてつくりあげた環境である。人間の観点からいうと、文明化された自然は、不変のまま保全される対象とみなされてはならないし、支配と開発の対象ともみなすべきではない。むしろ、それ自身の潜在的可能性にしたがってつくられる庭園ともいうべきもので、理想的には、人間と自

然は非抑制的で創造的に働く秩序の中に組み込まれるべきものである」と述べている（山本正三、2004）。どちらの主張も、産業や生活という動態的な要素を多く包含する農村景観では、「保全＝守る」という概念ではなく、動態的に「保全＝創造する・形成する」という考え方が重要であると考えられる。これらの概念を実際に規定し体現化している最も良い例は、ドイツの郷土の自然的・歴史的固有性を保護し、また新たに創出していこうとする努力と規定されている国民的運動「郷土保護」である。これは、その地域に本来ある地形や植生といった自然環境の保全と活用といえる。

社会の変化に伴う農村環境の変化に関して、佐々木高明（1988）は、「地域や農耕や文化の問題を考えるに際しても、常に私のなかでは『時間的変遷』とともに『空間的拡がり』あるいは『その空間像の特徴』という問題が意識されてきた」とし、時間軸による変化を捉え、時代と共に生じる変化の必然性を述べている。また、村松和則（2001）は、「地域に累代住み続けて伝統的に生きる人々を『保守的』というのだろうか。何の工夫もなく、同じ土地で生き続けることはできないと思う。時代の状況に合わせて、伝統を改変しつつ行き続けていくと独自の文化を生む」という反問的な主張をしている。竹林征三（1988）は、「景観が損なわれるという言葉がある。景観とはいずれ壊されてなくなる運命のもの。その景観のうち時間の経緯と共に壊されずに残るものが風景となる。風景がさらに時間の経緯のもと、その他の人々の心象を形成し定着したものが風土である」と述べている。この主張を受けて、進士（1999）も、「景観は風景に、風景は風土へと、時間をかけて味わいを増す。あらゆるものは生長変化する」と、景観が成長・変化することを述べている。その他に、進士（1999）は、古くから伝統的に継承されている村社会の変化や崩壊について、「依存型共生の崩壊には、煩わしい自然のくびき、それに付随する人間関係（いわゆるムラ社会）からの解放という積極的側面のあることも見逃せない。自然と共生したまちづくりを実現するために、単純に伝統的農業の再生が望ましいとはいえない。その伝統的農システムを学びつつ、それに変わる新しいシステムを再構築していく、そのことが生き物からの風景デザインの大きな役割とも考える」と主張している。さらに、ブリン・グリーン（Bryn Green, 1996）は、「孤立化した保護地域は、もはや、

生態学的、技術的、文化的、政治的理由から、保全という目的を達成するには本質的に不十分なものだとみられている」と述べ、人間生活の営みから産み出される常に変化の可能性を伴う要素を包括しての保全に価値を求めている。

　文化的景観の動態的保全の重要性に関する上述の先行研究を受けて、さらにいかにして農村景観を動態的に保全するかについて、S・コービン（S・Corbin, 1970）は、「われわれが田園の美について関心をもつとすれば、その変化する性格をよく認識し、積極的に変化の原因と結果に注目し、その元にある原因と表面の結果との間の関係を理解することが大切である。その上で、これらがひきおこすと考えられる変化に関して、現在の傾向および事態の方向を監視することが必要である。変化は根本的であり避けがたいが、この現代においては、この変化は発展するランドスケープを破壊することなく新たな美を付加していかなくてはならないのである」と述べている。この見解は、変化する農村景観を考察するうえで、全ての地域の事例に参考となる動態的保全の方法論といえる。この動態的保全という概念を用いることが、評価の高い農村景観を次世代以降へ継承していくうえで有効な手段であると考えられる。

　本書において使用する動態的という語については、①自然のなかで人間も含めた生命を持つ動植物を対象としている意味での動態と、②少しの変化をも許可しない保護形態ではなく、進化・発展をしながらの保存という２つの意味で、動態的保全という概念を用いる。

　以上、景観の動態的保全に関する先行研究を整理したうえで、既存の学説の限界は、動態的保全のあり方の提示が総体的なものであると同時に、抽象的である点にある。さらに一歩踏み込んで述べると、①景観の形成・保全に関わるアクターに関する言及がみられない点、②動態的保全のあり方を実例によって具体的に示しているものが少ない点、である。

　本書では、最終的に、自然環境と文化が融合する自然と人間が作り上げる農村景観を動態的に保全するために、その景観を取り巻くアクターのあり方と１つの形態に固執しない柔軟な動態的保全の具体的な方法に関して、現地調査から得た考察をもとに、その具体的な事例を示すことで、既存の学説に

対して、新たな理論を加える。

4　資源としての農村景観

4-1　資源論

　農村景観を資源として捉えて論じていくうえで、まず本項では、資源とはなにかを整理する必要がある。

　松井健（2007）は、19世紀末頃から、植民地における有用資源の発見と開発を組織化するための研究が世界の人類学者たちによって蓄積されていったことを示している。また日本で最初に資源概念を研究したとされる松井春生（1939）は、資源を、「凡そ国社会の存立繁栄に資する一切の源泉」と、資源の範囲を限定することなく「一切」という言葉を用いて、定義している。また、戦後、日本の科学技術庁資源調査会（1961）は、「資源とは人間が社会生活を維持向上させる源泉として働きかける対象となりうる事物」という定義付けをしている。このように、19世紀と20世紀に、世界では経済発展や資源獲得による国家の繁栄を目指すなかで、資源という議論が行われた。このように、資源には戦争の原因となるイデオロギー的要素が背景にあることも事実である。

　佐藤仁（2008）は、資源の定義を「人間の働きかけを内に含んだこれらの豊かな定義」と評価したうえで、「かつての日本では、モノとしての資源に恵まれなかったゆえに、資源政策のあり方について非常に豊かな議論が行われてきた。持続性や環境保護という角度から自然とのつきあい方が問われるようになった今日、そうした過去の議論は思い出す価値のあるものである」と主張している。そのうえで佐藤は、資源を「働きかけの対象となる可能性の束」と定義している。

　E・ジンマーマン（E・Zimmerman, 1985）によれば、天然資源は重要な資源の1つに違いないが、それがすべてではなく、人間が使う圧倒的な大部分

が天然資源ではないという主張のもとで、「重要なのは、知識や技術といった人間の側に備わっている資源化の条件である。資源は人を前提にしているという意味で、むしろ社会科学の領域に属する概念なのである」としている。酒井惇一（1995）も同様に、「自然が資源となるかどうかは、その自然が労働過程において有用性をもつかどうかにより決まる」とし、自然が資源となるか否かは、「人間の社会的生産諸力の展開、自然を自己にしたがわせる人間労働の力量により、つまり生産力の発展水準により変化することになる」と論じている。このように有形無形での広範囲で資源となる対象を捉え、ある対象そのものよりも、その対象を人間がどう価値付けして利用するかが資源論の中心課題と認識する学者は多い。

松井（2007）は、「資源とは、何らかのかたちで人間にとって有用で役に立つものである」と定義し、「自然資源の認知・加工・利用」という表現を用いて、「資源は、有用性を認め、利用しようとする主体との関係で資源となり、かつ、その資源の性格は主体との関係の変化によって変容する過程とともに考えられなければならないということがわかる」と述べている。また、菅豊（2007）も同様に、「資源はあくまで概念であり、人間の認識に基づく位置づけ・意味づけなくしては存在しない」とし、中国の根芸[15]の事例調査を通じて、「『美』は何の変哲もないものを、資源へと転換するひとつの重要価値」であると論じており、デ・ソト・ハーナンド（De Soto Hernando, 2000）の主張にある、これは、ものの先に見えない可能性を見出すことが資源化であるという議論に共通するものである。

資源の議論は、これまで多くの学者によって、自然資源や有形資源に限定されずに、人間の価値観・意識や将来の可能性を含めて議論が行われてきた。こうした流れを受け、今日、文化資源として文化に特化した議論も生まれている。

文化を資源として扱う文化資源学会（2002年設立）が日本に存在し、この学会の設立趣意書には、「文化資源とは、ある時代の社会と文化を知るため

---

[15] 普通の樹木を用いる樹根彫、藤の根を用いる藤根彫、竹の根を用いる竹根彫の3種類に分けられている。

の手がかりとなる貴重な資料の総体であり、これを私たちは文化資料体と呼びます。文化資料体には、博物館や資料庫に収めきれない建物や都市の景観、あるいは伝統的な芸能や祭礼など、有形無形のものが含まれます」と示されている（文化資源学会、2002）。また、山下晋司（2007）は、人々が生活する環境は、言語や宗教に至る要素を社会的・文化的に包括して形成されているとし、「人はそれをしばしば無意識のうちに資源として利用し、日常的な文化実践を行っていく」と述べている。文化のみに特化して資源を論じる研究は少ないが、文化資源もまた自然環境という基盤のうえに人間が生活し、多かれ少なかれ自然資源を活用しながら文化が創造されているため、文化資源を自然環境や自然資源と完全に切り離して論じることはできないといえる。

　資源問題をわかりやすく総合的に述べている深海博明（1980）の主張を引用すると、「資源問題とは、第1に資源利用における人間の自然への作用の問題であり、第2に資源利用の結果改変された自然の人間への反作用である」というもので、「資源問題の本質は、主体である人間と客体である自然ないし環境との相互作用・相互関連として根本的に把握しなければならない点にある」ということになる。この課題へ取り組む方法について、酒井（1995）は、「誰が何のために資源を開発し、利用しているか、誰が資源を所有し、資源や生産物がいかに分配されているか、換言すれば人間と人間が生産における関係をいかなるしかたで結んでいるか」と、具体的な表現を用いて提示している。

　ここまで資源論の先行研究を整理し、多くの学者にみられる共通認識として、資源とは人間の価値観と利用方法によって決定される受動的な存在であり、また、社会や市場、人々の生活方式の変化に伴って、その利用価値や規範も変化をする動態的な性格を有するものであることがわかった。

4-2　農村景観が資源化する過程

　本書の主題である農村景観も、自然環境と人間が作り上げた文化的要素を包括するものである。今日、様々な地域で農村景観が旅行業や農産物への付

加価値として活かされ資源化している。佐藤健二（2007）は、「資源化の過程は、資源という対象の概念規定以上に注目すべき考察の領域であり、その意識化と意味づけのダイナミズムは、文化資源を論じる際に忘れてはならないプロセスとなる」と述べている。本項では、過去には資源としての眼差しが注がれることがなかった農村景観が資源化していくその過程に関して、先行研究を用いて考察したい。

　早い時期から農業の食糧生産という本来の目的以外に、農業・農村の多面的機能に注目している欧州では、古くから農村景観を重視する価値観が存在し、1960年代から本格的にグリーンツーリズムが流行しはじめた。その後、欧州以外でも世界各地の社会でこうした動きが起きている。農村景観が資源化される一連の流れについて、進士（2002）は、「効率第一主義と工業技術への絶対的信仰の上に、成り立ってきた現代の人工都市。しかし大地震やテロ事件のまえにその脆さ、不安定さを実感する」と、都市化・工業化の進んだ大都市を批判的に捉え、そのうえで、今日、「人々は、都市の限界と農村の魅力にようやく気づいてきた」と、人々の価値意識の変化と社会の変化について述べている。

　こうした人々の農村への魅力の気づきの1つの表現が、先に述べたグリーンツーリズムであり、旅行資源としての農村景観への注目である。北川宗忠は、旅行を旅行者が一時的に日常生活から脱出しようとするものであるとし、「旅行資源とは、旅行行動への基本的欲求を満たせるもの」と述べ、田中喜一（1974）は、この旅行資源を「自然的条件（自然資源）、文化的条件（文化資源）、社会的条件（社会の相互関係）」の3つに分類し、「旅行資源は、産業資源ではなく生活資源である」と述べている。旅行資源についてさらに具体的に議論を掘り下げた古池嘉和（2007）は、グリーンツーリズムを好む旅行者が農村に求めるものについて、「訪問者は、『ふるさと』という言葉で想起される『普通の農村』を求めている。つまり、グリーン・ツーリズムは、実際の暮らしが『普通の農村』から大きく乖離している場においても、『普通の農村』としての暮らしを演出し、来訪者のニーズに応えるサービスがなければ成り立たない」とし、「それは、明確に都市側の理論の押し付けだ」と表現している。そのうえで、この「普通の農村」という概念について、「グロー

バル化はどんな山奥の農村をも、画一的消費社会のなかに巻き込み、固有の文化を呑み込んでいく。もはや、『普通の農村』はどこにも存在しないのだ。農村が『農村的』であるということ自体が二重の意味で幻想である。ひとつは、都市住民の一方的な『まなざし』のなかにある『農村的なイメージ』としてであり、ふたつには、農村に暮らす人すべてがそれを望んでいるわけではないという意味においてである」と批判している。

　こうした議論を受けて、旅行者が欲する景観と、それに合わせた地域での旅行業のための整備や活動に関して、つくられたものイコール偽物とみなすのか、既存のものを活用・整備したものイコール資源化とみなすのかという議論が生まれている。これに関して、D・A・フェネル（D・A・Fennell, 1999）は、旅行資源を、旅行者を意識して手を加えた「開発された資源」と「未開発の資源」の2種類に分類している。須藤廣（2008）は、「旅行地の日常の景観、風俗、歴史、人間関係の在り方を、旅行客は新奇なもの、非日常的なものとして経験する。また、旅行地住民はそのことを知っており、自分たちの日常が非日常として経験されることを受容することによって、旅行地は成立している」と述べている。また商品化というさらに一歩進んだ表現を用い、ブーアスティン・J・ダニエル（Boorstin・J・Dannie, 1964）は、「旅行地の景観や風俗は、旅行客に観察されるべき1つの商品となり、それらの商品は客の望む規格に合わせて再編成される。さらに現代のメディアによって、旅行客の期待するイメージが旅に出かける前にあらかじめ形成され、旅行地は、メディアによって与えられたイメージを確認する場、すなわち出来合の『擬似イベント』を消費する場となる」という批判的な主張をしている。ブーアスティンのいうように、景観が資源化することで「再編成」されることに関して、その前提を肯定する立場をとるうえで、北川宗忠（1999）は、「個々の景観が視覚に訴求する旅行的な景観としての要素（橋や舗装・モニュメントづくりなど）を持つよう整備することは、きれいに整備することだけではなく、重要なことは、関連するさまざまな点景を関係づけたり、基調となる背景と調和させて『すばらしい景観』の評価を得る環境、状況を創り出すことである」と主張している。C・M・ホールとS・J・ペイジ（C. M. Hall & S. J. Page, 1999）も同様に、旅行資源としての自然や環境について、「人々の自然

に対する要望や能力、時代の流行や文化・社会によって生じた環境に対する新たな見方から生み出されるものである」と提唱している。この議論に関して進士（1994）も、「単に『一昔前の田舎で行われていた手法』の懐古ではなく、それを現在に活かすこと」が重要であると指摘し、また、「山村は観光客など外来者のための『探勝的景観』ばかりではなく、山村居住者のための『生活的景観』でもある」とし、「一方で探究心をくすぐるダイナミズムを演出すると同時に、他方で安定と安心を付与するような囲繞景観であり、また生活の場としての親密性を創出することも必要だ」とし、旅行者の視点と地域住民の視点の双方から景観形成のあり方を述べている。なんらかの形で手を加えて整備しながら、合理的に利用していくということが、農村景観を資源化することに繋がるといえる。

4-3　農村景観資源を取り巻くアクターと関係

　景観が一種の独特な公共的要素を強く孕む資源であることから、そこを取り巻く立場の異なる複数のアクターの関係性も複雑化しやすい。それは、資源を価値評価する際や政策決定をする際に、一般的に複数アクターがそこに関わりを持ち、各主体のレベルが異なるからである。この状況について、佐藤仁（2008）は、「『資源』とは見る人によって、あるいは、その人の置かれている立場や動員できる技術・資本によって異なる。見る人に応じて異なるということは、資源管理には人々の間の共通理解と利害調整や交渉が必要になることを意味する。」と述べている。また、F・スターン（F・Stern, 2000）は、複数アクターそれぞれの価値観に基づいた資源の捉え方に関して、主体の規模によって異なる価値の共有を、①評価する主観の個人的特質に依存する「個人的価値」、②組織や地域や国というある一定の集団的特質に依存する「集団的価値」、③個人や集団を超える人類一般に共通する「普遍的価値」の３つに分けている。そのうえで、このような①個人・集団・人類という主体のレベルの差異によって、②主観的・直接的であるか、③客観的・媒介的であるかの３種類によって、価値の概念は豊かな多様性を増すと述べている（鄭

建国、2000年)。

　表1-1は、ひとつの保護地域における主なアクターの存在と、それぞれのアクターが求める価値目標について朱小雷（2005）がまとめた表である。

　任余（2001）は、文化的農村景観を含む、自然文化遺産を取り巻く状況下で起こる争点に関して、以下の3つの問題を抽出している。まず、第1に、この種の公共は資源経済学の財産権の意義において、地方的なもの・国家的なもの・世界的なものであるのか、第2に、この種の公共資源の所有権は地方政府によって体現されるべきなのか、中央政府によって体現されるべきであるのか、第3に、この種の公共資源の実質的管理は、保護管理部門の管轄なのか、経済管理部門（例えば旅行管理部門）の管轄になるのか、といった問題であるとしている。多くの自然文化遺産を有する地域において、任の示す上記の問題が発生することは事実であるが、この問題設定の基本的スタンスにおいて大きく欠けている点は、地域住民の存在を管理アクターの議論のなかに考慮していない点である。こうした一方的なトップダウン型の自然文化遺産管理方法は、そこで生活を営む地域住民との間に溝を作る大きな原因と考えられる。

　景観資源への識別は、保存意義のある景観を識別することであると毛文永（2005）は述べ、所謂「保存する意義のある景観」が指すのは、主に美学的意義での観賞価値のある自然景観であり、これらの景観は往々にして旅行者にとっての旅資源である。しかし、当該地域住民はその美的空間を作り上げる貢献者であり、またそこでの活動には経済的・文化的意義があるとし、旅行者と地域住民の当該地域の景観への関わり方・見出す意義、根本的な役

表1-1　自然保護地域内における環境評価主体の価値目標

環境評価主体	求める価値目標
使用者	個人の生存、発展、娯楽といった「自分のため」という概念。
開発者	市場ニーズを指標とし、経済効率と利益を主目標をする。
設計者	各方面のニーズに対応し、全体のバランスをとること。（同時に設計者個人の理想を実現し、価値を創造すること。）
政府	建築規範を満たし、最もよい総合的効果と利益を得ること。
物的経営管理者	良好な運営により、経済的効果と利益の面での目標を達成すること

出典：朱小雷『建成環境主観評価方法研究』東南大学出版社、2005年、7頁。

割が異なることを示している。これらの議論は、以下の図1-3のようにまとめられる。

このように、上記の学者らの指摘する各アクター間の認識の差異や利害関係の衝突といった多くの地域に共通して存在する普遍的課題を認めたうえで、もう一段階進んだ議論として、高瀬（2002）は、「地域住民が互いに異なる価値観を認め合い、利害や個別の差を踏まえ、異なる組織間のネットワークをはかり、多元主義的な『厚みのある地域社会』造りが期待されている。それがまた公私連携の地域ネットワーク化の体制造りを促す契機ともなろう。また、ここにコモンズとしての共的なサービスと秩序形成の関係が改めて考え直される。そのためには地域社会の多様な個性を尊重する地に足をつけた総合的な政策が求められる」と述べ、多様なアクターを巻き込んでの地域における政策をコモンズ論を基に展開する必要性を述べている。

本項では、ここまで、資源と資源化、資源を取り巻くアクターの存在に関して先行研究を整理してきた。そこから明らかになったことは、秋道智彌（2007）の表現を引用してまとめるならば、「資源管理の手法として生態学的なアプローチだけではおのずと限界のあることは明白であり、利害関係者間

図1-3 農村景観を保存することでの各アクターにとっての主な価値

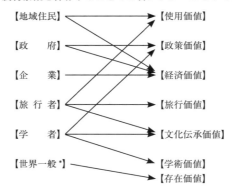

＊　イズマル・セラゲルディン（Ismail Serageldin）の表現を引用すると、ある保護区域や遺産を有する地域に関わる各アクターを分類した場合、その土地を一生涯訪れず関わることもない大多数の人々のことを「世界一般」と表現することができる。（イズマル・セラゲルディン（Ismail Serageldin）、1999）

での合意形成や調整などの社会経済的な手法の導入が不可欠である」という小括である。したがって、これまで議論してきた農村景観という資源を社会のなかでいかに分配するかを、次節でコモンズ論を用いて論じる。

5 コモンズ論を基にした資源分配

5-1 コモンズ論

　コモンズ論が盛んとなった契機は、生物学者ギャレット・ハーディン（Garet・Hardin, 1968）が「コモンズ（共有地）の悲劇」を1968年に発表したことである[16]。ハーディンは、コモンズのなかで規則や管理のない自由な状態において、コモンズを利用する全ての者とコモンズそのものは滅亡する結果となることを主張した。しかし、その後、同論文に対する批判の多くは、ハーディンが、コモンズを誰もが自由に利用できる「オープン・アクセス」として論じていた点に集中した。人間の集団が生活を営む地域には、一般的にそれぞれの社会が存在し、コモンズが管理される社会の秩序があるという反論である。これに対してハーディン（1988）も、後にコモンズを「オープン・アクセス」としてではなく、管理されていない状況下でのコモンズという条件をつけたうえで、コモンズの悲劇が生まれるという訂正をしている。いずれにせよ、ハーディンが主張したコモンズの悲劇は、それまで「自然対人間」の枠組みのなかで議論されてきた環境問題に、「人間対人間」の関わりから環境問題を考察するという重要な視点を示したといえる。
　こうした議論を経て、今日、コモンズを取り扱う研究者は、人類学・社会学・政治学をはじめとし、幅広い学問分野に存在し、室田武・三俣学（2004）

---

16) ハーディンは、F・ロイド・ウィリアム（F・Lloyd. William）が労働者階級の貧困と人口問題を論じた際に、共有牧草地を労働市場と照らし合わせて論じた"On the Checkes to Population"の議論にこの概念を加味して「コモンズの悲劇」を論じた。（Lloyd, W. F., 1933）

が「世界のコモンズ一覧・コモンズ定義集」でまとめているように、その事例に合った定義付けがそれぞれなされている。したがって、様々な表現の定義が存在する。この状況を、コモンズという概念が乱用されていると指摘する学者も存在するが、地球上の多種多様な自然環境のなかで、さらに多種多様な価値観を持った人間が生活をして、社会を形成しているなかで、コモンズのあり方や解釈には多様性があって良いと考えられる。また、この柔軟性が地域や個別事例の個性を活かして発展する道を模索するために有益なものになると考えられる。

　コモンズの様々な定義を総括して、井上真 (2008) は、コモンズを「自然資源の共同管理制度、および共同管理の対象である資源そのもの」とし、扱う範囲を自然資源に限定した定義をしている。これをもとに、井上は「必要に応じて資源を指すのか制度や社会システムを指すのかを明記する方法 (『コモンズ (資源)』、『コモンズ (制度)』) をとるのがよいであろう」と述べている。コモンズ論は、複数アクターによる共同利用が可能な資源と、その資源の分配・利用を管理する制度についての議論であるといえる。

　井上の定義のなかでは、資源の対象が自然資源のみに限定されている。自然資源以外の対象ついて、井上 (2008) は、「議論の対象を自然資源を越えるほかの資源にまで拡張する場合は、その資源が共用資源としての特質を備えているかどうかを検討しなければならない」という留意点を挙げている。これまで、コモンズを論じる研究の大多数が、自然資源を対象としているが、自然資源以外の対象や先の節で論じたように、自然資源のうえに文化を包括してコモンズを論じる研究も少数派ではあるが、増えてきている。さらには、近年、インターネットのウェブ・サイトや知的財産をコモンズとして捉える研究も存在し、社会科学の様々な課題がコモンズ論を基に論じられている (Dolsak, N. & Ostrom, E., 2003)。

　自然資源のみに焦点を絞ったコモンズ論ではなく、秋道 (1995) は、共有資源であるコモンズを「生態学的な機能」と社会のしくみとしての資源管理である「社会的・文化的な機能」として言及している。社会的・文化的要素を含めた集合的システムとして、関良基 (2005) は、コモンズを「共同管理される土地や資源などの外的要素と、共同管理する地域社会の側の組織や規

範などの内的要素が相互作用を及ぼし合いながら、生態的安定と社会的公正を実現している状態」と定義している。

　個々の事例に特徴や差異はあるものの、共用資源という性格を有する場合、コモンズとして取り扱うことが可能である。社会が複雑で多様化する今日、資源は必ずしも、自然資源という限定的範囲に留まらない場合が多くなってきている。本書で議論の中心としている農村景観という資源も、関の定義に照らし合わせてみた場合、森林・水源・田という「外的要素」にあたる自然資源と、「内的要素」にあたる人間の労働・生活習慣・民族文化の2つが景観を形成し、さらには外部市場・旅行業・政府・旅行会社による宣伝とインフラ整備によって資源化し、また、資源として支えられている複合的なものであるといえる。

5-2 地域という範囲でのコモンズ

　本節では、さらに議論の範囲を絞り、各地域単位でのローカル・コモンズに関しての議論を整理する。

　まず、地域という範囲に関して、様々な解釈が存在するが、エントロピー学派[17]の中村尚司（2001）は、「その範囲は割合明瞭」であり、「声が届き、人間の助け合いができる範囲」と定義している。同じくエントロピー学派の玉野井芳郎（1977）は、地域主義について、「一定地域の住民が、その地域の風土的個性を背景に、その地域の共同体に対して一体感をもち、地域の行政的・経済的自立性と文化的独立性とを追求することをいう」と述べている。また、バイオ・リージョナリズム（Bioregionalism）の提唱者であるピーター・バーグ（Peter Berg）は、地域を「生命地域（Bio-region）」と呼び、「植物相や動物相などの生態系の特徴、地形など地理的境界、人と自然とのかかわり

---

17) エントロピー学派にとって、地域は重要な概念とされている。彼らは、人間生活を営むうえでのしくみを地域のなかで発見し、そのしくみそのものやその論理が近代社会を卓越するものという主張を持つ。

のなかで形成される歴史的・文化的境界によって形づくられる」としている（福永真弓、2005）。

各々の問題解決や政策決定に際して、地域という単位を1つの範囲として取り組むことを評価する祖田（2000）は、地域という場を「生産（経済）の場、生態県境の場、生活の場という総合的価値の実現を最もよく可能にする」と述べ、「地域社会は親密な生活世界であり、顔の見える関係が増大する。そこでは行き過ぎた市場社会の弊害＝「市場の失敗」を克服する動きが、より具体的で切実なものとして認識され、共感の輪が広がりやすい」と主張している。

地域という範囲においてコモンズの議論を展開するうえで、井上（2004）は、「『自分のモノ』と『他人のモノ』への態度の違い、を媒介として、対象とするモノによって重層的な『入れ子状（行政村・郡・県・市・州・国家）』で存在する」とし、「『みんなのモノ＝自分たちのモノ』という認識を強くするためには、『ウチとソト』の垣根を低くし、あるいは『ウチとソト』の入れ子構造を解体していくことが必要だ」と述べている。そのうえで、ローカル・コモンズを「自然資源を利用しアクセスする権利が一定の集団・メンバーに限定される管理の制度あるいは資源そのもののこと」と示している。これは、国際条約で規定される地球全体の共用資源であるグローバル・コモンズと区別した、各地域内における資源やその管理を指すものである。

秋道（2007）は、「それぞれの地域に定着して周囲の環境に適応した人類集団がどのように資源を利用してきたか」や「資源利用の形態は最初の移住から定着後に、時系列的に変化したこと」に関して、充分な注意を払うことが必要であるとしている。同様に、ローカル・コモンズに注目する背景として、菅・三俣・井上（2010）は、「従来のガバメント型の資源や環境の管理開発にしろ保護にしろは、資源や環境をめぐって地域社会で展開されてきた人びとの実践と自治の様相に、十分に配慮してこなかった」という批判をしたうえで、ローカル・コモンズ論は、「ガバメント型の施策に対し、地域に生きる人びとの実践、そして、その社会に内在する仕組みや論理、さらに重要視するべき内在的価値というものを提供し、そのような施策を批判的に検証することができる」と、地域に視点を向けたローカル・コモンズ論の実践

性と可能性を示している。

5-3　事例からみるコモンズの崩壊

　本書の調査対象地域である龍脊棚田地域は、広西の「桂東北」と呼ばれる桂林市の北東に位置する様々な少数民族の暮らす地域である[18]。この同じ地域内で、地域独自の文化を包括した農村景観を資源として、地域の発展を目指したが、資源の管理・活用に失敗し、コモンズを持続可能な形で維持できなかったことから、村の崩壊を招くに至った2つの事例を挙げたい。

　まず、1つ目の例は、黄姚古鎮[19]でのコモンズの崩壊事例である。街の周囲は、山水画で表現される桂林陽朔と類似する岩石の山が立ち並ぶ典型的なカルスト台地であり、街並みは「中国古典園林式伝統建築」の典型といえる風格で、農村景観のなかに、街全体が石畳の黒い道と瓦屋根の黒で統一されていた。この景観が資源化し、旅行業を発展させようと考えた政府と旅行会社は、黄姚古鎮で旅行業を発展させるために、1985年に地域住民を全て鎮の外に移住させた。

　こうした政策の結果を李暁明（2008）は、「黄姚古鎮はゴースト・タウンと化し、人の気配がなくなったと同時に、神山・聖水といった一切のものが魂を失った」と述べ、「地域住民はみな、木造の古民家は一旦人が住まなくなってしまえば、3年から5年のうちにカビが生え、虫によって家が腐食し朽ちて倒壊することを知っていた」と述べている。伝統文化の保護と旅行資源の開発は、いずれも伝統文化そのものの伝承・発展の規則に従わなければいけないもので、一切を商業化の方向へ向かわせるべきではない。仮に、商業化

---

18) 桂東北では、多い順から、漢族、瑶族、壮族、苗族、侗族をはじめとした18民族が、20以上の族郡で暮らしている。
19) 賀州市昭平県にある黄姚は、多くの水源に囲まれ、水資源の豊富な土地であるが、交通が不便な地域であったため、過去の内戦など数々の戦乱に巻き込まれることがなく、1000年以上の歴史を持つ地域である。住民の全てが黄か姚の姓であったことから地名と化したという言い伝えがある（《中国古鎮游》編輯部、2005）。

の道を進むにしても、地域住民の同意が必要であり、急速な商業開発によって政府や旅行会社が漁夫の利を得ようとして、成功できるものではない。

次に、龍脊棚田地域や黄姚古鎮と同じく桂東北地域に位置し、龍脊棚田地域から北へ約15kmの場所に位置する泗水郷周家村にある白面瑶寨の事例を挙げる。同地域は千年以上も続く棚田景観と瑶族の伝統文化・風俗という特徴の他に、1934年に毛沢東・周恩来らが率いる紅軍が長征中にこの土地を通過した際の石碑[20]が残されている歴史的資源も有する地域である。1991年に、政府や旅行会社の支援のもとで旅行業開発がなされた。

先に示した黄姚古鎮の例は、地域住民の生活と旅行資源を完全に分離したことによる政府・旅行会社の政策的失敗であったが、白面瑶寨では、旅行業による発展を目指した結果、地域住民と政府・旅行会社の利益をめぐっての関係が悪化し、地域住民が政府・旅行会社を地域から排除して、自主的管理を行おうとして失敗した事例である。旅行業開発のはじまった当初、政府と旅行会社によって、白面瑶寨の対外的宣伝活動やインフラ整備が行われ、地域の旅行業による経済収入は初年度8万元以上になり、次年度の1992年には10万元を超えた。しかし、政府・旅行会社と地域住民の間の協働が円滑に行われていたのは当初の2〜3年間であり、その後、旅行者が地域を訪れる際の入場チケットを政府が管理していることを不服とした地域住民が、住民主体のチケット管理を行うことを要求し、1年以上にわたる論争を経て、最終的に決別し、政府と旅行会社は白面瑶寨から完全撤退した。地域住民の主張通り、地域住民による旅行業の管理・運営の全てがなされるようになったが、これまで政府・旅行会社が地域に招いていた分の旅行者が減少し、また地域住民が独立して行う管理・運営は、資金不足と管理能力不足で順調に機能せず、地域住民内部での関係も悪化した。こうした状況から、地域の旅行業は衰退の一途をたどり、多くの地域住民が村を離れて地域外に出稼ぎに出るようになり、旅行業は村からほぼ消滅した。それのみに止まらず、旅行

---

[20] 石碑に書かれている文字は、「紅軍絶対保護瑶民，継続斗争，再探光明（紅軍は必ず瑶族の民を守り、戦い続け、さらに光を探していく）」というものである（龍勝各族自治県民族局、《龍勝紅瑶》編委会編、2002）。

業がはじまる以前に盛んであった地域の農業も衰退し、人けのない村と化してしまった[21]。

まず、黄姚古鎮の事例は、地域住民の生活が作り上げた景観を政府と旅行会社が評価し、資源化し、そのうえで政府が地域住民の生活の一切を地域から排除し、最終的には、全てを破壊した典型的な開発失敗例といえる。これは、中国で行われている自然保護区政策と同じ方法で、保全の対象地域から人間を完全に排除する方式である。しかし、これまで活用し、生活のなかで築き上げてきた家屋や農地を旅行資源とするためには、それらを日常生活のなかで維持管理する生活者の存在が不可欠である。

こうした各地にみられる農村での旅行業におけるコモンズの崩壊に関して、王輝（2009）は、「グリーンツーリズム発展の流れを受けて、多くの地方が盲目にその流れに乗っている。そこでは、統一管理がない市場の開発によって、低収入層農家の増加と特色のない開発を推し進め、『共有地の悲劇』を生み出している」と述べている。また、レイチェル・ガンバータン（Rachel Guimbatan, 2007）は、「ある地域においてある集団が作り上げ管理してきた景観を外来者がその景観保存に介入しようとする時、まず、この景観を形成してきた住民のこれまでの生活のなかでの伝統的価値観を把握することが必須であり、そのうえでいかに保存していくかを論じるべきである」と示している。

少数民族自治区である広西内には、中国国内で他の地域にはみられない自然環境と民族の生活文化、また、それらが融合して形成された農村景観が存在するために、今日、地域の全てを包括した景観そのものが旅行資源としてみなされている。しかし、全国のなかでも貧困地域が多く存在する広西内では、自給自足に近い生活から旅行業による急速な経済発展を推し進めようとする結果、王の主張のように、地域社会での資源分配に失敗し、コモンズの崩壊を招き、例として挙げた2地域のように、村そのものが全て崩壊する事態に至っている所が少なくない。

---

21) 2010年3月20日、白面瑶寨にて老人数人にインタビューをした結果から。

5-4 中国農村の共同体を否定する議論

　共同体理論は、1880年代後半からドイツの社会学者フェルディナント・テンニース（Ferdinand Tönnies）によって提唱されたことにはじまる。日本や中国の学者たちはこの共同体理論を日本国内、また海外の事例に応用し、発展させてきたといえる。こうしたなかで、日本での中国農村の共同体論争は、旗田巍（1973）が名づけた「平野・戒能論争[22]」に始まり、中国農村には村落共同体は存在しないという主張を示す研究が存在している。

　中国農村共同体否定論者の代表的な例として、法学者の戒能通孝（1947）は、「支那には村意識の存在がない」と述べ、その理由を①中国には境界（村界）がなく、そのために固定的・定着的な地域団体としての村は成立していない、②高持百姓、ドイツ語でいう「バウエル（Bauer）」を中核とした「組仲間的共同體（Genossenschaft）」が確認できない、③さらに会首や村長は、村民の内面的支持のない支配者にすぎない、と主張し、日本の「ムラ」にみられる強い共同体意識に基づく資源管理や生活といった内部の社会的つながりが中国農村では希薄であり、個人主義が強調されることを示している。つまり、戒能（1947）のいう村落共同体とは、その単位は土地に基づくものであり、また上からの権力に支配される強制的・圧迫的なものではなく、そのなかの構成員が自主性を持って積極的に相互扶助を行うものといえる。こうした共同体にあるべき要素を挙げたうえで、戒能（1947）は、中国農村に村意識・村落共同体は存在しないと述べている。

　また人類学者の菅豊（2009）は、「中国の村落は共同体としてとらえられない、あるいは共同体的性格が弱いがゆえに、共同の資源利用や管理を支え維持する母体は、村落共同体にはなり得なかったのである」と述べ、さらに、

---

[22] 1940年から1944年に東京大学法学部関係者と満州鉄道慣行班によって、中国農村における共同体理論検証のための華北農村慣行実態調査が行われた。この調査に、同じ東京大学法学部から参加した平野義太郎と戒能通孝は、後に中国農村での共同体の存在の有無に関して、平野がその存在を肯定し、戒能が否定し、正反対の主張により、論争を繰り広げた。この論争を名づけた旗田巍は、満州鉄道慣行班から同じく上記の調査に参加し、戒能の中国農村共同体に対する否定論を支持している。

菅（2008）は、「そもそも、村落共同体がない、あるいは認識されないのであるから、コミュニティを基礎とした資源管理は、想定できないことになる。そこに現れる共的な仕組みや、それによって支えられる共的世界は、『非村落共同体社会』もしくは『個人社会』に立脚するものである」と主張している。そのうえで菅（2009）は、中国農村にあるその「共的なあり方」に関して、「村落共同体のように時間的に継続され、空間的に画定された固定的構造ではなく、個人を媒介する流動的かつ可変的な網の目状のネットワークによって、合目的的かつ合理的な意思によって結ばれる非空間的な柔軟構造」であるとし、日本の農村にある「コミュニティ型コモンズ」に対して、中国では上記の特徴を持つ「ネットワーク型コモンズ」の形態がみられると主張している。この個人主義に基づく共同体は旗田（1973）の言葉を引用すると、「建設的積極的協同」ではなく、個を重視したうえでの「防衛的消極的協同」であるという説明を加えることができる。

　こうした中国農村の共同体否定論者の主張は、中国において村落共同体は存在しない、つまり土地に基づいた組仲間的な共同体は存在しないというものである。これらの主張は、中国において一般的な平野部農村を指していると考えられる。こうした一連の中国の村落共同体の議論に関しては、本書の調査地の事例研究から導き出される考察を本書最終章の第5章にて論じる。

6　質的調査研究の手法

　以下の第2章から現地調査研究の結果考察を行うにあたり、本項では本研究で用いた質的調査研究方法を示す。はじめに質的研究とはなにか、量的研究との違いはどこにあるのかを整理したい。質的研究と量的研究の違いに関して北澤毅（2008）は、「簡単にいえば、質的研究は『面白いけれど確からしさがなく』、他方、量的研究は『確かだが面白くない』となる。」と述べ、同様に、盛山和夫（2004）は、「たとえてみれば、質的データは木や革のぬくもりのある素材、量的データは強靭な金属の素材である。いい研究とは、それぞれの素材を活かしたいい製品を造形することである。」と表現している。

一般的に、このような表現がなされる理由は、データの値の性質による区別であり、まず、量的研究は、数量的なデータを統計学によって、確率的世界観のなかでその正当性が明らかにされているが、質的研究はそうではないことが挙げられる。盛山（2004）の表現を引用すると、質的研究とは、「日常的な社会現象をできるだけ加工しないで記述したもの」と「個人の主観的世界を比較的直接的に表現したものが多い」という、日常性と解釈自己提示性の2つの特徴が質的研究のデータを構成している。

　社会調査において、質的研究と量的研究のそれぞれの問題点に関する議論はこれまで活発に行われてきている。例えば、T. パーソンズ（T. Parsons）の構造機能主義においては、機能分化した社会的価値志向を分析することを目的としているため、大規模な量的調査が行われた。このなかで、質的研究は、データ収集方法や分析方法に統一的基準もなく、それらの過程で恣意性を排除することは困難であるという批判がなされた。また一方で、量的研究の問題点も指摘されている。例として、1960年代にアメリカで生まれた象徴的相互行為論の台頭が挙げられる。これは、量的研究が、ある一定のまとまりのあるもののサンプルにおいて母集団の持つ規則や傾向を解明しようとするものであり、個々の持つ特性は切り捨てられることに対しての批判である。このように、それぞれに異なる特徴が存在し、長所と短所を持ち合わせているといえる。重要なことは、調査対象、研究目的、調査方法、分析方法に応じて質的研究を行うのか、量的研究を行うのかを判断することである。

　本研究が質的研究を重んじる理由は、まず、第一に、大衆のなかで一般化された場合、そのなかに埋没されやすい個々の生活者の多様な意見と生身の人間の日常生活を重視していることが挙げられる。第二に、これまで、質的研究は、統一的基準や考察方法が確立していなかったことから、批判を受けることが多かったが、今日、質的研究の具体的な方法は、一般的に、①インタビュー、②参与観察、③映像データ分析、④ドキュメントデータ分析という4つの方法に分類され、その調査と考察方法の確立を肯定的に捉えられる点が挙げられる。現地調査のなかでそれぞれの方法は、密接に関連し合っていることが多い。このように、調査方法が確立している今日、狭く深く調査を行うことが可能な質的研究の役割はさらに高まってきていると考えられる。

以下は、質的調査のなかに含まれる手法であり、本書の調査で使用する①インフォーマル・インタビュー、②参与観察、③個人史について論じる。

本書では、質問表を参照しながら、同じ質問を同じ順序で全ての回答者に質問を行う形式のフォーマル・インタビュー（Formal Interview[23]）を行わずに、「おしゃべり」による会話形式で、回答者が活発に自主的に発言するように促すインフォーマル・インタビュー（Informal Interview[24]）を採用した。

まず、①フォーマル・インタビューと②インフォーマル・インタビューの主な相違点をここで取り上げたい（以下、表記を①、②とする）。まず、量的研究と質的研究の調査研究過程において、様々な研究手法の違いが存在するが、量的研究の場合、①の質問方法が相応しく、質的研究の場合は②の調査方法が相応しいといえる。なぜならば、量的研究においては、莫大な数のサンプルを最後に整理し、場合によっては統計処理を行うため、それぞれ同様の質問項目に対する回答があれば、データの処理がしやすい。また、効率面からみても、質問者が必要な情報だけに的を絞って尋ねることができるため、時間と労力の面で効率がいい。しかし、ここでの負の側面は、質問者が認識している現地情報の詳細、また質問者が想定している問題・課題の範囲から飛躍することが困難であることである。回答者が自由に発言できる空間が少なく、常に質問者の想定範囲内で話が進められることから、質問者がこれまで認識していなかった課題や問題・発想が得られ、また余談から得られる新しい情報を聞き出すことが難しい。さらに、①の大きな欠点として、回答者に「私は今、インタビューを受けている」という意識を持たせてしまうことが挙げられる。こうした状況下において、人は自然な会話がしにくく、また、

---

[23] 対面で、あらかじめ用意した質問に関して、1問1答のような分かりやすく整理された形で答えが引き出すことができるインタビューのことを指す（佐藤郁哉、1992）。

[24] 佐藤郁哉（1992）は、インフォーマルインタビューの特徴を「①聞き手が必ずしも『インタビュアー』というようなフォーマルな役割で質問しているわけではない。②必ずしも1対1という改まったフォーマルなセッティングでインタビューを行うわけではなく、色々なところで折にふれて質問することもある。」と述べ、フォーマルインタビューが「聞き出す」「情報を収集する」という性格を持つものだとすると、インフォーマルインタビューは、「教えてもらう」「アドバイスを受ける」という性格であると示している。

ありのままの自分の生活や本心を語りにくくなることが指摘できる。

　一方、本書で用いる②の調査方法では、質問者が必要な情報を各要所において把握し、会話を導くが、会話形式により、その主導権を回答者に移譲するために質問者はあくまでその聞き手にまわることになる。換言すれば、回答者が話したいと思う話題から会話に入るため、各人の話題の順序は異なるものであり、また、各話題の内容量もそれぞれ異なってくる。また、この質問形式では、①の方法以上に多くの時間と労力を必要とし、効率面では①に大きく劣るといえる。しかし、②の質問方式では、先に述べた①とは逆に、回答者の状態を終始リラックスした状態に保ち、自然にありのままの自分の生活や考えを引き出す可能性が高くなる。また、書籍からは知り得ない地域の状況や、彼らの考えや思考形態で質問者の想定外の発言を数多く得ることができるという大きな利点がある。

　以上がそれぞれの質問調査の主な長所と短所であり、同時にそれらは、量的研究と質的研究の調査方法の違いともいえる。本書では、質的研究を行うために②の調査方法を採用した。

　次に、本書の調査地域である龍脊棚田地域において、②のインフォーマル・インタビューを採用する必要性と意義を述べたい。当該地域において、道路の開通時期は、平安村・古壮寨が1997年、また大寨村は2003年であり、さらに大寨村においては1999年に電気が開通し、旅行業の発展が進む以前は、市場経済との関わりが薄い完全な自給自足に近い農村生活を行ってきた地域である。こうした地理的に辺鄙な地域であり、閉ざされた山地農村の少数民族の思想は比較的保守的であり、また龍脊棚田地域の現在の40歳代以上の女性と50～60歳代の男性の識字率は非常に低い。したがって、都市において調査を行う際に用いる方法、例えば、質問表を配布し回答者自身に回答を記入してもらうような方法を用いることは不可能であり、また当該地域において、質問をする側が質問表とペンを片手に質問を進めることも、回答者に大きな心理的負担を与え、相手に緊張感を持たせてしまう結果、質問を進めることが不可能となる。質問表の紙とペンを見た際に、地域の人々が決まって口にする言葉は、「私には難しいことはわからない」という一言である。質問表とペンを持たずに、会話形式を用いた場合にも、仮に①のフォーマル・

インタビュー形式で、質問者が各設問に沿って形式的に質問を進めることは当該地域での質問調査には適していない。この手法でも、地域住民に不自然さ、緊張感を与えてしまい、彼らは多くを語ろうとしなくなってしまう。

　以上は、筆者が中国農村での調査研究において経験し、学習した結果である。したがって、②の質問方法により、回答者である相手に会話の主導権を移譲し、時間をかけた「おしゃべり」を通して、予め用意をしておいた質問表の内容を順不同で会話の流れに応じてその都度聞き出し、会話終了後に録音した音声記録をもとに、筆者自身が質問表の記入を行った。こうした会話のなかでは、質問表のなかで想定していたもの以外の情報を数多く引き出すことができたため、それらの有益な情報はそれぞれ質問表の備考欄に記入することとした。

　次に、質的研究の1つの方法に参与観察（Participant Observation）がある。参与観察の定義を盛山（2004）は、「探求したいと考えている社会現象が起こっている現場に行き、その社会生活を共に体験する中で観察したことを記録していく調査。」としている。またこの参与観察を通して、記述したものをエスノグラフィー（Ethnography）と呼ぶ。古賀正義（2011）は、エスノグラフィーの定義を「比較的長期間現場に滞在し、調査対象者と日常生活を共有しながら、集団や組織の文化的特質を観察し記述する方法」としている。これらは本来、文化人類学のB. マリノフスキー（B. Malinowski）やシカゴ学派の社会学者W. F. ホワイト（W. F. White）が、現地調査を通じた観察記述方式を提唱したことに基づき、今日まで発展してきている。いずれにせよ、参与の度合いは様々であるが、現地調査による当該地域の人々との交流を必須とするもので、民族学や人類学の分野で最も多く使用される方法である。

　観察と聞き取りによって成り立つ参与観察は、単純な作業であり、誰にでも簡単に行うことができるように見えるが、しかし、その調査過程や分析方法は困難であり、さらにそこでの参与観察の客観性を求めることには困難を極める。クリフォード. J（Clifford. J, 1989）は、調査者による「表象の暴力」という表現を用いて、調査者自身の決めつけによる印象が先行した記述や外からの理論枠組みの押し付けによって、地域を論じる研究を批判している。

　この問題を解決するために、B. G. グレーザー（B. G. Glaser, 1967）らは、「グ

ラウンデッド・セオリー・アプローチ（Grounded Theory Approach）」を提唱した。これは、現場の聞き取り調査で記述した言葉や人々の行動を一定基準によってコード化することによって、量的調査の仮設検証方法に合わせながらデータを分類するものであり、客観主義的参与観察と呼ばれる。またこれに対して、C. ギアーツ（C. Geertz, 1991）は、主観主義的参与観察を主張している。現地の人々がその日常生活のなかで当然であると認識しているが、外部者からみれば新鮮或いは価値の高いと評価される物事であるローカル・ノレッジ（Local Knowledge）を調査者が相対的に理解し、記述することによって、地域の人々への気づきを促すという貢献ができるという考え方である。

先に論じたように、質的研究の各方法は、それぞれ密接に関連するものであり、参与観察とインタビューをそれぞれ論じることができるが、現地調査においてその方法は不可分なものといえる。

最後に、インフォーマル・インタビュー（Informal Interview）を行うなかで、最も主観的な内容の聞き取りを行う個人史の記述も本書のなかで行った。これは、ライフヒストリー研究（The Life History Research）やライフストーリー研究（The Life Story Research）と呼ばれるもので、インタビューを行う対象者の人生全般、あるいは、ある特定期間の対象者の生活状況を聞き取り、その人物が経験したことを記述するナラティブ・インタビュー（Narrative Analysis）が採用される。対象者の経験に関して、本人の記憶をもとに1つの物語として語ってもらうことが目的であるため、構造化の度合が低いという批判は否めない。

また個人史の作成においては、その調査地のなかで誰をその対象とするかということは最も重要な点となる。一般的には、地域におけるキーパーソン（Key Parson[25]）を選出し、聞き取りの対象をすることが多く、そのデータを後に、当該地域で発生した出来事や社会全体の変化といった客観的事実と照合して理解を深める手法が用いられる。

本書では、村の代表者である各村の幹部それぞれ2・3名へのインタビュー

---

[25] 組織、コミュニティ、人間関係の中で、とくに大きな影響を全体に及ぼすリーダー的存在を指す。

と複数の村民に対するインタビュー、その他、参与観察を経て得た無形、有形の資料をデータを中心として、さらにそれらの理解を深めるために各村に現在も存在する長老にあたる寨老と呼ばれる民族の伝統的なリーダーである人物3名の個人史を作成した。

参考文献
進士五十八（2008）『シリーズ・実学の森　ボランティア時代の緑のまちづくり：環境共生都市の実際』東京農業大学出版会、122-124頁。
進士五十八・森清和・原昭夫・浦口醇二（1999）『風景デザイン：感性とボランティアのまちづくり』学芸出版社、46頁、82頁、83頁、102頁。
佐藤誠（2004）『魅せる農村景観：デザイン手法と観光活用へのヒント』財団法人日本交通公社、2頁。
篠原修・景観デザイン研究会（2002）『景観用語事典』彰国社、103頁、12頁。
湯茂林（2000）「農村景観」『生態学雑誌』19（2）、11頁。
進士五十八（1983）『緑からの発想 郷土設計論』思考社、185頁、232頁。
原剛（2008）「『環境日本学』を創る」早稲田大学アジア太平洋研究センター、1頁。
熊谷宏・堀口健治・進士五十八・倉内宗一・原剛（2009）「わが国　農業・農村の再起」151頁。
進士五十八（2001）「山村地域の多面的意味と風景づくり」『森林科学』33、73頁。
高瀬浄（2002）『自然と人間の経済学：共存と進化と同化』論創社、71頁、123頁。
鳥越皓之（2004）『環境社会学：生活者の立場から考える』東京大学出版会、163頁、166頁、174-175頁。
祖田修（2000）『農学原論』岩波書店、7頁、50-51頁。
堀川三郎（2001）「景観とナショナル・トラスト：景観は所有できるか」、鳥越皓之編『講座環境社会学：自然環境と環境文化・第3巻』有斐閣、165-166頁。
章家恩（2005）『旅游生態学』化学工業出版社、環境・能源出版中心。
何麗芳（2006）『郷村旅游与伝統文化』地震出版社。
フェリー・L（Ferry, L.）（1994）『エコロジーの新秩序』加藤宏幸訳、法政大学出版局、168頁。
進士五十八（1994）『ルーラル・ランドスケープ・デザインの手法』学芸出版社、100頁。
郭玉華、黄勇、井瑾、湘雲、黄洪峰（2007）「農業景観的生態計画和設計」『湘潭師範学院学自然科学版』湘潭師範学院、（1）73頁。
柏祐賢（1962）『農学原論』養賢堂、162頁。
原田津（1973）『地上「農業に、売る『縁』はない」』第27巻第8号、27頁。
経済の伝書鳩（北見・網走管内夕刊紙）2004年6月2日。

合田素行（2001）『中山間地域等への直接支払いと環境保全』家の光協会、11 頁。
趙翠、李月輝（2001）『実用景観生態学』科学出版社、214 頁、134 頁、108 頁。
費孝通、小島晋治訳（1985）『中国農村の細密化─ある村の記録 1932〜82』研文出版社、4 頁。
Fuller, T. (1994) *Sustainable rural communities in the arena society*. In Bryden, J. M. ed. Toward Sustainable Rural Communities, Guelph Series. School of Rural Planning and Development, University of Guelph. 133-140.
赤尾健一（2008）「環境の価値評価と社会的費用便宜分析入門」『環境と計画』、早稲田大学社会科学学会、25 頁。
読売新聞、2010 年 1 月 30 日。
進士五十八、畦倉実（2002）『風景考：市民のための風景読本』マルモ出版、32 頁、45 頁。
根木昭・根木修・垣内恵美子・大塚利昭（1999）『田園の発見とその再生：「環境文化」の創造に向けて』晃洋書房、9 頁。
俞孔堅（1992）「盆地経験与中国農業文化的生態節制景観」北京林業大学学報、14（4）、42 頁、38 頁。
Naveh, Z. & A. S. Lieberman. (1984) *Landscape Ecology: Theory and Application*, New York: Springer Verlag.
劉茂松、張明娟（2004）『景観生態学：原理与方法』化学工業出版社、2 頁。
井手久登（1975）『景観の概念と計画、都市計画 No.83（特集景観論）』日本都市計画学会、23 頁。
西村幸夫、町並み研究会（2000）『都市の風景計画：欧米の景観コントロール手法と実際』学芸出版社、9 頁。
オギュスタン・ベルク（1990）『日本の風景・西洋の景観』講談社現代新書、10-16 頁。
オギュスタン・ベルク（1995）『風土の日本：自然と文化の通態』筑摩書房、46 頁。
勝原文夫（1999）『環境の美学』論創社、13 頁。
中島峰広（1999）『日本の棚田』古今書院、13 頁。
足達富士夫（1970）『地域景観の計画に関する研究』博士論文 32-33 頁。
後藤春彦（2007）『景観まちづくり論』学芸出版社、51-53 頁。
渡部章郎・進士五十八・山部能宣（2010）「造園学分野および工学分野の景観概念の変遷」『東京農大農学集報』54（4）、299 頁。
裴相斌（1991）「従景観学到景観生態学」『景観生態学：理論、方法及応用』中国林業出版社、82-85 頁。
R. T. T. Forman & M. Gordon (1986). *Landscape Ecology*, New Yor: John Wiley & Sons.
鄔建国（2000）「景観生態学：概念与理論」『生態学雑誌』19（1）、42-52 頁。
中村良夫（1977）『土木工業大系 13 景観論』彰国社。

千賀裕太郎（2004）「生業とのかかわりの中で生まれ育った景観を考える」、『文化遺産の世界：日本の文化的景観：生業に育まれた景観を考える』第15巻、国際航業、6頁。

齋藤潮・土肥真人編著、柴田久・田中尚久・上島顕司・永島為介（2004）『環境と都市のデザイン：表層を越える試み参加と景観の交点から』学芸出版、48頁、51頁。

勝原文夫（1979）『農の美学』論創社、iii頁、276頁。

斎藤純一（2000）『公共性』岩波書店、35頁。

ユルゲン・ハーバーマス著／細谷貞雄・山田正行（1994）『公共性の構造転換』未来社、68頁。

Inge Kaul (1999), *Global Public Goods: International Cooperation in the 21st Century*, Oxford Univ Pr (Txt), pp.30-44.

李文華（2008）『生態系統服務功能評価評估的理論、方法与応用』中国人民大学出版社、49頁。

原剛（2007）『環境が農を鍛える：なぜ農業環境政策か』早稲田大学出版部、220頁、14頁。

田中耕司（2000）「自然を生かす農業」福井勝義・秋道智彌・田中耕司『講座 人間と環境 第3巻 自然と結ぶ：「農」にみる多様性』昭和堂、8頁。

進士五十八（2001）「ダイバアシティ・ランドスケープ」『ランドスケープデザイン』第23号、マルモ出版社。

浅香勝輔、足利健亮、桑原公徳、西田彦一、山崎俊郎（1982）『歴史がつくった景観』古今書院、37頁。

安芸皎一（1951）『河相論』岩波書店。

玉城哲、旗手勲（1974）『風土：大地と人間の歴史』平凡社、7-8頁。

小原秀雄監修・阿部治、リチャード・エバノフ、鬼頭秀一解説（2004）『環境思想の普及1 環境思想の出現』東海大学出版会、72頁。

中村良夫（1982）『風景学入門』中公新書、115頁。

オギュスタン・ベルク（1985）『空間の日本文化』筑摩書房、223頁。

佟慶遠、李王峰、李宏（2007）『農村可持続発展対策及案例』、中国社会出版社、10-19頁、58頁。

Birks, H. H. et al (Eds) (1988), *The Cultural Landscape-Past, Present and Future*, Cambridge Univ. Press, pp.10-19.

角媛梅（2009）『哈尼梯田自然与文化景観生態研究』中国環境科学出版社、91頁。

王恩涌（1993）『文化地理学導論（人・地・文化）』高等教育出版社、26頁。

C. Sauer (2000), *The Morphology of Landscape* University of California Publications in Geography, Vol. 2, 1925, pp. 19-54; D. Mitchell, Cultural Geography: An Introduction, Oxford.

Droste, von B., H. Plachter, and M. Rossler (Eds) (1995), *Cultural Landscapes of Uni-*

versal Value, Stuttgaet, p.5.
俞孔堅（1998）『景観：文化、生態与感知』科学出版社、3-7 頁。
本中眞（1999）「文化と自然のはざまにあるもの：世界遺産条約と文化的景観」奈良文化財研究所学報第 58 冊、227-317 頁。
古田陽久（2003）『世界遺産入門：過去から未来へのメッセージ』シンクタンクせとうち総合研究機構。
稲葉信子（2002）「世界遺産における文化的景観の保護」、『文化庁月報 1 月号 No.400』、8 頁。
阿部一（1995）『日本空間の誕生：コスモロジー・風景・他界観』せりか書房、212 頁。
農林水産業に関連する文化的景観の保存・整備・活用に関する検討委員会（2003）『農林水産業に関連する文化的景観の保護に関する調査研究（報告）』文化庁文化財部記念物課、21 頁。
宮城音弥（1971）『日本人の生きがい』朝日新聞社、28 頁。
Roth Charles E., (1992), *Environmental Literacy: It's Roots, Evolution and directions in the 1990 Eric Clearinghouse for Science, Mathematics, and Environmental Education*, Columbus, Ohio. ED348235.
葉文虎、栾勝基（1994）『環境質量評価学』高等教育出版社、7-8 頁。
World Commission on Environment and Development, 1987.
王民（1999）『環境意識及測評方法研究』中国環境科学出版社、30 頁。
Zube. Ervin H, (1984), *Environmental Evaluation: Perception and Public Plicy*, Cambridge University Press.
岩崎允胤（1978）「文化と創造」『唯物論』第九号、汐文社、31-32 頁。
李金昌（1999）『生態価値論』重慶大学出版社、18-23 頁。
岳友熙（2007）『生態環境美学』人民出版社、75-58 頁。
楊朝飛（1991）『中国環境科学』中国環境科学出版社、16 頁。
張建華、朱靖（1994）「自然保護区評価研究的進展」王礼嬙、金鑑明『論自然保護区的建立和管理』中国環境科学出版社、162-168 頁。
孫業紅、成升魁、鐘林生、閔慶文（2010）「農業文化遺産地旅游資源潜力評価：以浙江省青田県為例」『資源科学』第 32 巻、第 6 期、1027 頁。
孔繁徳、高愛明（1994）『生態保護』中国環境科学出版社。
任余（2001）「自然文化遺産保護与地方経済発展：協調而不対立，促進而不障碍」張暁、鄭玉歆『中国自然文化遺産資源管理』社会科学文献出版社、291 頁、296 頁。
金田章裕（2005）「文化的景観とは何か」『文化遺産の世界 第 15 巻』国際航業、5 頁。
山本正三、内山幸久、犬井正、田林明、菊地俊夫、山本充（2004）『自然環境と文化＜改訂版＞：世界の地理的展望』原書房、2 頁。
佐々木高明（1988）『地域と農耕と文化：その空間像の探求』大明社、16 頁。

松村和則（2001）「レジャー開発と地域再生への模索」『講座環境社会学：自然環境と環境文化、第3巻』、有斐閣、236頁。
竹林征三（1998）『東洋の知識の環境学・環境と風土を考える新しい視点』ビジネス社、44頁。
Bryn Green (1996), *Countryside Conservation — Landscape ecology, planning and management: Third edition*, Wye College, University of London, Ashford, Kent, p.13.
コルビン著、佐藤昌・内山正雄訳（1970）『土地とランドスケープ1970年改訂版』日本公園緑地協会、265-266頁。
松井健（2007）「序：自然の資源化」、松井健『自然の資源化』弘文堂、13-17頁。
小磯国昭編述（1917）『帝国国防資源』参謀本部。
松井春生（1939）『日本資源政策』千倉書房。
科学技術庁資源調査会（1961）『日本の資源問題』科学技術庁資源局。
佐藤仁（2008）『資源を見る眼：現場からの分配論』東信堂、x頁、8-9頁。
E・ジンマーマン著、石光亨訳（1985）『資源サイエンス』三嶺書房、20頁。
酒井惇一（1995）『農業資源経済論』農林統計協会、7-8頁、14頁。
菅豊（2007）「中国における根芸創出運動：資源を生み出す「美」の本質と構築」、松井健、同上掲載書、161頁、165頁。
De Soto, Hernando (2000), *The Mystery of Capital: Why Capitalism Triumphs in the West and Fails Everywhere Else*, Basic Books,
文化資源学会「設立趣意書：2002年6月12日採択」
山下晋司（2007）「序：資源化する文化」山下晋司『資源化する文化』弘文堂、13頁。
深海博明（1980）「資源問題」『経済学大辞典』第1巻、東洋経済新報社、11頁。
佐藤健二（2007）「文化資源学の構想と課題」山下晋司『資源化する文化』弘文堂、46-47頁。
田中喜一（1974）『現代観光論』有斐閣。
古池嘉和（2007）『観光地の賞味期限「暮らしと観光」の文化論』春風社、26頁、38頁。
Fennell, X. (1999), *Is Rural Tourism a Level for Economic and Social Development?*, Journal of Sustainable Tourism 2 (1-2), pp.22-40.
須藤廣（2008）『観光化する社会：観光社会学の理論と応用』ナカニシヤ出版、49頁。
ブーアスティン・J・ダニエル（Boorstin・J・Danniel）、星野郁美・後藤和彦訳（1964）『幻影の時代：マスコミが製造する事実』東京創元社、89-123頁。
北川宗忠（1999）『観光資源と環境：地域資源の活用と観光振興』サンライズ出版、180頁。
C. M. Hall & S. J Page (1999), *The Geography of Tourism and Recreation*. Routledge.
鄔建国（2000）「景観生態学：概念与理論」『生態学雑誌』第19号、第1巻。
朱小蕾（2005）『建成環境主観評価方法研究』東南大学出版社、7頁。

任余（2001）「自然文化遺産保護与地方経済発展：協調而不対立，促進而不障碍」張暁、鄭玉韻『中国自然文化遺産資源管理』社会科学文献出版社、2001 年、296 頁。

毛文永（2005）『建設項目景観影響評価』中国環境科学出版社、70-71 頁。

イズマル・セラゲルディン（Ismail Serageldin）（1999）「公共財としての文化遺産：歴史都市の経済分析」、インゲ・カール（Inge Kaul）『地球公共財：グローバル化時代の新しい課題』日本経済新聞出版社、122-123 頁。

秋道智彌（2007）「序：資源・生業複合・コモンズ」、秋道智彌『資源とコモンズ』弘文堂、19 頁、21 頁。

Lloyd, W. F. (1933), *On the Checkes to Population*, Reprinted in G. Hardin and J. Baden, eds., Managing the Commons, San Francisco: W.H. Freeman, pp.8-15.

Hardin, G. (1968), The Tragedy of the Commons, Science, 162 (December), pp.1243-1248.

室田武・三俣学（2004）『入会林野とコモンズ：持続可能な共有の森』日本評論社。

井上真（2008）『コモンズ論の挑戦：新たな資源管理を求めて』新曜社、6-7 頁、198 頁、150 頁。

Dolsak, N. & Ostrom, E., (2003) *The Commons in the New Millennium: Challenges and Adaptations*, Cambridge, Massachusetts; London: The MIT Press, pp.3-34.

秋道智彌（1995）「資源と所有：海の資源を中心に」、秋道智彌・市川光雄・大塚柳太郎『生態人類学を学ぶ人のために』世界思想社、180-181 頁。

関良基（2005）『複雑適応系における熱帯林の再生：違法伐採から持続可能な林業へ』御茶の水書房、126 頁。

中村尚司（2001）「循環と多様から関係へ：男と女の火遊び」エントロピー学会編『「循環型社会」を問う：生命・技術・経済』藤原書店、219-243 頁。

玉野井芳郎（1977）『地域分権の思想』東洋経済新報社、7 頁。

福永真弓（2005）「生命地域主義（バイオ・リージョナリズム）」尾関周二、亀山純生、武田一博『環境思想キーワード』青木書店、118-119 頁。

三俣学、菅豊、井上真（2010）『ローカル・コモンズの可能性：自治と環境の新たな関係』ミルネヴァ書房、5 頁。

《中国古鎮游》編輯部（2005）『中国古鎮游／広西』広西師範大学出版社、93-98 頁。

李暁明、鐘瑞添（2008）「関於桂東北多族群区域新農村文化建設的幾点思考」『梧州学院学報』第 18 巻第 1 期、梧州学院、5 頁。

龍勝各族自治県民族局、《龍勝紅瑶》編委会編（2002）『龍勝紅瑶』広西民族出版社、14 頁、31-32 頁。

王輝（2009）「発展郷村旅游的"公地悲劇"問題及対策」『科技情報開発与経済』第 19 巻、第 27 期、107 頁。

Rachel Guimbatan, Teddy Baguilat Jr.（2007）「対保護菲律賓水稲梯田文化景観這一提

法的誤解」『中国博物館』中国博物館、63 頁。
旗田巍『中国村落と共同体理論』岩波書店、1973 年、v-ix 頁、39 頁、176 頁。
戒能通孝『法律社会学の諸問題』日本評論社、1947 年、158 頁。
菅豊「中国の伝統的コモンズの現代的含意」、室田武『環境ガバナンス叢書③グローバル時代のローカル・コモンズ』株式会社ミネルヴァ書房、2009 年、226 頁、230 頁。
菅豊「中国でコモンズを考える理由」、Local Commons 編集事務局『Local Commons』第 6 号、2008 年 1 月 15 日発行、2 頁。
北澤毅、古賀正義(2008)『質的調査法を学ぶ人のために』世界思想社、10 頁。
盛山和夫(2004)『社会調査法入門』有斐閣ブックス、37-38 頁、11 頁。
佐藤郁哉(1992)『フィールドワーク:書を持って街へでよう』新曜社、159-164 頁。
古賀正義(2011)『〈教えること〉のエスノグラフィー —「教育困難校」の構築過程』金子書房、2 頁。
Clifford, J. (1989) *Introduction Partial Truths*, J. Clifford and G. E. Marcuseds., *Writing Culture: The Poetics and Politics of Ethnography*, University of California Press, pp.1-26.
Glaser, B. G. and A. L. Strauss (1967), *The Discovery of Grounded Theory: Strategies for Qualitative Research*, Aldine.
ギアーツ.C. 著、梶原景昭訳(1991)『ローカル・ノレッジ —解釈人類学論集』岩波書店。

第2章

龍脊棚田地域の3つの村

はじめに

　三農問題が社会の大きな問題であり、農村・農民に対する差別が根強い中国社会においても、近年、農村に対する外部社会からの眼差しの変化により、棚田景観への評価が高まっている。今日、本書調査地の広西龍脊棚田地域では、平安村・大寨村・古壮寨という3つの村が棚田景観を旅行資源として活用して旅行業を行っている。それぞれ3つの村は、祖先がこの地へ移住するに至った歴史背景・生活形態・棚田景観・自然環境・民族文化において、ほぼ同様の基本的特徴を有する。しかし、3つの村では、旅行業開始の時期が異なり、また各々の村の特徴を活かして、三者三様に異なる旅行業形態を確立している。

　本章では、質的研究方法による現地調査を通じて、この3つの村の概要をそれぞれ示し、そこでの共通点・差異・比較軸となる項目を考察する。具体的には、まず、調査地の選定理由を述べ、地域の概要と旅行業開始の流れを示す。そのうえで、平安村・大寨村・古壮寨の3つの村の村民幹部へのインタビューからそれぞれの村の基本概要と①村の構成、②旅行業開発の流れと管理体制、③入場チケットの管理と地域住民への利益分配、④地域住民の経済水準、⑤耕作放棄地と棚田維持への努力、⑥今後取り組むべき課題、⑦子

供たちの教育水準と次世代への希望、の各項目に関してまとめる。

1 龍脊棚田地域の概要

1-1 調査地の選定理由

　龍脊棚田地域を選定した理由は、まず、1つ目に、近年旅行業が進出するまでは、ほぼ完全に近い自給自足の生活が行われてきたため、地域固有の村落共同体による伝統的な村落での営みの継承をみることが可能な点が挙げられる。2つ目に、同様の環境にありながらも、同地域内の3つの村では、それぞれに三者三様の発展形態を選び、それを確立しているという特徴があること、さらに3つ目に、豊かな自然環境のなかで人間生活を継続しており、現時点、さらに今後もその可能性がある地域であること、という理由が挙げられる。

　平安村・大寨村・古壮寨という3つの村において、①自然資源分配と旅行業で得られる利益の分配の方法・規則はいかなるものか、②農村景観に対する価値観や意識に違いは存在するか否か、③旅行業の発達と棚田耕作に対する価値観や人々の行動に違いが存在するのか否か、④同地域内に3つの村が存在することの意義は何か、⑤龍脊棚田地域の3つの村の旅行業による発展形態は、現代中国社会においていかなる意味を持ち、いかなる位置づけとなるのか、に関して3つの村の調査を行う。

　本書での研究対象地域は、国内都市部への販売や海外に輸出をするために、農作物を大量に生産する広大な平野地域の農村ではなく、農業活動を行ううえで条件不利地とされる山間部の食糧生産規模は小さく、地域の自然環境を基礎に独特な農村景観を作り上げている地域である。当該地域のように、地域の独特な景観を有する地域であることから、旅行業という経済収入の獲得手段が近年急速に地域に生まれはじめている場所は、自給自足の生活時には決して資源として存在し得なかった農村景観が資源化する過程をみることが

表 2-1　龍脊棚田地域において棚田を活用した観光業を行う3つの村（2014）

平安村	大寨村	古壮寨
・定住開拓から約600年 ・1990年電気開通 ・1996年旅行業開始 ・壮族 ・184戸　815人 ・棚田面積：約160km² ・2013年村民平均年収 　　：12000元 ・「農村の大都会」	・定住開拓から約600年 ・1999年電気開通 ・2003年旅行業開始 ・瑶族 ・303戸　1201人 ・棚田面積：約380km² ・2013年村民平均年収 　　：5200元 ・「伝統的村落共同体」	・定住開拓から約450年 ・1990年電気開通 ・2010年旅行業開始 ・壮族 ・286戸　1265人 ・棚田面積：約410km² ・2013年村民平均年収 　　：4600元 ・「古壮寨生態博物館」

できる。こうした急速な変化に直面している農村は世界中にみられるが、同じ地域内でほぼ同様の条件を持ちながらも三者三様の旅行業による発展形態が共存する3つの村が存在することが本書調査地の特徴といえる。

　表2-1は、3つの村の主な特徴を示した表である。それぞれの特徴を形容する言葉が地域にはあり、まず、平安村は、周囲の村々から「農村の大都会」と呼ばれている。これは、平安村が周辺地域よりも早くに旅行業を取り入れ、現在では、小さな村のなかに国内外からの様々な旅行者の需要に応えられるだけの多様性のある宿泊施設、飲食施設、娯楽施設があり、村民の収入も周辺地域のなかでは群を抜いていることに起因する。一方、大寨村は、祖先崇拝を重んじ、村全体の合言葉のようになっている「第二の平安にはならない」という言葉が表すように、平安村の商業主義を批判し、強固な伝統的村落共同体による村の運営を行っている。さらに、古壮寨は、従来は、鉄工など多種類の手工業技術を持つ村として存在してきたが、現在は、地域を丸ごと保存するという概念の生態博物館指定地域としての特徴を持っている。

1-2　広西龍脊棚田地域の基本概要

　広西は、正式名を広西壮族自治区とし、中国国内最大の少数民族自治区である。中国国内には現在、主流となっている漢族の他に、55の少数民族が存在し、合わせて56民族が存在するが、自治区内には最も多い漢族以外に、壮族、瑶族、水族、侗族を含む11の少数民族が、総数約1800万人居住して

図2-1 中国全土のなかでの広西龍脊棚田地域の位置

いる少数民族文化のるつぼといえる地域である。

　龍脊棚田地域は広西龍勝県和平郷にあり、桂林市中心部から約70kmの場所に位置し、風景区の面積は66km²、遊覧観賞可能な地域は20km²である。地域の最高海抜は1850m、最低海抜は300mで、棚田が最も多く点在する場所は約300m～1100mに位置する山の斜面であり、傾斜は約26度～35度の間である。気候は、亜熱帯季節風気候に属し、夏季には南東風、冬季には北西風が強く、季節風の影響を受けやすい地域である。年間平均気温は14.4～16.9℃で、年間雨量1600～1733mm、年間平均日照時間数1225.7hである（成官文、2002）。

　龍脊棚田地域での棚田は元の時代に開拓されはじめ、清の時代に開拓が完了した約600年の歴史を持つ棚田である。梁中宝（2001）によると、古人は、龍脊棚田景観を「春は銀の稲の根が漂うように、夏は緑の坂があぜ道を転がるように、秋は金の塔がどっしり座っているように、冬は玉の龍が舞っているようである」と詩に詠った。四季の変化によってそれぞれに特徴のある景

図 2-2　菜の花が植えられている春の棚田（大寨村）2010 年 3 月撮影

図 2-3　水が張られ田植えが始まった夏の棚田（平安村）2010 年 5 月撮影

図 2-4　稲刈り前の秋の棚田（平安村）2014 年 9 月撮影

図 2-5　稲刈りが終わって 1 ヶ月後の冬の棚田（平安村）2009 年 11 月撮影

観の変化がみられ、600年以上前から棚田景観の美しさを詠い、評価する人々が存在してきたことがわかる。

　このように、景観に対する評価が高い当該地域ではあるが、本来、山岳の斜面を開拓して、急な斜面で耕作を行う棚田が形成された背景には様々な歴史がある。多くの文献に示されているように、戦乱を逃れて北方から南下し、戦争難民として転々とした瑶族と壮族は、外部と全く交流を必要としない山岳の奥地であるこの土地を定住の場に選んだという記載がある。また胡箏（2006）は、広範囲に及ぶ当時の水資源不足について、「宋の時代に長江の中流から下流にかけての地域で大規模に湖を耕作地に開拓し始め、これによって、湖の面積が急激に縮小し、保水能力も急激に低くなり、水と土砂の南方への流出も当時の大規模開拓によってさらに深刻化したため、農地としての場所と農業方法に工夫が必要であった」という広範囲での農業改革とその結果を示している。当該地域における農業方法の工夫とは、棚田による農地の開拓といえる。

　こうした背景のもとで、当該地域における棚田の開拓と耕作は数百年にわたり継続された。粟冠昌（1984）は、村で旅行業が開始される以前の1984年に「ここでは農業が中心として生活が営まれ、手工業や零細商業も多少村内に存在するが、ほぼ完全なかたちでの自給自足自然経済が保持されている」と、当時の様子を述べている。

　桂林と龍勝、2つの都市の中間地点にある和平から平安村へ道路が完全開通したのは1996年のことで、さらに7年後の2003年に大寨村まで道路が開通した。その後、2009年に古壮寨への道路が開通した。近年、道路が開通するまで、龍脊棚田地域は、交通手段のない閉ざされた山のなかでの生活を行い、外部との交流は少なかった。当該地域における旅行業の開発は1990年以降であり、旅行客の訪れを受け、1994年に平安村の村長が入場チケット制度を採用したのが龍脊における入場チケット制度の始まりであった。以下の図2-6、図2-7は、旅行者が龍脊棚田地域に入る際に購入義務のある新旧の入場チケットの半券である。入場チケットは2009年まで図2-6の平安村・大寨村共通チケットが採用された。その後、2010年から古壮寨が入り、図2-7に変わった。各村間の行き来は自由で、地域内で宿泊滞在し続ける場合

図2-6 龍脊棚田地域の地図

出典：桂林龍脊景区入場チケット：50元/人（桂林龍脊旅游有限責任公司）（2009年11月著者撮影）

は、例えその期間が半年や一年であってもチケット購入は最初の1度のみで良い。また出典にあるように、この入場チケットは、現在、政府公認旅行会社の桂林龍脊旅行有限責任公司が管理運営をしている。

桂林龍脊旅游有限責任公司は、1998年4月に設立した桂林旅游股份有限公司（広西桂林翠竹路27-2号）の傘下にある資本参加会社である。桂林旅游股份有限公司は、広西の旅行会社では唯一の上場会社であり、桂林を中心に桂林東北部地域一帯の旅行業はほぼ全てこの会社の傘下にある持株会社や資本参加会社によって運営されている。

2003年に龍勝県政府は、「政府主導・市場操作・企業経営・民衆参与」という旅行開発の新政策を打ち出した。この具体的内容は、市場に対応する旅行業の管理、風景区の区画整備、インフラ整備、対外への宣伝活動、旅行業

図 2-7　龍脊棚田地域の地図

出典：桂林龍脊景区入場チケット：100元／人（桂林龍脊旅游有限責任公司）（2014年9月著者撮影）

の全面的開放における開発権と経営権、県内の旅行業開発に必要な資金、先進的経営理念、多角的投資形態による旅行業の形成といった内容により、旅行資源の開発を促進するというものである。広西郷村発展研究会（2007）によると、これらの最終的目的は、「政府・旅行会社の利益追求以外に、零細農業の村を旅行業によって徐々に発展させ、貧困からの脱却を実現する模範を示すこと」だという。

表 2-2 龍脊棚田地域（平安村・大寨村・古壮寨）における旅行業開発の経緯

年	管理主体	発生した出来事
1994		カメラマン李亜石が取材し、雑誌『中国撮影』に掲載する。
1996	平安村村民委員会	龍勝から平安村までの道路工事がはじまる。
〃	平安村村長	入場チケット（中国人3元／人、外国人5元／人）制度導入。全体収入を村の人口で分配。
1997	〃	龍勝から平安村の道路が開通する。
〃	和平郷政府、桂林市温泉旅游有限責任公司（非公式の管理）	平安村風景区内遊歩道、山の土砂崩れ防止柵の整備を行う。
1999	龍勝県政府旅游局、龍勝県旅游総公司 桂林旅游発展有限公司 ※ 和平政府の撤退	3団体による共同管理が正式に始まり、旅行業に関するインフラ整備がはじまる。入場チケットの管理も3団体が管理しはじめる。 大寨村に電気が通る。
2002	龍勝県政府、桂林温泉旅行有限責任公司	平安村住民と入場チケット収入の分配に関する契約を2002年1月1日から結び、2004年12月31日までの期限とする。大寨村においても旅行業の開発を進める。
2003	〃	桂林から龍勝に国道321号が開通する。
〃	〃	平安村から大寨村への道路が開通する。
2004	〃	国際的旅行ガイドブック Lonely Planet に掲載される。
2004	古壮寨村民委員会	古壮寨は龍勝政府に道路建設請求報告書を提出し、翌年開通する。
2005	桂林温泉旅行有限責任公司、平安村村民委員会	3・25事件の発生（村人と政府・旅行会社の衝突）
〃	龍勝県政府	龍勝県政府が平安村に「県級景区管理室」を設置、主な任務は平安風景区の建築物への管理である。
〃	桂林龍脊旅游有限責任公司	政府が桂林市温泉旅行有限責任公司に入場チケット（1人50元）をはじめ、当該地域での旅行業管理を移譲する。
2006	中国生態博物館	古壮寨が龍勝龍脊壮族生態博物館として認定される。
2010	桂林龍脊旅游有限責任公司	古壮寨が龍勝龍脊壮族生態博物館として正式に旅行者受け入れを開始する。
2011	〃	入場チケットに古壮寨も加わり、代金は1人80元に値上げされる。
2014	桂林龍脊旅游有限責任公司	入場チケットが1人100元に値上げされる。（75歳以上：50元、学生・軍人・記者：80元）

2　平安村の概要

2-1　資料からみる平安村

　平安村は龍脊風景区の中心に位置する村で、龍脊に訪れる旅行者の多くが訪れる村といえる。彼らの祖先は、山東省を起源とするが、宋の時代に慶遠府南丹州（現在の広西南丹）に移り、その後、元の時代から同地域で生活をはじめたとされている。李富強（2009）は、これらの移住の経緯には、いずれも瑶族同様に、戦乱や民族差別による弾圧から逃れてきたことが背景に存在するとしている。

　1999年から、旅行会社が風景区の入場チケットによる収入を一定の比率で平安村に分配しはじめ、当初、地域ではこれを「進寨費（入村費）」と呼んでいたが、後に「梯田維護費（棚田維持費）」という名称に変更して、村民に分配されるようになった。分配所得収入は平安村村民の旅行業収入のなかのごく一部分であり、その他に、多くの家庭が民宿や飲食店、工芸品の販売を行って収入を得ている。

　その後、2003年に国道321が龍勝から桂林まで完全開通し、この間の移動時間はわずか1時間半となった。この開通を前に、すでに2002年以降、大型バスを利用した団体旅行のコースに平安村が組み込まれはじめたため、村では大幅な収入の増加が見られた。平安村の所得は、2001年3万元から翌年2002年には5倍の15万元と大幅に増加した。

　2002年7月3日に桂林市温泉旅行有限責任公司は、平安村との間に、入場チケット収益から平安村棚田維持費として毎年15万元を村に支給するという契約を結んだ。当時、旅行会社は、村に対して風景点の棚田を整備する確約を取り、3年間の維持費支給契約を結んだ。契約の切れる2005年3月1日前に、会社と村双方の支給金額についての意見が割れ、会社と村が対立したことから、地域住民による村の閉鎖が始まった。その際、村と旅行会社の対立は強まり、公安局も出動し、2名の住民が逮捕された。最終的には、1

年間の入場チケット収益の7％を村に配分するという契約が新たに結ばれるに至ったという過去がある。

平安村では、旅行業の発展後、主に2つの展望台が設けられ、1つは「1号景点：九龍五虎観景点」、2つ目は「2号景点；七星伴月観景点」と名付けられた。大寨村と古壮寨が400km²前後の耕作地を有するのに対して、平安村の棚田は、全体で約160km²という規模の小さい棚田ではあるが、この2つの展望台からは、1ヶ所に集中している平安村の棚田が展望できるため、旅行者に人気の場所となっている。平安村では自家用を目的とした水田による稲作が農業の大部分を占めるが、その他に、唐辛子と緑茶の栽培も行っており、この2品目に関しては極少量ではあるが、村内で旅行者に対して販売も行っている。

2-2　平安村書記・主任へのインタビュー

以下に示す平安村の基本情報は、2010年3月16日と2014年9月11日に廖元壮書記（47歳・男）と廖超穎主任（36歳・女）に対して行ったインタビューをもとに整理したものである。

①村の概要

平安村は龍勝県和平郷東北部に位置し、村のなかには、平安一、平安二、平安三、平安四、平安五、平安八、三龍、福禄という8つの集落が存在する。2014年時点で、村全体には184戸815人が生活を営んでおり、その98％以上が廖姓を名乗る壮族である。

表2-3にある8つの地域は、行政による地域の区分であり、それ以外に、平安村には13の古くから村内に形成された集落が存在し、これは、古くから森林資源や水資源を始めとする自然資源分配を行う単位として存在してきた。現在、行政区分による新しい地域区分が公式に活用される一方で、村内では、伝統的な集落区分の活用も住民によってなお続いている。こうした二重の区分が時に、住民の資源分配や協力において混乱をもたらしている。

表2-3 平安村を構成する地域の戸数と人口

地区	戸数	人口	姓	民族
平安一	42	209	廖	壮族
平安二	46	192	廖	壮族
平安三	16	75	廖	壮族
平安四	18	91	廖	壮族
平安五	34	136	廖	壮族
平安八	15	65	廖	壮族
三龍	5	20	廖	壮族
福禄	8	27	廖	壮族

出典:平安村村民委員会提供資料(2014年9月)

　平安村での伝統的集落の特徴は、同じ祖先を持つ親族の集まりによって集落を形成し、各一族によって団結して生活を営んできたことにある。歴史上、各一族間の勢力争いや資源獲得をめぐる争いは頻繁に発生していたために、この13の集落区分はより明確化されていった。平安村内の伝統的な13の集落区分は、廖家寨、侯家寨、平寨、平段寨、平安寨、新寨、楓木寨、龍堡寨、八灘寨、江邊寨、金竹寨、黄洛寨、馬海寨である。

　現在、旅行者の荷物運びや旅行者を籠に座らせて坂道を登るサービスを村民たちが行うにあたって、13の伝統的区分による地域の単位ではなく、行政区分による村内の8つの地域区分を単位とし、1日に2つの地域の住民がこの仕事を行う権利を持ち、商売を行っている。

②旅行業開発の流れと管理体制

　平安村では1996年から旅行業が開始された。旅行業開発が開始のきっかけは、桂林のカメラマンである李亜石が平安村と大寨村の棚田景観の写真と映像を世間に紹介したことにある。その後、道路を開通するうえで比較的容易な位置にあった平安村は、大寨村よりも7〜8年も早く旅行業を開始する運びとなった。

　旅行業がはじまってから2005年までの間、その形態や具体的管理部門等の変化はないが、基本的に政府と旅行会社主導による管理が行われてきた。その後、2005年以降は、複数の旅行会社と地方政府が村の旅行業全体を管

理している。

③入場チケットの管理と地域住民への利益配分

　旅行業がはじまった当初の1996年からの2～3年は、村民が入場チケットを管理しており、当時のチケット代金は中国人1人3元、外国人1人5元であった。しかし、1999年から政府と旅行会社がチケットの管理をしはじめ、村民による管理はなくなった。旅行者1人あたり50元の入場チケット価格は2006年からはじまり、同時に入場チケット収益の7％を村に還元するという5年契約を結んだ。

　2009年に旅行会社から村へ分配された7％の収益は80万元であり、この収益を村が地域住民に分配する際の基準は、以下の通りである。まず、25％を1996年に行われた道路工事に参加した者がいる家庭への補助金として、また25％を2009年に駐車場からダムまでの4kmにわたる道路工事に参加した者のいる家庭への補助金としている。またその2度の工事施行の際に、影響を与えた周辺農地や住宅地への補償金として、当時存在した家庭全戸に24％を充てた。1997年に村内の歩道工事に参加した者に対して25％を分配し、残りの1％を村内の清掃係員8人に対する給料として充てた。これが平安村における旅行会社から得た入場チケット利益分配を各戸・各人に分配する際の内訳である。この分配に関して、村では7％から20％へと引き上げるための交渉を行っているが、2014年4月から入場チケットが、100元に値上げされてからも7％の分配に変化はない。その理由は、これまで、平安村と大寨村の2村であったチケットの範囲が古壮寨を加えた3村になったため、分配率の引き上げはできないというものである。

④地域住民の経済水準

　2014年、村内には約150軒の民宿があり、そのうちの15軒が外部者の投資によって経営されており、この場合、地域住民の土地と建物を借りて経営を行っている。その賃貸契約はそれぞれ異なるが、30年契約、10年、5年で契約がなされている。その他に、10軒が外部者と地域住民による共同経営を行っている。その他、民宿や飲食店の看板を掲げていない一般家庭でも、

表 2-4　平安村の 1 人あたりの平均年収の変化

年	1999	2001	2003	2005	2007	2009	2011	2013
平均年収／人　(元)	500	800	1600	2700	3100	4700	6500	12000

出典：平安村村民委員会提供資料（2014 年 9 月）。

　村内の多くの家庭で旅行者の宿泊や食事を提供する準備は整っている。伝統的に 3 階建ての木造家屋を建てるこの地域において、部屋の確保には余裕があり、また食事も自家の田畑や山で取れる食糧を随時調達することができる環境にある。村への入場チケットの管理は、政府と旅行会社が行っているが、旅行者がチケットを購入して村内に入った後の消費は、全て住民の利益となり、民宿や飲食店、工芸品販売店の経営も全て制限されることなく自由に行うことができる。
　表 2-4 は、平安村の年収の変化を示した表である。
　村内において、年収 20 万を超える最高収入層には、地域外部のオーナーが投資をしている平安酒店と中翔理安山荘が挙げられ、続いて地元住民が経営している民宿である麗晴飯店と阿蒙家が、その次の高収入層に属している。続いて、民宿や食堂の経営はしていないものの工芸品・衣服・食料品の商店経営者が低収入層にあたり、その下の最低収入層には、旅行者の荷物持ちや路上での工芸品・果物の販売を行っている人々、さらに先に述べた民宿や飲食店の自由経営をしている家庭が当てはまる。
　村内において高い収入を得ているのは、外部者の投資や外部者との共同経営を行っている者が多いが、これに対して地域住民の不満が高まっているかというと、現在のところ外部者が平安村の旅行業に参入し成功することに大きな反発は存在していないという。ただし、村民委員会で今後は外部者の投資や村内でのビジネスへの参入に関して規制を設け、外部者が村で得る収益から一定額を村に還元する規定を作る予定である。

⑤耕作放棄地と棚田維持への努力

　平安村における耕作放棄地の出現と耕作地の劣化の最も大きな原因として、水質汚染と水資源不足の問題が挙げられることを、多くの村民が認識し

ている。この認識と、旅行会社が村に利益配分している入場チケット収益の7％という数字が低いという不満の2つの要素が合わさり、村の幹部が代表となり、旅行会社に対して7％の利益配分以外に、「棚田維持費」を別途設けて村に還元すべきだと要請をしている。上記の③で述べたように、平安村では旅行会社から入る7％の利益を、主に過去の道路工事に携わった労働力に対するインフラ整備への貢献の謝金として分配を行っているために、その7％の利益配分のなかに棚田維持費という名目による村民への分配は行っていない。7％の利益分配以外に入場チケット収益のなかからさらに棚田維持費という別項目の補助金を旅行会社が村へ支払うべきであるという考えが、平安では一般的な考えとしてある。村幹部の希望は、1ム（1ム＝6.67a、中国で最も多用される面積の単位）あたり200元／年の補助金を村民に支払い、さらに旅行会社が村内の汚水処理施設建設費用500万元を投資するべきであるというものである。

しかし、平安村におけるこうした耕作放棄地の問題は、主に旅行者が足を運ぶことは少ない場所に存在し、風景区とされている部分や旅行者が訪れる区域には存在しない。風景区の棚田は、旅行会社や政府からの管理・指導が厳しく、冬の農閑期にも水道水を使い、中心部分の一部に水を張った保水田にすることや、初春には政府と旅行会社から菜の花の種や肥料が支給され、その成果をみて補償金が支払われる菜の花プロジェクトが行われている。こうした風景区の棚田では、棚田本来の耕作目的である稲の耕作以外にも、景観形成のための努力が1年を通して行われている。

⑥今後取り組むべき課題

平安村において村の幹部が最も懸念している問題は、水質汚染の問題である。彼らはこの問題について、民宿や食堂の水資源利用率が高まったことを理由として挙げ、旅行業の発展による問題の発生という認識をしている。さらに、平安村においては、棚田の中心地域に住宅が多く密集しているため、各家庭から出される汚水が近隣同士相互に影響を与えやすく、また棚田にも多くの汚水が流れ込みやすくなっている。こうした事態を受けて、水資源を守るために2009年から村は、村民から水道代を集めるようになった。一季

1人あたり3m³の水を無料で使用できる基準を定め、これを超過した場合、1m³あたり1.5元の水道代を支払うようになった。2009年に集められた村全体の水道代は1万元以上で、この費用は、2人の水道代徴収員に支払う給料以外は全て上下水道の設備維持費に充てられている。

平安村では、水質汚染の問題と棚田の維持問題は関連が強い。村では汚水処理施設の建設を計画しているが、建設に必要とする約500万元の費用をどのように捻出するかが課題となっている。

⑦子供たちの教育水準と次世代への希望

1950年代から平安村には小学校が存在し、当時から現在まで中学校以上は、県の管轄の学校へ通うという状況である。近年、平安からは毎年2～3人の大学進学者を出しており、村では高等教育の支援として、村からの大学進学者に対して、入学時に2000元の奨学金を支給している。インタビューの回答者である廖書記の子息もインタビュー時に、広西の政令指定都市であ

図2-8　平安村小学校（平安村）

2009年3月著者撮影

る南寧市の大学の学生であった。廖書記と廖主任は共に、自身の子供が将来、平安村に戻り生活することには強い反対の意向を示しており、平安村においては、多くの家庭の父母が書記や主任と同様の意見を持っている。この最大の理由として、農村での苦労を自分の子供にはさせたくないという考えがあり、可能であれば自分の子供には都市での発展・飛躍を望んでいる。

3　大寨村の概要

3-1　資料からみる大寨村

　大寨村は600年以上の歴史を持つ村で、住民の98％が瑤族（紅瑤）であり、彼らの祖先がこの地域に移り住むまでの過程は、『大公翁』、『嶺外代答』、『桂海虞衡志』といった古い書物に記されている。それらの資料によると、現在、中国南方や東南アジアに居住する瑤族は、約1900年前の内戦の頻発する情勢下に、常に統治者からの民族差別と迫害を受けてきたため、戦乱と差別から逃れるために、西南部へ移民した多くの民族のうちのひとつであることがわかる。また龍脊各族自治県民族局（2002）をはじめとする多くの資料から、大寨村の瑤族は、山東省青州市が故郷であることが確認できる。彼らの祖先は、山東省という北部の地域から移民し、南下する過程で、洞庭湖、長沙、武陵、五渓の地域で暫定的生活を経て、現在の広西龍勝県大寨村に辿り着き、定住するに至った。鄭泰根（2006）は、「明朝時代に洞庭湖周辺で活動していた瑤族は、資江と沅江の上流域へ遡り、新天地を探し求め、広西壮族自治区を桃源郷として生活をはじめた」と述べている。しかし、差別と戦乱を逃れ、外部との交流のない奥地で数百年をかけて山を開拓し、棚田を作るという生活を営んだ当時の人々は、この地を「桃源郷」と認識していたと解釈するよりも、戦乱を逃れて故郷を離れ、過酷な自然条件のもとで生活をしてきた地という解釈のほうがふさわしいといえる。黄鈺（1993）のいうように、中国南方に移住した瑤族の人口分布の特徴は、「南に瑤族のいない山はない」

とされる程、広い範囲で大きく分散しているが、それぞれが個別に外部との交流が少ない小規模な集落を作っている。それによって、今日、同じ民族間でも各地域での言語の多様化がみられる。

　大寨村は、数百年の間、外部社会とは隔離された状態で、伝統的農業による生業を続けてきた極貧の村であった。1990年代後半、大寨村の平均収入は約200元/年であったが、壮大で美しい棚田景観と瑶族の独特な民俗文化によって新たな収入獲得の機会を得た。2003年9月16日に道路の整備・完全開通によって、大寨村と龍脊棚田風景区は正式に調停を結んだ。こうして旅行業が開発された1年目に、大寨村は延べ2万人の旅行者を迎え入れ、村の平均収入も約600元/年に増加した。桂林日報（2008）によると、その後、2004年の旅行者受け入れ数は延べ3万人、2007年には黄金周（5月のゴールデンウィーク）の休暇期間のみで延べ1万人の旅行者が訪れ、年間を通しての受け入れ数は延べ7万人を超え、大寨村の村民平均収入は約2000元にまで増加した。2004年の広西壮族自治区における人々の年間平均収入は、都市住民が6579.7元であり、農民が1736元であった（伝慧明、2005）ことからもわかるように、2004年に急激に成長した旅行業によって収入のない極貧の村であった大寨村の平均収入は、広西壮族自治区内農民の平均年収を上回るに至った。

　旅行業の開発後に名付けられた展望台は、田頭寨の最も海抜の高い地域にある「1号景点：西山韻楽」、また田頭寨の裏入り口にあたる場所の「2号景点：千層天梯」、「3号景点：金佛頂」が存在する。

3-2　大寨村書記・主任へのインタビュー

　以下に示す大寨村の基本情報は、2010年3月12・13日と2014年9月16日に潘保玉書記（43歳・男）と潘潤六主任（46歳・男）に対して行ったインタビューをもとに整理したものである。

①村の構成

大寨村には6つの集落が存在し、各名称と戸数、主な民族は表2-5の通りである。

表2-5　大寨村を構成する地域の戸数と主要な姓と民族

地区	戸数	人口	姓	民族
田頭寨	352	88	潘	瑤族
大寨	321	79	潘	瑤族
新寨	286	62	潘	瑤族
壮界	98	29	潘	瑤族
大毛界	83	27	潘	瑤族
大福山	61	18	余	漢族

出典：大寨村村民委員会提供資料（2014年9月）。

大寨村には総計303戸1201人が居住しており、戸数が最も少ない地区である大福山と、田頭寨の1人が漢族であることを除いて、その他の約98％が瑤族であると同時に、大寨の瑤族の姓は全員が、潘である。村のなかに存在する6つの集落は、地形的条件によって区分されたものであり、これらの地区分別は資源の分配を意味する重要な役割を持ってきた。ここでの資源としては、森林・水資源・耕作地が主要なものとして挙げられる。

旅行者が大寨村を訪れる際にはじめに訪れる大寨村の入り口には、旅行者の荷物持ち・旅館への客引き、路上での工芸品の販売を行っている地域住民の姿がみられる。この商業行為に関して、先の6つの集落が5日ごとに村の入り口で商売を行う権利を循環するという地域住民のなかでの規則が存在している。これは、地域住民の間での衝突を防ぐと同時に、地域住民が一斉に客引きのために入り口へ押し寄せ、旅行者に不快感を与えないためである。このように、現在も村の管理や住民自身の活動の際に、6つの集落区分は重要な単位となっている。

②旅行業開発の流れと管理体制

大寨村における旅行業は2003年から本格的にはじまり、その基礎整備として、同年、旅行会社である桂林温泉旅行有限責任公司が村内の小道にほぼ

全域に石を敷き、公共トイレを4ヶ所設置した。さらに、2007年に広西壮族自治区景区管理条例によって、風景区内に許可なしで建築物を建てることが禁止された。その当時から旅行会社が風景区の管理をしており、2008年に風景区管理局が設立され、地方政府と地域住民と共に共同管理をするという理念のもとに風景区の管理を強化した。

地域住民主導で運営されているのは、2006年に潘保玉書記が中心となり成立するに至った農業生態旅游協会である。この協会成立の背景には、以前、書記自身が参加した他地域の農村見学研修の際に、他の地域では野菜協会をはじめとする協会を地域住民自身が運営しているのを見学したことから、それらを参考にしたという背景が存在する。協会成立の目的は、主に旅行業における地域住民の間での争いを解決することにあり、この組織には地域住民100名以上が参加している。しかし、成立から現在まで、運営資金がないために大きな事業はできず、実際には形だけのものとなっている。

図2-9　瑶族（紅瑶）女性の民族衣装（大寨村）

2009年11月筆者撮影

図 2-10　瑤族の女性（大寨村）

2009 年 11 月筆者撮影　本人の許可を得て本書掲載

　その他に地域住民が主導となって行っていることは、毎年旧暦 6 月 6 日に催される晒衣節である。これは、大寨村人口の 98％を占める瑤族の中の紅瑤の伝統行事として古くから行われてきたもので、晒衣節には、紅瑤女性の民族衣装であるピンクや赤の衣服を全て自身の家の軒先に干し、厄を払うと共に、たくさんの料理を準備し、瑤族の歌や踊りで祭りを盛り上げる。2006 年からは、この行事を外部に宣伝し、多くの旅行者を招くようになった。当時、外からのスポンサーの賛助を募ったが、賛助額が少なかったために、村の幹部が地域住民全体に対して晒衣節当日には旅行者が宿泊・食事の消費を

図 2-11　針仕事をする瑤族の女性たち（大寨村）

2009年11月筆者撮影

することを約束して、農家1戸あたり200元の寄付金を募って宣伝活動と当日の資金をつくった。行事当日に訪れた旅行者の数は、2006年7～800人、2007年1000人、2009年4000人と年々増加し、2013年には1万人を超えた。

③入場チケットの管理と地域住民への利益配分

　旅行者が龍脊棚田地域を訪れる際に購入が義務付けられている入場チケットは、2005年から2007年まで1人30元であったが、2007年以降は1人50元となり、2014年から1人100元となった。

　2003年に大寨村に開通した道路は、工事の際に多くの地域住民が道路整備に携わったことから、2003～2008年までの5年間にわたり旅行会社は、旅行者の入場チケットで得た利益から村に毎年2万5千元を支払った。これは主に道路整備に対する補助金として支払われた。この当時の旅行者の訪問数は1年間に数千人という規模であったが、旅行者の増加に伴い、2008年

以降は 15 万元を最低補償額として、入場チケットの年間売り上げ全体の 7%を村に支払う契約を旅行会社と村の間で結んだ。村に還元される 7%の利益配分をさらに村が各戸・各人に分配する方法については「⑤耕作放棄地と棚田維持への努力」において述べる。

　7%の利益配分として、2008 年は 15.4 万元が村に入り、2009 年には年間約 8 万 1000 人の旅行者が訪れ、村への利益配分は 26 万元であった。この利益配分に関する契約に関して、現在のところ具体的期限は定められていないが、毎年地域住民が会議を開き、契約の各項目に対して修正要望の意見を述べることができるようになっている。2010 年の現時点では、多くの地域住民のなかで 7%という数字は少ないという意見が出ている。これに対して、政府と旅行会社は、入場チケットを購入後の村のなかでの宿泊・食事・購買といった 2 次消費に関して政府と旅行会社が関与せず、地域住民が利益を得られる空間となっているので、入場チケットの村への利益配分である 7%は決して少なくないと主張している。大寨村幹部のこの考え方は、先に示した平安村幹部とは大きく異なる。

　大寨村の住民のなかには、地域住民がチケットを管理し、自分たちが主導を持ち旅行業を展開していけばより多くの利益が得られると考えている人々も存在する。しかし、大寨村の幹部である潘保玉書記と潘潤六主任は、一貫して政府や旅行会社の支持・支援なしに地域住民だけで旅行業を発展させていくことは不可能であると強く主張している。特に潘保玉書記は、龍勝県において最も早い時期の 1980 年代に旅行業がはじまった地域である白面瑶寨の例を挙げ、自身の主張を強調している。当初、旅行会社が白面瑶寨に投資をし、旅行業に関する基本的な整備や宣伝を行うと同時に、入場チケットの管理を行っていた。しかし、潘保玉書記の言葉を借りると、当時の白面瑶寨住民は「考え方が遅れていた」ために、政府や旅行会社と利益配分に関して衝突し、住民たちで入場チケットを管理しはじめ、最終的には 1985 年に政府と旅行会社は当該地域から完全に撤退するに至った。地域住民のみの旅行業管理は、運営における能力と資金の不足から成功せず、現在では路上の至るところに苔が生え、旅行業はおろか従来の主要産業であった農業も大きく衰退し、出稼ぎに出ている若者を除いた老人と子供のみが細々と暮らす村に

なっている事例を反面教師としてくり返し説明している。

したがって、大寨村では村の幹部が中心となり、地域住民全体に対して、政府・旅行会社の支持が必要であり、彼らとの協働が必要不可欠であることを伝えている。また、村の旅行業運営に関して、①政府の認証と支持、②旅行会社の巨額な投資による地域内の整備や宣伝、③地域内での住民による棚田の保持や旅行者に接する態度といった旅行業発展に対する努力、という三者の取り組みが比較的望ましい形で協働していると大寨村の幹部は述べている。

④地域住民の経済水準

旅行業が村に参入した2003年以後、村の平均収入は大きく増加した。表2-6は、2003年から2012年までの大寨村の1人あたりの平均収入の変化を示したものである。

交通が不便であることや数百年の間培われた生活習慣によって、当該地域での農業は、伝統的にほぼ完全な自給自足に近い形で現代に受け継がれてきた。2003年以前の経済収入は、周辺地域で唐辛子や茶葉を販売して得た収入や出稼ぎによって得た収入であった。旅行業が村にもたらした経済利益は、個人レベルでみても大きな変化があったことが上の表からもみて取れる。

次に、地域住民各層の経済水準の差異を示したい。2010年現在において、約52件の民宿が存在し、そのうちで49件が兼業農家であり、3件が農業を行っていない外部の投資者が経営する民宿となっている。したがって、村内の者が開いている民宿は100％が兼業農家である。正式に旅館を開いている家庭は、村において比較的裕福な層であり、その他に、①レストランのみの経営をしている家庭、②工芸品の店を開いている家庭、③店は開かず、工芸品の路上販売や旅行者の荷物運びを仕事としている家庭が存在する。村内に

表2-6　大寨村の1人あたりの平均年収の変化

年	2003	2004	2005	2006	2007	2008	2009	2010	2011	2012	2013
平均年収／人（元）	500	800	1300	1800	2300	2500	2800	3200	3200	3400	5200

出典：大寨村村民委員会提供資料（2014年9月）。

図 2-12　大寨村の一般的家庭（大寨村）

2009 年 11 月著者撮影

おける中間層と低収入層にあたる年収 3〜6 万元の家庭は、全体の約 50％を占める。高収入層と最低収入層の経済水準の差異は大きく、これは、旅行業が村にもたらした 1 つの社会問題であると村の幹部は指摘している。

⑤耕作放棄地と棚田維持への努力

大寨村における棚田は約 380km^2 あり、そのうちの耕作放棄地は全体の 20％にあたる面積に相当する。近年、耕作放棄地が発生している理由について書記と主任は、主に以下の 2 点を挙げている。まず 1 つ目に、従来、当該地域において栽培してきた古い種類の水稲は収穫量が低く、1 ムあたり約 500 斤（1 斤 = 500g）の収穫量のものであったため、一定の収穫量を確保するためにより多くの土地に栽培する必要があったがしかし、近年、収穫量の高い 1 ムあたり約 800 斤の雑種の水稲を植えはじめたために、以前ほど多くの田を耕作する必要がなくなったことである。この点が当該地域における耕

作放棄地増加の最大の理由である。

　2つ目に、労働力不足が挙げられる。特に若者の多くは、重労働であり現金収入の少ない地域農業から離れ、外部地域へ出稼ぎに行く傾向が強い。それに伴い、耕作放棄地の増加や管理の行き届いていない田が土砂崩れを起こし、修復が困難になっている箇所が発生している。

　こうした状況を受けて、2008年より旅行会社から村に支払われる入場チケットの利益配分を各戸に割り振る際に、村の代表委員会で決定したことは、旅行会社から村に支払われる利益全体のなかから50％を棚田耕作している家庭に分配、20％を全戸に分配、20％を人口で分配（0歳児も含む）、5％を2002〜2003年に道路修理工事に携わった者へのインフラ整備に対する補助金とし、5％を村民委員会の運営資金として残すというものである。50％を棚田維持費として棚田の耕作農家に充てている点を村幹部は、棚田保全を最重視しているからであると強調している。

　さらに、村の幹部である主任・書記・寨老によって構成されている棚田維持管理委員会が棚田耕作の状況を調査して、耕作を放棄している家庭には耕作を行うように促している。また主要風景区の1つにあたる1号風景点から見渡すことができる一部分の耕作放棄地には耕作すべき家庭がすでに存在せず、9年間耕作が行われていなかったため、2010年から村民委員会幹部が耕作をしはじめた。こうした村の幹部が主導となって行っている棚田維持への努力の背景には、棚田が存在しなければ旅行業も存在し得ないという明確な認識が存在する。

⑥今後取り組むべき課題

　旅行業の発展に伴って近い将来に起こると予想できる事態に関して、潘保玉書記は、村内での貧富の格差が益々大きくなることを挙げている。先の表に示したように、現在すでに地域住民間の貧富の格差は存在しているが、これが今後さらに大きく広がっていくであろうことを予測している。その緩和策として村民委員会では、今後独自に会社を設立し、できる限り村内の全戸が旅行業に参入する機会を設ける予定であるとしている。

　また、潘潤六主任は、今後取り組むべき課題として、交通面で旅行者が大

寨村を参観しやすい環境をつくることを挙げている。まず、外部から大寨村に訪れる場合、龍勝方面や桂林方面から和平に至り、そこからさらに山のなかの道路を車で2時間の道のりがかかる。そのために、時間的に制限のある旅行者の多くは、大寨に訪れずに平安まで足を伸ばすだけに留まることが多い。近年、この地理的に不利な条件を克服するための案として、大寨村のなかの山頂部分から中腹部分にあたる地域の田頭寨に直通する道路を設ける構想が浮上した。しかし、これに関しては、田頭寨が旅行者を独占する恐れがあることから、村のなかで田頭寨以外の5つの地域住民の大きな反対があり、実現は困難であると予測されている。

　主任は、外部から村への交通手段の問題の他に、大寨村のなかでの参観が旅行者にとっては便利ではない点を挙げている。面積が広く、こう配が急な山間部にある大寨村は、旅行地としてみた場合、老人・子供・体の不自由な人、また時間に余裕のない人にとっては不向きの場所である。この点においても、平安村は村全体の規模が小さく、風景スポットが1ヶ所に凝縮しており、山道のこう配も急ではないという旅行業のためには有利な条件が整っている。

　上記の課題克服を目指すと同時に、平安村と大寨村を比較した場合に、大寨村の知名度が圧倒的に低いため、知名度を上げ、旅行者の訪問を目指すことも村の課題であると大寨村幹部は述べている。龍脊棚田地域には、3つの村が存在するが、外部向けの宣伝では、龍脊棚田という名前と平安村という名前が一般的に前面に出されており、大寨村の名前を事前に知って訪れる旅行者は少ないという。その証言を裏付けるものとして、以下の写真にあるように、龍勝から平安村を循環する小型バスに記されている表記には、龍脊の読み仮名として「Píng-ān」と表記されている。

　龍脊と平安をそれぞれ中国語の読み方によって表記すると、「龍脊 = Lóngjǐ」と、「平安 = Píng-ān」となる。しかし、バスの車体に書かれているのは、「龍脊 ≠ Píng-ān」であり、これは、旅行会社や平安村が外部に地域を宣伝するうえで、龍脊棚田地域は平安村にあるということを常に宣伝している典型的な一例である。

図 2-13　龍勝―平安村間の循環小型バス（平安村）

2010 年 3 月著者撮影

⑦子供たちの教育水準と次世代への希望

　村幹部にインタビュー調査を行った 2010 年～2014 年に、村の全ての子供たちは 9 年間の義務教育を終えており、高校や大学への進学者も徐々に増えていた。2009 年は、村から過去最多 5 人の子供が広西内の大学に進学した。この 5 人の子供のうちの 2 名は、この地域を気に入り複数回訪れている香港からの旅行者の 60 歳代男性が学費と生活費を支援し、大学進学が可能となった。

　現在、30 代歳から 50 代歳の村の幹部を務める者のなかで、中学卒の学歴を有するのは潘保玉書記のみであることからみても、村にとって近年の子供たちの進学率向上は大きな変化といえる。これまで、若者が外部地域へ出稼ぎに出たのは 2003 年前後が最も多く、その後、旅行業が本格的に軌道に乗りはじめてからは、村に残る若者も増加している。書記と主任は、いずれも自身の子供が将来、大寨村に残ってくれることを希望しており、また村内の

多くの家庭でも書記や主任と同様の意見を持つ親が多く、この点においても平安村とは真逆の状況が存在している。

4　古壮寨の概要

4-1　資料からみる古壮寨

　現在の古壮寨住民の祖先は、1573～1620年に、現在の村に移住したとされている。また村内住民は、全て壮族であり、廖・候・潘という3つの異なる姓によるそれぞれの一族が村内に住み分けながらも全体で1つの村として団結し、生活を営んできた（龍勝県志編撰委員会、1992）。現在の棚田耕作を中心とした生活形態は、すでに数百年続くものであるが、古壮寨住民の祖先は、入植当時、焼畑農業を中心とする生活を行っていたとされている。現在のような棚田耕作への農業形態の移行は、人口増加による食糧需要の増加と焼畑による土地の荒廃が進んだことから農業形態の転換が必要となったことが主な理由として挙げられ、また農業技術の進歩によって棚田耕作への転換がなされたと伝えられている（郭吉愀、2008）。

　棚田耕作が開始されてからは、平安村、大寨村と同様に、棚田耕作を中心としたほぼ完全に近い自給自足の生活を行ってきたが、古壮寨では、2つの村には存在してこなかった多種多様な手工業の担い手が複数存在してきた。主に、製紙業、銀加工、紡織、木材加工、鉄工、石工、醸造があり、特に、紙すき職人や鍛冶職人、石材加工職人は、他の2つの村には過去から現在まで存在してこなかったため、近隣の村からも需要が高く、古壮寨の手工業は、周辺地域のなかでも重要な役割を担っていたといえる（郭、2008）。

4-2 古壮寨書記・主任へのインタビュー

以下に示す古壮寨の基本情報は、2014年9月18・19日の午後に侯家宏書記（43歳・男）と潘鴻金主任（43歳・男）に対して行ったインタビューをもとに整理したものである。

①村の構成

この村の祖先は、1573〜1620年の明の時代にこの地に入植し、当初は焼畑農業によって生活を行っていたが、山岳地で水源も豊富であることから地形に合わせて、棚田での水稲稲作を始め、今日に至っている。村の正式な名前は、古壮寨であるが、古くからの通称として、龍脊村や古寨という呼称が現在もみられる。村は、海抜400〜960mの場所にあり、棚田面積は約410km^2、林地面積は1230km^{2}である。

龍脊棚田地域の3つの村のなかで、平安村と大寨村では、それぞれの村で90％以上の村民が同じ姓を持つが、古壮寨では、3つの異なる家族の祖先を持つ、3つの異なる姓の村民が共存している。村内には、廖・侯・潘の3つの姓が存在し、村内居住地は、村の上部に廖姓の集落があり、中部に侯姓、下部に潘姓、というように集落単位での明確な住み分けがみられる。

村の構成は、伝統的な集落区分では、廖家、侯家、平寨、平段の4つの自然集落が存在する。さらに詳細な区分であり、現代の行政区分としては、6つの自然集落のなかに13の小グループが存在する。そのため、古壮寨は、龍脊十三寨と呼ばれることがある。

表2-7　行政区分の6自然集落の13グループ

集落名	小グループ
岩湾	1組
岩背	2組
七星	3組
廖家	4組、5組、6組、11組、13組
侯家	7組、8組、12組
潘家	9組（平寨）、10組（平段）

表2-8　古壮寨を構成する3姓の戸数と人口

地区・姓	戸数	人口	民族
廖家	131	669	壮族
侯家	83	293	壮族
潘家	72	303	壮族
（潘家・平寨）	39	164	
（潘家・平段）	33	139	

②旅行業開発の流れと管理体制

　平安村と大寨村の旅行業開発から10年以上経過した2010年に、古壮寨では正式に旅行業が開始された。この背景には、主に2つの理由があり、まず1つ目は、道路の開通時期が遅かったことであり、2つ目は、中国博物館学会が古壮寨を生態博物館に認定しよういう動きがあったためである。古壮寨では、まず生態博物館の候補地として選出され、さらに正式な認定を受けてから生態博物館として村内の調査・整備を政府と中国博物館学会から受ける過程を経たため、旅行者を受け入れるまでに時間がかかった背景が存在する。

　まず、道路に関して、古壮寨まで道路が開通したのは、2005年7月である。それ以前は、道路が開通している平安村から山道を約1時間歩いて古壮寨に辿り着く方法しか存在していなかった。1999年に、政府からの山村貧困救済政策の1つとして実施された道路建設計画プロジェクトにより、国道から古壮寨までの道路の開通工事が開始された。しかし、予算と関連部門のリーダーの交代により、約半分の4kmの建設を終えた時点で、工事が中断された。その後、古壮寨村民委員会は、工事の継続を再三求めたが、工事は再開されず、2004年に、村から龍勝県政府へ「関於請求復修龍脊公路的報告（龍脊道路の修復請求に関する報告）」を正式に提出し、残りの5.8kmの道路が整備され、2005年7月に完成・開通を迎えた。

　その間、平安村を訪れた旅行者が平安村から徒歩1時間をかけて古壮寨を訪れることもあり、2003年～2007年には、桂林や龍勝の小規模な個人経営の旅行会社である龍泉旅社、長虹旅社、艶丹旅社が古壮寨の旅行業に参入していたが、事実上は旅行者受け入れの実績も少なく、経営は機能していなかった。

　道路完成後、すぐに古壮寨が平安村と大寨村に並んで、旅行業への参入を果たすことができなかったのは、先にも述べたように、中国博物館学会から地域をまるごと博物館とみなして保全していこうという制度の生態博物館に村が認定を受けたことに起因する。古壮寨は、2005年から候補地として挙げられ、2006年に正式に龍勝龍脊壮族生態博物館として認定された。その後、中国博物館学会の有識者と地方政府や広西内の研究者が村内の歴史的建造物や古跡・文化財、さらに風俗・習慣に関する調査研究を行い、今後の保全と

旅行業での活用に関する計画・準備が進められた。それを受け、2009年に、予算を受け、村内の各文化財への英語と中国語による解説や資料館の建設が行われ、2010年から2つの村と並んで、桂林龍脊旅游有限責任公司の管理する地域への入場チケットに含まれる形で、正式に旅行者の受け入れを開始した。

③入場チケットの管理と地域住民への利益配分

　チケット収益の村への分配に関して、先行して旅行業が行われてきた2つの村同様に、古壮寨においても2010年から7％の収益分配が行われている。さらに2つの村同様に、旅行会社からまずは村民委員会に支払われ、その後、住民数の頭割りで各戸に支払われている。

　先に述べたように、平安村と大寨村では、7％の分配を引き上げるよう政府と旅行会社に要求してきたが、しかし、2010年から龍脊棚田地域への入場チケットに古壮寨も加わり、3つの村となったため、いずれの村においても引き上げは実現せず、7％のまま収益分配が行われている。

④地域住民の経済水準

　古壮寨でも他の2つの村と同様に、旅行業開始以前は、ほぼ完全に近い自給自足の生活を行ってきた。上述したように、村内には伝統的に様々な手工業が存在してきたが、これらも自家用が中心であり、その他、周辺地域住民と物々交換による商品の取引を行ってきた。また農作物の販売量は少なく、1990年代は、政府からの貧困救済政策によって、外部へ出荷するための農作物の栽培支援や様々なインフラ整備が行われた。しかし、飛躍的な収入向上にはつながらず、2010年以降の正式な旅行業参入以後、収入の大幅な向上が実現された。

　以下は、村の年間平均収入の変化と2013年の村民の収入格差を示したものである。

　表2-9に示されているように、まず1990年代に収入の増加がみられる。この時期、政府によって実施された農業分野での貧困救済政策が多く、またインフラ整備では、メタンガス設置、テレビ・ラジオの電波塔設置、ため池

表 2-9　古壮寨の 1 人あたりの平均年収の変化

年	1986	1992	2000	2011	2013
1 人あたり平均年収	184 元	400 元	800 元	2100 元	4600 元

出典：古壮寨村民委員会提供資料（2014 年 9 月）。

設置、学校の修復、道路の開通工事が行われた。収入を増やすことを目的に、トマト栽培プログラムや唐辛子、茶葉栽培支援の政策が実施されたのも 1990 年から 2000 年にかけての時期である。地域で米以外に、古くから生産している唐辛子や茶葉は、商品作物として生産してもその品質と生産量の面で劣り、高値で売れることがなかった。そこで、トマトを代替作物として、政府が推進したが、水資源が豊富な山岳地帯の龍脊では、トマトの栽培は適さず、また大量の農薬や肥料が必要となり、これも一時的な収入の向上をもたらしたが、長期での安定的な生産には至らなかった。さらにその後の

図 2-14　土砂崩れで寸断された道路（古壮寨）

2014 年 9 月著者撮影

2010年以降の収入の増加は、生態博物館として村を対外的に開放すると同時に、旅行業への正式な参加をしたことに起因する。

⑤耕作放棄地と棚田維持への努力

3つの村のなかで、最も耕作地面積が広いのが古壮寨であるが、耕作放棄地の増加はみられず、問題として挙がっていないのが現状である。しかし、近年、集中豪雨による大小様々な規模の土砂崩れが周辺地域や村内で発生している。3つの村で比較しても、古壮寨は、最も標高の低い位置にあり、雨量が多いと土砂崩れが比較的発生しやすい地形になっているという。これを受けて、村民委員会では、棚田の畔づくりの強化と棚田上部にある森林地帯の管理・維持に力を入れるように、注意を呼びかけ、村民の安全と棚田の維持を目指している。

図2-15　棚田上部の森林の小規模な土砂崩れ（古壮寨）

2014年9月著者撮影

⑥今後取り組むべき課題

　古壮寨において、最も重要な課題は、生態博物館としての村の役割を果たし、村全体の保全を行っていくことであると村民委員会は述べている。中国博物館学会と各レベルの政府の文化財関連部門の支援と管理のもと、生態博物館という名のもとに旅行業を発展させていくことは、今後の村の発展理念と方向性を明確にし、また他の村との差異化ができるというプラス面が多いというのが村民委員会の見解である。

　生態博物館制度のもとでの古壮寨の取り組みは、第3章で論じるが、村内では、文化財の保存状態が良く、それらの解説や保存の重要性を各々の場所と資料館において示し、学術的で体系的な保全を行っていることが見受けられる。こうした取り組みは、単に旅行業だけに止まらず、教育の場としての活用も期待できる。生態博物館制度の目的は、地域の価値を外部者・有識者の眼から評価し、地域住民に自身の持つ文化や歴史の価値を再認識してもらい、その保全と活用の方向性を中国博物館学会が示し、その後は、地域住民の自主的な独立した運営によって、保全が継続されていくことにある。古壮寨においてもすでに様々な初期投資を外部から受け、生態博物館としての保全と旅行業によるその活用を開始しているが、今後は、村民委員会が中心となって、村民が自分たちの手でいかなる発展・保全を行っていくかが課題となっている。

　その他、農業と旅行業の両方の発展を実現することも村の課題となっている。農業と旅行業の両立を図ることは、農業を基礎とする旅行業形態を維持するうえで重要な課題となる。棚田で生産される米は、現在も自家用として生産され、商品としての出荷は行われていない。したがって、収入という面で考えると、棚田耕作において、収穫した米は経済収入には直結せず、旅行業のための景観形成によって、間接的に旅行業によって収入が得られている。それ以外に、地方政府と村民委員会は、農業での現金収入をつくることを望んでいる。農業活動を行うことでの収入が確保されることでの利点は、まず、旅行業に参入できない、またはしない村民も村で収入が得られることにある。また、農業中心の生活形態が村に継承されることも旅行業や生態博物館による発展では重要な点であるからである。

先に論じたように、政府主導のトマト栽培プロジェクト等で失敗をした経験が村にはあるが、それらの失敗経験を踏まえ、地域に適した作物で、さらに現金収入の向上につながる作物のプロジェクトが近年考案された。それは、2013年からはじまった百香果（パッションフルーツ）と羅漢果（お茶や漢方薬として使われる中国の果物）の栽培プロジェクトである。試験期間の2013年で、一定の成果が認められたことで、古壮寨を中心に、龍脊地域周辺で政府の補助金を受け、大規模な栽培がすでに開始されている。

⑦子供たちの教育水準と次世代への希望

古壮寨においても、他の2つの村と同様に、村内に幼稚園と併設する小学校が存在し、中学校からは、龍勝にある県の寄宿舎付きの中学校に入学する。近年、中学校への進学率は、ほぼ100％であり、その後約80％が高校へ進学をする。2000年以降、毎年、村から2、3人の大学進学者が存在している。旅行業の開始は、2つの村よりも10〜20年遅れた形になったが、教育面での遅れは特にみられていない。

5 寨老制という伝統的村内自治体制

5-1 寨老制とは

本章ではこれまで龍脊棚田地域の基本的概要をまとめたが、社会構造を把握するためには、その基盤といえる寨老制、寨老の存在を知る必要がある。寨老とは、民族の伝統的な長老の存在であり、寨老制は寨老を中心とした村の運営形態である。

本節では、中国南部の山間部に多く居住する瑶族をはじめとする山間地少数民族の伝統的な村内自治の中心に位置してきた寨老制と長老にあたる寨老の変遷、さらに今日におけるその役割と意味を考察する。中央政権の統治や同化政策が強まる過程で、明の時代や清の時代から徐々に寨老制の周辺化が

始まり、1949年建国後の新政府体制のでは、寨老に代わり、村主任や書記が村内の公式なリーダーとして存在するようになり、公式には寨老制が廃止された。しかし、一方で、公式には寨老制が廃止されて久しい今日においてもなお寨老が存在する少数民族の村も少なくない。

　寨老制は、族老制とも呼び、村の村長にあたる人物を村・集落単位で各々の方法で選出し、村の生活・生産や発展、資源の分配と利用、民族文化の継承と繁栄、諸問題の解決を行ううえでのリーダーとして存在してきた。高其才（2008）によると、寨老制は瑶族をはじめとする少数民族の古い社会組織形態であり、その歴史は漢代にまで遡り、その名称や形式は時代と共に変化し、また地域によっても内容が異なるという[1]。しかし、基本的な目的や役割は上述の通りである。

　形態や名称に多様性のある寨老制ではあるが、大きく分けて3つの形態が存在する。まず1つ目の形態は、村の政治社会制度の封建的性格が強く、寨老制と族老制（村内における同姓の家族の集合体を単位としたグループ）が併存、或いは族老制が寨老制に取って替わっていることもある。この場合、1つの村に1～4人程度の寨老（族老）が存在する。選出方法は、民主的な選挙か「神判」という民族の宗教儀式を通じて選出される。寨老の役職に報酬や規定の任期はない。

　2つ目に、寨老制が中央政府の少数民族地域統治の道具になっている例が挙げられる。寨老制と土司制度や保甲制度（元明清時代の中央政府が各地の民族統治のために設けた制度）と結びつき、村内住民のなかからではなく、中央政府が村に派遣した人物が村の寨老となった地域も過去に存在してきた。

　3つ目に、村民社会のなかで民主的選挙が行われる、あるいは、選挙の形態を用いずに、聡明で人徳があり統率力のある人物が自然発生的に村民から認められて寨老となる地域も存在する。村内で人徳・権力がある人物が村内の大小様々な問題を解決する役割として選出される。しかし、選出された寨老は、特権や任期、報酬を保持しない。

---

[1] 広西南丹県大瑶寨では「廟老」、雲南と広東連南地区では「龍目」、広西龍勝では「社老」や「寨老」、湖南瑶族地区では「峒長」というように多様な名称がある。

以上の主な3種類の寨老の形態のなかで、最も一般的な形態は3つ目の形態である。本研究の調査地である龍脊の三村の寨老制はこの形態に当てはまる。

5-2　寨老と慣習法

　寨老は、古くから村のリーダーとして、地域社会の安定と繁栄を築くために存在してきたため、それを規則化した村の慣習法と強いつながりがある。一般的に慣習法の内容は、生産活動や資源の分配、所有や債権、婚姻や家庭生活といった地域生活に関するものである。徐祖様（2001）は、「寨老が誕生した後、慣習法・族規村約（村・民族の規定）の制定あるいは修正を行い、村民の集団討論を経て公布・執行される。」としており、寨老と慣習法の強い関係性を述べている。またその内容に関して、「寨老は、必ず慣習法に従って村内の諸事を処理する必要があり、重大な対外的事件以外は、寨老が単独で決定を下すことはできず、寨老を中心とした村民委員会を開いて決定がなされる。外部から侵略者が来た場合、寨老は軍事的リーダーにもなり村民の武装と軍事活動を指揮する。」としている。

　寨老制を古くから持つ代表的な少数民族である瑶族の慣習法と寨老の存在に関して高（2008）は、「劣悪で閉鎖的な地理環境のなか、血縁を基礎とした文化背景を持ち、極端に粗末な生産道具によって農業・狩猟によって生存する経済条件のもとで、瑶族の人々は、外部社会とは隔絶した一種の法を築くことによって族系と村の調和のある安定した社会秩序を作り上げようとした。」と述べている。

　その他、瑶族は、長い間文字を持たない民族であったが、およそ明の時代中期から漢字を使用して石碑に慣習法を刻む石碑制（石碑組織）が誕生した。この石碑制（石碑組織）と寨老制の差異・関係に関して、姚舜安（1992）によると、「寨老制は石碑制よりも早くから存在し、ほぼ全ての瑶族社会のなかに存在してきたものであり、また石碑制は、ある一定の地域において寨老制が発展して形成されたもの」であるという。本書調査地の3つの村のなか

では大寨村が瑶族の村であり、これらの事例に当てはまる。

5-3　寨老制の周辺化

　龍脊各族自治県民族局・龍勝紅瑶編委会（2002）は、「解放（1949 年）以後、寨老組織と寨老による規則は廃止され、改革開放が始まる年に、当該地域の党委員政府が紅瑶地区の歴史的寨老組織と慣習法を運用し、そのうえに、社会主義の精神文明の新たな内容を加え、新たな村民規約をつくった。」としている。また李富強（2009）は、「地方に国家権力が深く入り込んだことによって、地方の代表である寨老も国家体系のなかに組み込まれた。」と述べている。

　このように、多くの文献資料によると、行政制度による村の幹部が生まれた後、民族の伝統的なリーダーである寨老はこれまでの権力や統治能力を失い、寨老制と寨老そのものが廃止されたとされている。

　本書の調査地である龍脊における寨老の周辺化も上記の内容に当てはまる。特に、この地域では、1933 年に重税を課す当該地域の民国桂系政府に対して、寨老を中心として瑶族と壮族が共に「瑶民起義」という反乱を起こし失敗したことが挙げられる（広西壮族自治区編輯組、1987）。それ以降の政府による地域への弾圧強化が寨老制を大きく衰退させる要因になったとされている。反乱を制圧した政府は、反乱に参加した村々の家畜や食糧、民族の装飾品の没収、家屋の破壊、罰金と課税の引き上げを行った。さらに、これまで民国政府は、龍脊を興安地区から龍勝地域へ移行させる区画整備を再三要求し、地域の寨老はこれを拒んできたが、反乱失敗後、龍脊は、従来属していた興安地域から現在の龍勝地域に強制的に移行させられた（譚雲開、潘宝昌、1986）。こうした内容が中央政府と寨老の力関係を明確に決定づける結果になったといえる。

　現在の行政制度による村の幹部とは、主に共産党組織のなかの末端にあたる村の書記と村主任と呼ばれる村長にあたる役割が存在する。書記と主任は、1949 年に中華人民共和国が建国されたのちの行政制度のなかで定められた役職であり、対外的にも認められている公式的な制度のもとでの村のリー

ダーである。年齢は、30歳代から50歳代が一般的である。

6　龍脊棚田地域に現存の寨老

6-1　龍脊棚田地域各村民の寨老に対する考え

　龍脊棚田地域では、今日も少数民族の伝統的なリーダーとして、寨老という「長老」にあたるリーダーが現在も存在する。これは現代社会制度のなかにおいて、非公式であるが信望が厚く見識の高い、人々に対して公平な老人が村全体から支持され、村のなかで様々な問題解決の相談役として存在していることが調査を通して明らかになった。龍脊3村の寨老は、過去から現在まで、投票や会議での議決という過程を経て選出される役職ではなく、村の万人に好かれ、信頼されることによって、自然発生的に選出され、地域の人々の心の拠り所となる人物である。寨老とは、本来、公平で正義感のある経験豊富な老人が村の人々から信頼と支持を受け、自然発生的に生まれる立場であり、任期や報酬などは発生しない。こうした性格からもわかるように、行政制度の村幹部の発生とは根本的に異なる選出のされ方であり、また年齢も行政的村幹部と寨老には違いがあるために、新たな村のリーダーである行政的村幹部と古くからある村のリーダー寨老の役割に衝突が発生するようなことはこれまで存在していないと各村の幹部は述べている。寨老の交代については、当人の老化や発言力の弱まりや村内の他の人物の影響力の強まりにより、自然の流れで交代する。しかし、2008年から2014年にかけて龍脊棚田地域の平安村・大寨村・古壮寨を調査してきたなかで、いずれの村内でも、物事の決定や村の管理・運営に関して寨老が積極的に参加をし、その存在感は大きいことが伺えた。

6-2　個人史の作成

　龍脊棚田地域の3つの村におけるそれぞれの寨老に対して、インフォーマル・インタビューを行うなかで、最も主観的な内容の聞き取りを行う個人史の記述を行った。これは、ライフヒストリー研究やライフストーリー研究と呼ばれるもので、インタビューを行う対象者の人生全般、あるいは、ある特定期間の対象者の生活状況を聞き取り、その人物が経験したことを記述するナラティブ・インタビューを採用した。対象者の経験に関して、本人の記憶をもとに1つの物語として語ってもらうことが目的であるため、構造化の度合が低いという批判は否めない[2]。

　その調査地において、誰を個人史作成の対象とするかということは最も重要な点となる。一般的には、地域におけるキーパーソンを選出し、聞き取りの対象をすることが多く、そのデータを後に、当該地域で発生した出来事や社会全体の変化といった客観的事実と照合して理解を深める手法が用いられる。

　ここでは、1つ目に、過去の資料からのみではなく、直接生身の人間の生い立ちを通して村の変化や習慣を把握する目的がある。2つ目に、その制度が公式には廃止されてもなお村の人々から選出され、信頼が厚い伝統的なリーダーである寨老がどのような人物であるかを知る目的がある。

6-3　平安村の寨老

　以下は2010年3月17日に平安村の寨老である廖輔林（当時70）に、自身の出生から現在までの生い立ちと共に、村の変化に関して聞き取り調査を行った記録である。

　　　私は1940年に平安村で生まれ、現在70歳である。以前、私の家は8

---

[2]　本書第1章参照。

人家族であった。父母と6人の子供たちで、上に姉が2人、私は3番目で、下に弟2人と妹が1人であった。私の家は元々地元の地主であったが、父の代になってから借金が増えて急に落ちぶれてしまった。昔は経済収入がとても少なく、その最も大きな原因は、道路が整備されていなかったことにあった。茶葉や唐辛子などの収穫があったが、交通が不便なために、どこにも売ることができなかった。また以前、私たちが作っていた古い品種の米は、生産量がとても低かった。棚田の規模は現在と以前でほとんど変わらないが、生産量には大きな違いがある。数年前まで、まだ古い品種の米を植えている人もいたが、現在は皆、生産量の高い雑種の米を作っている。やはり、子供の頃の生活は苦しいものであった。

　私は7〜8歳の頃から学校に通いはじめ、中学3年まで進み、卒業した。小学校は平安村のなかにある学校に通い、中学になってからは県の中学に行った。昔は、男尊女卑で男は学校で勉強をする期間が長く、女はその期間が少なかったので、現在とは状況が違う。私の2人の姉は、ほとんど学校に通っていなく、小学校1〜2年程度の学歴であった。当時は生活がとても苦しかったので、学校で勉強するのも容易なことではなかった。学校で勉強をするのにお金を支払う必要はなかったが、家では労働力が必要であった。以前は生育計画[3]がなかったため、どの家庭にもたくさんの子供がいた。1番上の子供が2番目の面倒をみて、2番目は3番目の面倒をみるというように、大きい者が小さい者の面倒をみていた。最近、私たちの村の子供は毎年、3〜4人が大学に上がっているが、しかし、以前は到底あり得ないことで、私のように中学卒業の学歴は非常に高学歴といえた。

---

[3] 生育計画の主要内容及び目的は、「晩婚・少生・優生（晩婚・少なく産む・優秀な子どもを産む）」と示され、このスローガンのもとに、計画的に人口を抑制することにある。1982年から2015年まで実施された。しかし、一人っ子政策と呼ばれる生育計画が適用された期間も少数民族や農村戸籍所有者は例外であり、複数の子供の生育が認められてきた。したがって、龍脊では、これまで生育計画の影響を受けていないといえる。

その後、私は中学を卒業してから村に戻った。本来、村で小学校の教員になる予定だったが、村の人たちが私を村の合作社（日本での組合に相当するもの）の会計の職に就くように指導したので、私は10年間その職を勤めた。その後、龍脊大隊[4]の役職を勤めるなど、様々な仕事を経験し、とても疲れた。1975年から2年間学校に行き、医学を学びはじめた。村には医者がいなく、交通もとても不便だったため、私は医学を勉強することに決めた。当時、私は、中国医学と西洋医学の両方を学んだ。1977年に村に戻ってからは医療関連の仕事をしはじめ、それと同時に村の主任に就任した。その期間、私は人民代表[5]として北京に行き、全国人民代表大会[6]に参加した。その頃から皆は、私を「寨老」と呼びはじめた。私はこちらに参加し、あちらに参加しと、色々なことをやってきたので、知っていることが比較的多いからだと思う。当時、上の弟は学業を終えてから人民局の局長になり、下の弟は県レベルの職場で秘書になり、妹は卒業と同時に村に帰ってきて小学校の教員になった。こうして皆一定の収入を得るようになり、私たちの家庭の経済状況は大きく改善された。

　1994年に旅行業の開発が始まった際に、県の幹部が私のところに訪れて、村の人々を引っ張る模範になってほしいといってきた。私は家族と相談した後、民宿を開くために家にいた牛と豚を売ったがまだ資金が足りず、家にあった100斤の唐辛子を売り、2800元を儲けた。こうして麗晴旅館の1号店を開くに至った。現在では100件以上の民宿が村に存在するが、私たちは平安村で1番目に開いた民宿であった。当時、客

---

[4] 三谷孝（2000）によると、人民公社時代の末端組織は、うえから「人民公社・生産大隊・生産隊という構成であり、80年代半ばの人民公社制の解体以後は、それが郷（鎮）・村・村民小組となった」と示されている。

[5] 人民代表大会制度は、中国人民民主の政権組織形式であり、中国の根本的政治制度である。中華人民共和国の一切の権力は人民に属するとし、人民が国家権力を行使する機関として全国人民代表大会と地方の各レベル人民代表大会がある。これらの代表は民主的に選出され、人民に対して責任を負い、人民の監督を受ける。

[6] 全国人民代表大会は、最高国家権力機関であり、第1回全国人民代表大会1次会議は1954年9月に開かれた。

図 2-16　平安村寨老・廖輔林氏（当時 70 歳）

（2010 年 3 月著者撮影。本人の許可を得て本書へ掲載。）

の受け入れ能力が低く、1 度に受け入れられるのはわずか 10 数人のみであった。旅行業が始まったばかりの当初は、訪れる人のほとんどが私の民宿に泊まった。外国人もとても多く、以前、カナダ人とオランダ人が私たちの民宿で知り合い、後に結婚した。1998 年に彼らの結婚式を私たちの家で盛大に行った。麗晴飯店（2 号）の店の前に中国とオランダの国旗が立ててあるので、たくさんの人が私に、「あなたたちの民宿はオランダ人が投資しているのですか」と尋ねてくる。しかし、そうではなくて、ここに来るオランダ人の友人は平安村がとても好きで、ここを自分の第 2 の古里といっているため、彼らの国の国旗を立てているだけである。

私には3人の子供がいる。息子は県の公安局で働いていて、2人の娘はそれぞれ麗晴飯店（2号）と麗晴賓館（3号）を管理運営している。2010年現在、古い麗晴旅館（1号）の経営はしていない。建物が比較的古くなったことと、人手が足りなく管理経営ができないためである。2号と3号の2つの民宿の収益は、分けずに全て収益をひとつに合わせて経営をしているので、どちらの稼ぎが多いとか、どちらがもっと優れているといった比較はない。2010年現在、私たちの民宿の資産は100万元以上で、毎年純利益は12万元程度である。私たちの家の収益は村のなかでもいい方で、高収入のクラスに属するといえる。現在、平安村には100軒以上の民宿があり、そのなかには村外の人が投資している民宿が7〜8軒ある。村外の人と協力するのも1つの方法だと思う。なぜなら、村の人のなかには土地と家はあるけれども、資金とその他の経営能力がない人がいる。それとは逆に、村外の人のなかには、資金と経営能力があるけれど、ここに土地も家もないという状況があり、このように彼らがお互いに助け合うことができるからである。

　棚田の話をするのであれば、現在は以前よりも耕作放棄地が増えた。1つの理由は、水不足の問題である。現在は、以前ほど水資源が豊富ではなくなっている。以前なら、冬の時期に全ての棚田の3分の1か2分の1が保水田[7]であったが、現在は4分の1から5分の1のみである。気候の変化もとても大きいといえる。以前は清明節[8]を過ぎると雨量がとても多くなったが、現在は谷雨[9]を過ぎても雨量が多いとはいえない。

　もう1つの原因は、皆が旅行業をはじめたことにある。私が思うに、現在の棚田耕作は風景区のためのサービスと化している。現在存在している耕作放棄の棚田の大部分は、経済的にわりに合わないことが挙げら

---

7) 雨季には山からの湧き水が止まることなく流れているが、乾季には水が枯れて地が固まったり、水量が少なくなったりするため、住民のなかには、秋や冬の農閑期に田に少し水を引いて保水田として、春に耕しやすくするために備えておく者もいる。
8) 毎年、西暦の4月5日前後に相当し、中国での墓参の日として定められている。
9) 谷雨は旧暦3月7日であり、毎年新暦の4月19日から21日に相当する。この時期から雨が多くなることを指し、農作物の生長にとって大きな影響をもたらす。

れる。外に出稼ぎに行くにしろ、ここで旅行業に携わるにしろ、いずれも棚田耕作より多くの収入が得られる。もし人を雇って耕作を行うとしても、それは割に合わない。例えば、仮に1人を雇って田を耕作する場合、食事と住居を提供すると1日約50元かかる。しかし、自家の田ではたったの400斤（1斤＝500g）の米しかとれないので、これは明らかに割に合わない。

　観光客が支払う入場チケットから村民の手に入るのはわずか7％で、これは明らかに合理的ではない。政府と旅行会社が93％の利益を持っていくのだから、彼らが棚田維持の仕事をするべきである。これまで、村民は一度も棚田維持費をもらったことがない。先祖が開拓した棚田は、すでに650年以上の歴史があり、この投資を金銭に換算すれば低いものではない。入場チケット収益のなかから村民が受け取る7％以外、さらに7％の棚田維持費を加算させるべきである。または、現在の7％の分配を20％〜30％に引き上げて村民に分配しても決して多過ぎるものではなく、これは当然のことだといえる。これから数年間は様子をみてみよう。もし政府と旅行会社がこの点を変えないのであれば、この先棚田を耕作する人はいなくなるであろう。その時に棚田が荒れ果てても仕方がない。もう、時代は変わった。棚田を耕作してお金が稼げないのであれば、誰も耕作を行わないであろう。

6-4　大寨村の寨老

　以下は、2010年3月15日に大寨村の寨老である潘富文（当時69）に、自身の出生から現在までの生い立ちと共に村の変化に関して、聞き取り調査を行った記録である。

　　私は1941年に金坑大寨村で生まれたこの土地の人間で、外から来た者ではない。私は、もうすぐ70歳になる。子供の頃、私の家庭は父母と4人の兄と2人の姉がいて、私は末っ子であった。4人の兄は学校に

上がったことはなく、私は生まれた時代が遅かったので中学1年生まで進学することができた。当時、中学1年の学歴は非常に高学歴で、実は、現在でも村の幹部たちのなかで中学卒業の学歴がある者は、潘保玉（大寨村の現支部書記）だけで、その他はみな小学校高学年の学歴である。

　以前、この地域は貧しく、田畑がまだ各戸に分け与えられていない時期、農地は全て集団所有だった。その当時、私の家の持分の田はとても少なく、私の家では9人家族で1ム（1ム＝6.67a）の田しかなく、食糧は不足していた。私たち子供を養うために、父と母は地主や大農家のところで農作業をしに行っていた。集団所有の田の面積は少なく、私たち金坑（大寨村の俗称）の人口のお腹を満たすことは到底できないものだった。当時、ここでは約275戸、人口約1100人が居住しており、各家庭だいたい8人程度の家族で1ムの田を有していた。時々、他所の人たちが私たちに向かって「お前たちは金坑大寨ではなくて、単干村、無飽坑だ」といって馬鹿にした。これは、とても貧しくて食べるものもなにもないと罵ったものである。また、近隣の書記が私たちに会うと、「おっ、お前たちは金坑か」とからかった。彼らは方言ではなく普通話を話し、私たちに「1日柴を刈っても1回分の燃料しかない、1年の食糧もわずかしかない」といって笑った。

　私は中学に上がってから学校の宿舎に入り、そこで生活するようになったが、学校でも食糧が非常に乏しい状態で、空腹で仕方がなく、中学1年生が終わった12歳の時に学校を退学して家に帰ることを決意した。家に戻ってからは家の農作業を手伝い、こうしてようやく空腹を満たすことができた。大集団所有時代、私たちは隠れて自留地を有しており、私の家でも約2ムの田があり、いつも管理者に注意・警告されていた。後に、皆で非公式に自分たちの田を分配して耕し、三中全会[10]以後各戸に田が分け与えられるようになった。この時期、状況は多少改善さ

---

10) 三中全会とは全国代表大会が選出した中央委員会が開いた第三次全体会議の略称であり、特別な注釈がない限り、「三中全会」とは一般的に1978年11月に開かれた党の第11回三中全会を指す。この会議後に中国は改革開放が始まったため、建国以来党の歴史のなかでの大きな転換期といえる。

れたものの、依然として生活は苦しいものだった。もう現在は白米に変わり、誰も作らなくなったので全くみかけなくなったが、菜籽という黒い芋のような食物を以前は栽培し、主食にしていた。これは、腹持ちが良く、容易に満腹感が得られる作物だった。

　私は、15年間、農業以外の仕事をした。まず、20歳代の時、四清工作[11]に2年間参加した。私たちの四清工作チームは、全国で初めてのものだった。30歳の時に、2年間村の村民委員会の文書[12]を務め、その後、8年間村の信用社で信用貸しの会計を勤めた。その当時、とても貧しく、1ヶ月の給料は15元だったのを覚えている。ある時、私は信用社の700元を自分の懐に入れ、他の人が私の汚職を指摘したので私もそれを認め、免職処分となった。その後は、村の山の上で金鉱の採掘に1年間参加して、2000元稼いだため、その中から700元を返済して問題は解決した。金鉱での仕事の後、また家に戻り、農業を始めたが、それと同時に、広州や長沙などの都市に行き商売をはじめた。広州では主に、その地の人々に毒薬を売った。これは、一種の植物から作ったもので、彼らが必要としていたので売った。長沙では主に茶葉を売った。私たち龍脊の緑茶はとてもいいお茶で、例えば、他の地方の茶葉はお湯に浸して1度しか良い味わいが楽しめないけれど、龍脊のお茶は2、3回お湯に浸しても1度目と同じような味わいが楽しめる。これこそ本当のお茶である。これらの商売をしていた時間は2年ほどで、いくらも稼ぐことはできなかった。広州から桂林に帰る時、当時その区間の汽車は30元だったが、お金がなくて汽車に乗ることはできなかった。従歩で家に戻ってからは、特に新しいことはなにも始めずに、また家で農業をし、生活は平凡になり、私の生活は落ち着いたとも表現できる。

　これまで酸いも甘いも私は全て味わってきたので、この年代の私たち

---

11) 1963年から1966年まで中央政府の幹部によって農村地域で展開された社会主義教育運動のことで、「四清」とは、政治、思想、組織、経済の4つの方面において社会主義理念のもとに指導、教育を行うことを指す。無産階級の思想を広め、農村を中心とした社会の構築を目指した運動である。
12) 村の会議時の文書や郵便の文書の処理の仕事を指す。

は苦労することを恐れない。私には1人だけ息子がいて、彼もこの村に住んでいる。2人の孫は、上が20歳、下が7歳である。私はもう歳をとってしまった。ここ数年は、一生懸命村の公益事業を行っている。衛生管理、防火安全など、私は全て一通り他人に指導することができる。よく学び、よく笑い、公平なので、皆は私を寨老と呼ぶ。寨老の決定は投票もなにもないけれども、皆の心のなかでの承認で決まる。何か問題を抱えている時など、皆は私のところに来て、私のアドバイスを求めに来るのである。

　今日は、中央政府が大寨村に視察に来たので、私たちは彼らを大歓迎した。彼らが私たちに意見を出してくれれば、私たちは改めるべき点、補足するべき点について努力して取り組む。あなたたちにも、帰ってから文章を書いて先生やたくさんの人々に私たち大寨村を紹介してほしい。私たち紅瑶は、これまで一度も自分たちの文字がなかったが、2001年に龍勝各族自治県民族局は私たちのために『龍勝紅瑶[13]』という本の編集を始めた。その際には、私も彼らに協力して資料を提供した。

　私たちは皆、今後の大寨の発展はその大きな部分が棚田にかかっていることを認識している。これまで長い間、棚田の変化は少なくない。龍脊の棚田は田の間隔が非常に狭く、その1枚1枚が綺麗に整備されてきた。これにまつわる有名な話があり、ある日、出稼ぎに来た人が206枚分の田を耕すように指示され、耕し終えてからなん度数え直しても205枚の田しかなく、最後の1枚をみつけることができなかった。その人は仕方なく、自分の笠を拾いあげて帰ろうとした時、笠の下に206枚目の田が隠れていたことから、幅の狭い小さな田を「笠の田」と呼ぶようになったという笑い話がある。

　以前は、山の上は畦と田と田の間の斜面では草刈りが行き届いていて、すっきりしていたため、下から眺めた時に、棚田を1枚1枚数えることができた。しかし、現在の若者は怠け者なので、畦と田と田の間の斜面には草が茫々に覆い茂っている。やはり、しっかり保持する必要がある。

---

13) 龍勝各族自治県民族局、龍脊紅瑶編委会（2002）『龍勝紅瑶』広西民族出版社。

第 2 章　龍脊棚田地域の 3 つの村　　129

図 2-17　大寨村寨老・潘文富氏（当時 69 歳）

（2010 年 3 月著者撮影。本人の許可を得て本書へ掲載。）

さもなければ棚田が美しくなくなり、誰もここへ来なくなってしまう。

6-5　古壮寨の寨老

　以下は、2012 年 8 月 1 日に古壮寨の寨老である侯慶龍（当時 65）に、自身の出生から現在までの生い立ちと共に村の変化に関する聞き取り調査を行った記録である。

　　古壮寨には、姓の異なる 3 つの支族が伝統的に暮らしていて、それぞ

れの支族にはそれぞれの寨老が存在する。昔から「家有家長、寨有寨老」という言葉があるように、各家庭にはそれぞれ家長がいるように、各集落にはそれぞれ長がいる。したがって、私は、侯家の集落の寨老の１人である。村内の廖家、潘家にも存在し、厳密には、村内13集落のそれぞれに寨老が存在してきた。この点は、平安村や大寨村とは大きく異なる点である。平安村や大寨村は、村民全体が単一の祖先を持つため、私たち古壮寨のような複雑な支族形態はなく、伝統的に村内の寨老も基本的に１人である。

　私は1949年に、この村で次男として生まれた。兄と姉がいたが、幼少時に２人とも病気で亡くなり、その他に弟と妹が５人いる。その５人は、今もこの村で生活をしている。私の父は、石工ですばらしい腕前を持っていたので、村内だけでなく、周辺の地域からも大事な仕事を依頼されていた。現在では、村内の資料館に展示されているいくつかの物品や村内にある石碑も私の父が作ったものが残っている。棚田の耕作や家畜の世話は、生活するための営みなので、それらは仕事というようよりも誰もが当然に行うことだった。私を含め、私の男兄弟はみな、父に弟子入りして石工の技術を身につけた。特に、私の一番下の弟は技術が優れていて、弟が手がけた石碑が現在の生態博物館資料館の前にある。私は、石工としてよりも商売が向いていると家族が言い、10代の頃は、唐辛子やお茶を都市に売りに行った。またその先で知り合った大きな問屋の社長のもと、広州市で７年間働いた経験もある。火事が原因で、問屋が倒産してしまった。いずれは、村に帰ることを決めていたので、それを機に、私はまた古壮寨に戻り、結婚して妻と３人の子どもと静かな生活を始め、今日に至る。

　私が子どもの頃は、３つの異なる姓の支族同士の諍いが絶えず、常にお互いを警戒し合い、時に大きな騒動になることもあった。それは、特に、水源の分配方法、水路の引き方、田の開拓方法といった資源に関する問題や農業方法に関する内容で表面化することが多かった。しかし、私が村を離れて外で商売をしていた間に、当時の寨老たちの尽力によって、３つの支族の関係は大幅に改善されていた。現在、古壮寨の象徴的

な文化財にもなっている三魚共首橋[14]に示されるように、村内の3つの姓の共存ができるようになったことは、村の存続・発展のために重要なことだと思う。しかし、争いがなくなり、共存できるようになった後にも、村内には複数の寨老が存在し、重要事項の決定には、意見の統一が困難な場合や時間がかかることが多かった。

また寨老とは別に、伝統的に、「師公」という存在が村内に、2、3人存在してきた。これは、民間信仰、祖先崇拝に関するもので、霊感が強く、風水の知識が豊富で占いと祈祷ができる人物で、人と祖先、神と人間の仲介役である。伝統的に、古壮寨の師公は、村内だけではなく、平安村や大寨村をはじめとする周辺の村からも祭事や問題発生時に呼ばれて、祈祷や占いをしてきた。この役割は、寨老とは別に祭事・神事に携わってきたが、村内自治を行う寨老が師公の力を借りることもあった。

建国以前（1949年以前）、寨老は、政治的な権力を持っていたそうだが、今日では、特に重要な存在ではなくなっていて、ただの村内の老人の代表のようなものになっている。しかし、寨老の政治的権力が弱まった現在においても、村にとっての重要な決定の際には、私たち寨老も参加をして、意見を述べ、アドバイスもする。

私たち古壮寨は、龍脊のなかでも旅行業が開始されるのが遅く、平安村と比較すると約15年も遅く正式な旅行業が開始された。これは、道路開通の時期との関係が大きいが、古壮寨において道路開通が早期に進まなかった最大の原因は、それぞれの集落、それぞれの支族の寨老の意見が分かれ、特に利権関係や今後の村の方針に関する意見をまとめるために時間がかかったことが挙げられる。政府関係者や旅行会社が何か案を出して進めようとしても寨老が複数存在し、村内の多くの人間との調整が必要であったことから、道路の建設も半分着手した後に、政府も旅行会社も古壮寨は面倒な村であると言って匙を投げてしまったのである。村内の権力構造は、伝統的に複雑であり、これはいくら現代的な体

[14) 古壮寨の3つの異なる姓が争うことなく、協力して生活を営むという誓いのもと3匹の魚の図が刻み込まれた石橋で、現在も村内に現存である。

図2-18　古壮寨、侯家の寨老の1人・侯慶龍氏（当時65歳）

(2012年8月1日著者撮影。本人の許可を得て本書へ掲載。)

制のもと、書記や村主任が存在していても、村民の意見を汲み取る際に、伝統的な集落構造や寨老を中心とする支族のそれぞれの立場や意見が様々な決定に現在も反映されている。

　旅行業が開始されるまでに時間はかかったが、私は結果的にこれで良かったと思っている。まず、2つの村の失敗と成功の両側面を自分たちの旅行業運営に十分に活かすことができる。また村民たちで勝手な運営を開始せずに時期が来るのを待ったことも、今日のような生態博物館としての後ろ盾のもと安定的な旅行業の開始につながった。数年前、周囲

図 2-19　古壮寨の棚田

(2014 年 9 月筆者撮影)

との比較による焦りだけで村民のみで旅行業を開始しようという動きもあったが、当時、私は先頭をきって、自分たちに資金も能力もないなか先走るのは危険だと忠告して良かったと思う。私たちの村には、文化財、歴史的建築物、稀少植物が保存の良い状態で物質的に残っている。これは他の村にはないことで、私たちはこのことを誇りに思っている。旅行業で大きな評価を受けている棚田も龍脊のなかで最も整備が行き届いている自信がある。特に、龍脊のなかで山の上から麓まで途絶えることなく連続して続く棚田の距離が最も長い場所があるのが私たちの村で、その景観は、ぜひ多くの旅行者に見てほしいと思う。

7　寨老制廃止の意味と今日に寨老制が残る背景

少数民族に対する中央政府あるいは地方政府からの弾圧は、過去の各時代

において長期にわたり行われてきた。龍脊では、政府に対して試みた反乱の失敗が寨老の周辺化を進行させた。さらに、1949年建国後の中国において、寨老制が公式には廃止されている。これらはいずれも中央政権の統治を強固なものとし、中央の存在を明示するためのものである。

　一方で、建国後の中国では、少数民族に対する優遇政策や保護政策が作られ、一定の自治も認められている。しかし、寨老制が廃止された背景には、中共中央によって国民党の六法全書を廃止し、慣習法を含むすべての旧法との断絶が明示されたことにも強い関連があると考えられる。寨老制は慣習法と表裏一体の関係にあることは、上述したとおりである。

　こうした建前とは反する形で、龍脊での調査から、公式には寨老制が廃止された後にも現在まで村々では自然発生的に村民が信頼のおける人物を寨老として選出し、さらには、公式の行政リーダーである書記や村主任との立場上の衝突もなく、共存・協同で村をまとめていることが明らかとなった。この背景には、まず、この村のように少数民族が暮らす山間地の小規模な村社会に対して、政府、また外部社会からの拘束が弱く、放置と一定の優遇が認められてきたという理由が考えられる。さらに、棚田耕作を主体とする生活を継続していることも大きな理由の1つだと考えられる。山間地における当該地域での棚田耕作は、機械化や近代化、また個人化ができる農業・生活ではなく、集団での伝統的な農法の継続が必要であり、森林や水源をはじめとする資源の共同管理が必要となる。したがって、時代ごとに中央政権が交代して統治内容が変化しても、地域環境と民族文化に合った伝統的な生業が村内に継続して存在する限り、村独自の規定が必要不可欠であり、そのなかで寨老制は自然に継承され、今日に至ったと考えられる。龍脊での調査結果からもわかるように、ここに多民族で大国である中国の中央と地方の関係性をみてとることができる。

【付記】
　本章は、①2011年6月発行の『中国研究月報』第65巻第6号に掲載された論文：菊池真純「中国南部山間地農村での観光開発に伴う農村景観の資源化 ──発展段階の異なる2つの村を事例に──」、②2014年8月発行の『棚田学会誌　日本の原風景　棚田』第15号に掲載された論文：菊池真純「棚田を資源とした三つの異なる観光形

態――中国広西龍脊を事例に――」、③ 2014 年 3 月発行の『国際開発学研究』（第 13 巻、第 2 号）に掲載された論文：菊池真純「寨老制の周辺化と今日に残る寨老の存在――中国広西龍脊での調査から――」に加筆をしたものである。

参考文献

成官文、王敦球、秦立功、孔運鋒、厳啓坤、秦国輝（2002）「広西龍脊梯田景区生態旅游開発的生態環境保護」『桂林工学院学報』桂林工学院、第 22 巻第 1 期、1 頁。

梁中宝（2001）「龍脊梯田 天下一絶」『中国林業』中国林業、44 頁。

胡筝（2006）『生態文化：生態実践於生態理性交匯処的文化批判』中国社会科学出版社、14 頁。

粟冠昌、李干芬（1984）「龍勝各族自治県龍脊郷壮族社会歴史調査」『広西壮族自治区編輯組・広西壮族社会歴史調査（第一冊）』広西民族出版社、69-152 頁。

広西郷村発展研究会（2007）『貧困地区社会主義新農村建設理論於実践探索・広西貧困地区新農村建設研究会文集』電子科技大学出版社、327 頁。

李富強（2009）『現代背景下的郷土重構：龍脊平安寨経済於社会変遷研究』科学出版社、147-156 頁、56 頁。

龍脊各族自治県民族局、龍勝紅瑶編委会（2002）『龍勝紅瑶』、広西民族出版社、2-3 頁、48 頁。

鄭泰根（2006）「長江文化と瑶族」出村克彦・但野利秋『中国山岳地帯の森林環境と伝統文化』北海道大学出版会、70 頁。

桂林日報 2008 年 1 月 7 日 第 001 版。

伝慧明（2005）「2004 年広西公衆社会心態及未来予期」広西社会科学院編『2005 年広西藍皮書 / 広西社会発展報告』広西人民出版社、2005 年、17 頁。

龍勝県志編撰委員会（1992）『龍勝県志』漢語大詞典出版社、22 頁。

郭吉愀（2008）「龍脊古壮的経済生活」『龍脊双寨――広西龍勝各族自治県大寨和古壮寨調査与研究』知識産権出版社、27 頁、31 頁。

高其才（2008）『瑶族習慣法』清華大学出版社、49 頁、69-72 頁。

徐祖様（2001）『瑶族文化史』雲南民族出版社、92-94 頁。

姚舜安（1992）「大瑶山"石碑律"的考察於研究」、広西民族研究所編『瑶族研究論文集』広西人民出版社、217 頁。

広西壮族自治区編輯組（1987）『広西少数民族地区碑文、契約資料集』広西民族出版社、203 頁。

譚雲開、潘宝昌（1986）「民国時期龍勝県政始末見聞」『政協龍勝各族自治県委員会 龍勝文史（第二輯）』1-15 頁。

三谷孝（2002）『村から中国を読む』青木書店、78 頁。

第3章

3つの村の棚田保全を支える特徴的要素

はじめに

　平安村は、3つの村のなかでも最も早い時期に旅行業が始まり、村内の旅行施設の充実、所得の向上、環境問題や貧富の格差拡大といった様々な面で最も早い変化を遂げている。なかでも、近年、平安村では、棚田を維持するために近隣農村からの出稼ぎ農民を雇って棚田の耕作を維持している家庭が存在しはじめている特徴が存在する。これに関して、まず、はじめに、平安村の村民幹部へのインタビューで村全体の状況を把握した後、住民へのインタビューを行い、農業の後継者に関する調査を行った。そこから、旅行業の発展に伴って地域住民の農業離れが進むなか、彼らが村外農民を日雇い耕作者として雇い、棚田景観を維持しているその現状と課題に関して現地調査をもとに考察する。

　大寨村の特色は、伝統的村落共同体が村の社会を支える大きな柱となっていることである。伝統的村落共同体による農村運営の代表的な例として、豊富な水源を必要とする棚田によって生活を行ってきた村の生命線ともいえる大寨村の森林資源管理に焦点を当てる。まず、慣習法から現在までの村の法規約がどのように継承、変遷がなされてきたのかを把握する。それを受けて、これまで、村での森林資源管理に関する法規約のなかで最も重要な項目とさ

れてきた防火、森林荒廃防止、水源林保全、境界に関する4つの項目に関して、現在の村民生活における森林資源管理の実態を現地調査から考察する。

古壮寨は、2010年から中国生態博物館制度に指定されている地域であり、自然環境・伝統文化・住民生活を保全の対象とした地域保全が制度によって実施されている特徴がある。すでに旅行業が発展している調査地周辺の村では地域既存の資源を活かして旅行業を発展させることで、収入と若者の定住率が向上した。しかし、村民の過度の商業主義や村内での貧富の格差拡大、環境負荷の増大といった課題が発生している。こうした周辺の村の経験と教訓を活かし、生態博物館として、受け入れる側の村民と訪れる側の旅行者への規制強化と教育プログラムの作成を開始し始めている古壮寨の実践を考察する。

1　棚田耕作へ出稼ぎに来る村外農民（平安村）

1-1　山間地・中山間地農村における議論

本書調査地のように、棚田を有する地域は、食糧生産の場である以外に、「緑のダム」と呼ばれるように、土壌流失防止、洪水調節といった国土の保全や、生物多様性を保全する場としての評価が高く、また美しい棚田景観を資源とする農村旅行業の場として評価されている。社会の変化と共に棚田が多面的機能を有する価値あるものとして広く評価される一方で、重労働を必要とすることや生産量が低いことが原因で、その保全・維持は、困難を極めている状況にある。これは、世界中の棚田地域に共通する課題であり、日本の棚田保全に関して、中島峰広（1999）は、「棚田の基盤は拡大せず、収益性の低さや高齢化の進行などにより、棚田の耕作放棄が一段と顕著になった。」と述べている。

また1995年から世界遺産に登録された経験を有するフィリピンのコルディリェーラ棚田（Rice Terraces of the Philippine Cordilleras）の保全に関し

て、盧葉（2009）は、「人と自然の様々な要因によって、2001年にここは、危機にさらされている。世界遺産リスト（危機遺産リスト）にも登録された」と、2000年以上の歴史を持つ棚田の保全が困難な状況に陥った状況を述べている。コルディリェラ山脈の棚田は、その後、危機遺産リストから脱しはしたが、世界遺産に選ばれた棚田のなかでも特に、保全が危惧されている棚田の代表的なものといえる。

　本書の調査地のある中国の山間地域・中山間地域農村でも過疎化・高齢化をはじめとした農業と地域の疲弊・衰退・貧困が深刻化している。2000年には中国の高齢者人口の65.82％が農村に居住し、農村の高齢化は都市部よりも深刻であり、邵興華（2007）は、これが直接、農村経営と農業の担い手不足に繋がっていると指摘している。

　今後の棚田の保全方法に関して、様々な分野で多様な議論が行われているが、中島（1999）は、それらを総合的にまとめて、以下のように、それぞれの地域の現状を踏まえた保全方法を示している。それは、大きく3つに分けて「所得補償と資金の確保」、「付加価値を高める道」、「棚田耕作を担う労働力」であり、またそれらの前提として「地域に適応した保全方法」が重要であるとしている。それぞれの国や地域を取り巻く自然環境や社会情勢に差異はあるが、この3つの要素は、棚田の保全、山間地域・中山間地域農村の生活維持・発展のために共通する重要な課題といえる。

2　平安村へ来る出稼ぎ棚田耕作者に関する調査

2-1　平安村書記・主任へのインタビュー

　以下に示す平安村での棚田耕作担い手の変化に関する情報は、2012年3月5日と2012年3月6日に廖元壮書記（45歳・男）と廖超穎（34歳・女）に対して行ったインタビューをもとに整理したものである。

　若者の農業離れと農業従事者の高齢化は、他の山間地域・中山間地域農村

と同様に、平安村においてもみられる現象である。村内における農業の担い手不足は、今後さらに顕著なものとなることが村内でも予想されている。こうしたなか、今日、村における新たな農業の担い手として、周辺の極貧農村から平安村に棚田耕作に来る出稼ぎの人々が存在し始めている。

　中国において、土地は、個人が所有できるものではなく、国家あるいは集団に属するもので、個々人は土地の所有権を持たずに、単にその使用権を有するのみである。そういったなかで、平安村における棚田も村から各戸に分配されている。したがって、村内の棚田や家屋等の土地は全て村民に使用権がある。平安村において、現在も耕作を行っている棚田のみを取り上げ、そこでの耕作者の内訳をみると、自分たちの家庭に分配されている棚田を自家で耕作している村民の割合は約65％であり、自家で耕作を行わず、村内の別の家庭に耕作を委託している割合は約30％存在する。さらに、自家で耕作を行わず、また村内の他の家庭にも委託をせず、周辺農村から平安村に日雇い労働に来ている農民に委託している割合は約5％となっている。

　そこでの具体的な棚田耕作の委託条件は、一般的に、1年間を通して棚田の管理を委託する場合、そこで収穫した米は全て委託された側のものとなる。その他、農閑期の棚田の景観形成に行われている菜の花プロジェクトの補助金をはじめとして、棚田景観整備によって棚田1ムごとに政府から支払われる補助金も委託された側が受け取る契約が多い。平安村外部の周辺地域から日雇い労働に来る農民に対しては、委託する側が日雇い労働の人々に対して食事と宿泊場所を提供し、住み込みによって棚田耕作を委託する。この食事代と宿泊代の他に、さらに1日100元の賃金を支払うのが近年の平安村における相場である。一般的には、5月～6月の田植えの3～4日間と10月～11月の稲刈りの3～4日間に村外住民を雇う家庭が存在している。

　現在みられる傾向として、村内住民が自家の棚田を耕作しなくなり、村外の日雇い棚田耕作者を雇うことによって、彼らの農業離れは加速していると平安村幹部は指摘している。田植えと稲刈りが棚田耕作のなかで最も労働が多い時期ではあるが、それ以外に、畦の修理、水路の掃除、森林の管理といった日常的な農作業も棚田保全に関わる重要な作業である。1年に数日間村外の人を雇って、田植えと稲刈りのみを行えば、自家の棚田を耕作したという

安易な考えのもと、上記の棚田景観形成には非直接的であるが、根源的に棚田景観形成を支える農作業を怠っているため、周辺の棚田の持ち主をはじめとして、他の村民に負担や悪影響が出ている場合が存在している。現時点において、棚田耕作のために平安村に出稼ぎに来る周辺農村の農民の割合は、平安村全体で約5％程度である。しかし、旅行業の村への進出や若者の出稼ぎによって、村内で他の家庭に棚田耕作を委託する人々が、現在すでに約30％存在することから、今後も村内外への委託が進んでいくことが予想されている。さらに村民委員会では、将来、村内で棚田耕作を行う人々が存在しなくなることを予想し、政府が周辺農村地域から農民を集め、政府の雇用のもとに、平安村の棚田耕作を行っていくことを希望している。

2-2　調査の概要

村の幹部へのインタビューから、地域住民を区別化している最も大きな要素は、近年、旅行業の進出によってもたらされた貧富の差であることが明らかとなった。そこで、村内住民を経済水準で最高収入層、高収入層、中収入層、低収入層、最低収入層にグループ分けし、各層から被質問者を選出した。また他の農村社会にもみられるように、この地域では個人単位よりも家族単位を重んじているため、年齢や性別、学歴による被質問者の区分を行って、選出するのではなく、村における各家庭の経済水準を基準とし、各家庭のなかから代表者を1人選出して、2012年7月14日～7月18日に、インタビューを行った。インタビュー方法は、村幹部に行ったものと同様に、インフォーマル・インタビューによる調査を行った。

インタビュー調査の内容

2012 年　月　日

■平安村住民に対する調査
・日雇い労働の棚田耕作者に対する考え
  (1) 現在、村外からこの村に棚田耕作の日雇い労働に来ている人がいますか。

  (2) 現在、あなたの家では、棚田耕作のために村外の人を雇っていますか。

  (3) 近年、なぜ日雇い労働の棚田耕作者が必要になったと考えますか。

  (4) 村外の人を雇うのはなぜですか。

  (5) 日雇い耕作に来る人の農業技術は十分ですか。

  (6) 日雇い耕作者を1日雇うのに相応しい賃金はいくらですか。

  (7) あなたは今後、耕作のために村外の人を雇いますか。

  (8) それはなぜですか。

  (9) 例えば、今後さらに村外の日雇い耕作者による棚田耕作が増え、その現象が普遍化していくことに対してどう思いますか。

(以下は、村外の日雇い棚田耕作者を雇っている家庭のみへの質問事項)
  (10) どのような人を雇っていますか。

  (11) あなたの家では、日雇い耕作者をいつの時期に何人、何日間程度、何ムの田を耕作するために雇いますか。

2-3　平安村住民の調査結果

本項では、平安村住民への調査結果をまとめる。

(1) 現在、村外からこの村に棚田耕作の日雇い労働に来ている人がいますか。

1名が「わからない」と回答した以外、19名は、「いる」と回答した。平安村では、村幹部のインタビューと一致して、棚田耕作のために村外から日

雇い労働者を雇っている家庭の存在が広く認知されていることがわかった。
代表的な個別の意見は以下の通りである。

- ■村外の農民を雇って、自家の棚田を整備している家庭が存在し始めた最も早い時期は、2008年頃だったと記憶している。（平安村・阿蒙家・53歳・女性）
- ■平安村では、旅行業が盛んになった2000年以降、村外の人間が投資して農家から家を借りて民宿を開いたり、店を開いたりしており、村外の人間もたくさん平安村で生活している。これだけ村外の人間が増えていて、交流も多い現在、村外の人間が平安村で経営をすることも棚田耕作をすることも全く不思議なとこではない。（平安村・紅豆杉旅館・34歳・女性）

(2) 現在、あなたの家では、棚田耕作のために村外の人を雇っていますか。

19名が「いない」、1名が「いる」とし、と回答した。この詳細に関しては、本章3-3で論じる。

(3) 近年、なぜ日雇い労働の棚田耕作者が必要になったと考えますか。

表3-1　村外日雇い棚田耕作者が必要になった理由（複数回答）

理由	人数
耕作をしたくないから	10
政府の管理が厳しいから	8
耕作する人がいないから	7
一部の人々は裕福になったから	7
村外の友人を助けるため	1

- ■一部の村民は、旅行業で成功し、裕福になったからである。平安村は裕福だと言われるが、裕福なのは一部の人間だけだと思う。（平安村・工芸品販売・65歳・女性）
- ■耕作したくてもできない場合もあるが、村外の人を雇う家庭というのは、耕作したくてもできないのではなく、耕作をしたくない場合が多い。面倒なことは金銭で解決できる。（平安村・利徳連鎖旅舎龍脊店・52歳・男性）

■棚田景観の維持に関する政府の管理が厳しいため、何が何でも耕作をしなければいけない。(平安村・大足賓館・40歳・女性)
■もし、自分の家の棚田を耕作しなかった場合は、政府に罰金を支払わなくてはいけない。罰金を支払わない場合でも田の管理が行き届いていない場合は、厳しく注意される。特に、2つの風景点から見渡せる棚田の管理は年々厳しくなっている。春も強制的に菜の花を植えさせられるし、現在、棚田を整備するのは容易ではない。以前は、米の品種が良くなって、収量が上がったから耕作地を減らして楽をすることも自由であったが、現在はそんな自由な選択は私たちにはない。(平安村・阿蒙家・53歳・女性)
■友人は近隣の村で貧しい暮らしをしているので、少しでも助けになれるように必要があれば仕事をまわすようにしている。(平安村・平安酒店・50歳・女性)

最も多い10名が「耕作をしたくないから」と回答している。続いて、8名が「政府の管理が厳しいから」とし、7名ずつが「耕作する人がいない」、「一部の人は裕福になったから」と回答し、上記の回答の詳細にもあるように、1名が「村外の友人を助けるため」と述べている。

(4) 村外の人を雇うのはなぜですか。

表3-2 村外の人を雇う理由（複数回答）

理由	人数
村外の人を雇う気持ちが理解できない	6
村外の人が働きに来たいから	5
村内の人は忙しいから	3
わからない	10

■平安村の周辺の村では、旅行業もなく、私たちの以前の暮らしのような貧しい農民がたくさんいるため、彼らは平安村で働きたいのだと思う。(平安村・紅豆杉旅館・34歳・女性)
■平安村のなかでお金を回すべきだ。日雇い耕作が必要な時には、平安村のなかで人を探すべきだと思う。村外の人を雇う理由がわからない。

（平安村・工芸品販売・48歳・女性）
■村外の人を雇えば交通費も宿泊場所も必要になる。なぜ村外の人を雇う必要があるのか理解できない。（平安村・麗晴飯店・42歳・男性）

　この質問に対し、10名が「わからない」と回答し、7名が「村外の人を雇う理由が理解できない」、5名が「村外の人が働きに来たいから」、3名が「村内の人は忙しいから」と回答している。

(5) 日雇い棚田耕作に来る人の農業技術は十分ですか。

表3-3　日雇い棚田耕作者の農業技術に対する考え

考え	人数
十分	17
わからない	3

■村外の人といっても、都会の都市民が体験目的で耕作に来るわけではなく、近隣農村の農民が仕事として来るのだから、当然、農業技術は十分である。（平安村・平安酒店・50歳・女性）
■皆十分な農業技術がある。この地域は、山が多く、地形的に同じで、どこの村でも棚田や段々畑で農業を行っているため、農業の方法に大差はない。（平安村・廖元壮・47歳・男性）

　大部分の17名が、「十分である」と回答し、3名が「わからない」と回答した。回答の詳細としては、上記の意見のように、地形も農法も類似する近隣の農民が耕作に来るため、農業技術は十分なものであるという回答が多く存在した。

(6) 日雇い耕作者を1日雇うのに相応しい賃金はいくらですか。

表3-4　日雇い棚田耕作者への日給としてふさわしいと考えられる額

額	人数
100元	15
80元	2
150元	1
わからない	2

　過半数以上の15名が「100元」と回答し、その他、「80元」が2名、「150元」が1名、「わからない」が2名という結果になった。上述した村幹部の話のとおり、平安村における棚田耕作の日当は、100元の賃金が相場であり、その他に食事、宿泊場所の提供が一般的となっていることがわかった。

(7) あなたは今後、耕作のために村外の人を雇いますか。

表3-5　今後村外の日雇い棚田耕作者を雇うか否か

予定	人数
雇わない	12
雇うかもしれない	5
雇う	2
わからない	1

　すでに「雇っている」と回答した1名とさらにもう1人が、ここでも「雇う」と回答しており、現在「雇っていない」回答者のなかで、5名が「雇うかもしれない」と回答をしている。しかし、最も多い回答は、「雇わない」の12名であり、その他に1名が「わからない」と回答をした。

(8) それはなぜですか。

表3-6　今後雇う／雇うかもしれない理由（複数回答）

理由	人数
忙しいから	5
政府の管理が厳しいから	4
家庭内に耕作する人がいなくなるから	3

表3-5で、「雇う」或いは「雇うかもしれない」と回答した合計7名に、その理由を質問した結果、5名が「忙しいから」、4名が「政府の管理が厳しいから」、3名が「家庭内に耕作する人がいなくなるから」と回答した。

表3-7　今後も雇わない理由（複数回答）

理由	人数
日雇いの賃金が高すぎる	10
家庭内の労働力で間に合う	6

表3-5で、今後も村外の人を「雇わない」と回答した12名に対して、その理由を質問したところ、10名が「日雇いの賃金が高すぎる」と回答し、6名が「家庭内の労働力で間に合う」という回答をした。

(9) 例えば、今後さらに村外の日雇い耕作者による棚田耕作が増え、その現象が普遍化していくことに対してどう思いますか。

表3-8　村外の日雇い棚田耕作者が普遍化することに対しての考え（複数回答）

考え	人数
問題はない	9
棚田を保全できる	6
村外の人に頼った生活になる	5
壮族の文化を失う	4
村外の人を援助することができる	3

■特に問題はない。私が耕作を行おうが、村外の私の友人が耕作を行おうが結果的に同じ棚田景観になる。誰が耕作を行うかは問題ではなく、耕作をする人が存在するかしないかが問題である。（平安村・平安酒店・50歳・女性）

■耕作の仕事を与えることで、村外の貧しい人たちを少しでも助けられるし、しかも棚田も保全できるので一石二鳥である。（平安村・阿蒙家・53歳・女性）

■村内で棚田保全が困難になっても、外にはいくらでもさらに貧しい農民がいるので、彼らを雇うことで棚田は保全できる。しかし、そうなれば確実に村外の人々に依存した形態の村の維持になってしまうこと

は間違いない。（平安村・廖元壮書記・47歳・男性）
■壮族の文化は、すでに少しずつ薄れてきているが、さらに棚田を耕作する壮族の文化もなくなると思う。（平安村・麗晴飯店・42歳・男性）

　最も多い回答は、9名が答えた「問題はない」であり、約半数の人がこの現象が普遍化することを問題視していないことがわかった。また積極的に評価する意見としては、6名が「棚田を保全できる」と回答し、3名が「村外の人を援助することができる」と回答している。消極的な意見は、5名が「村外の人に頼った生活になる」、4名が「壮族の文化を失う」と回答している。

2-4　村外の日雇い棚田耕作者を雇っている家庭の調査結果

　本項では、現在、日雇い棚田耕作者を雇っている平安酒店に対して、個別にインタビュー調査の内容（10）と（11）を行った結果をまとめる。

（10）どのような人を雇っていますか。
　近隣の和平周辺の村に住む友人家族を2010年から雇っており、現在はその友人家族と彼らの近所の数人を雇っている。

（11）あなたの家では、日雇い耕作者をいつの時期に何人、何日間程度、何ムの田を耕作するために雇いますか。

表3-9　平安酒店の近年の村外日雇い農民の雇用実績

時期	内容	日雇い人数	日雇い日数	1人分の報酬／日	棚田面積
2010年春	田植え	3人	3日間	50元、3食、宿泊	4ム
2010年秋	稲刈り	2人	3日間	80元、3食、宿泊	4ム
2011年春	田植え	5人	4日間	80元、3食、宿泊	4ム
2011年秋	稲刈り	4人	3日間	100元、3食、宿泊	4ム
2012年春	菜の花	4人	2日間	100元、3食、宿泊	4ム
2012年春	田植え	5人	4日間	100元、3食、宿泊	4ム

　表3-9は、平安酒店の村外からの日雇い労働者を雇って棚田耕作を行って

いる近年の状況である。4ムある棚田において、田植えと稲刈りの時期に4、5人の村外から来る日雇い農民をそれぞれの時期に約3日間程度雇った合計は、各時期に約1200元〜2000元の出費となる。2012年の春からは、田植えと稲刈り以外にも政府の指導によって行うことが必須となっている菜の花プロジェクトにおいて、棚田に菜の花を植える作業も日雇い耕作者に委託している。こうした日雇いにかかる費用は、先に示した平安村の所得平均から考えても非常に高い金額であり、現在、村外からの日雇い棚田耕作者を雇うことができているのは、平安酒店のように、村内でも最富裕層にあたる家庭である。

平安酒店によると、棚田耕作では、主に田植えと稲刈りの時期に労働が集中し、それぞれの時期の数日間に人手を借りれば、1年間の耕作は十分終えることができるという。田植えと稲刈り、また菜の花プロジェクト以外に、定期的に行う必要のある畦の修理や水路の掃除は人を雇わずに、主に自家で行い、また村内の近隣農家の手助けを受けて行っている。自家に分配されている経済林の管理に関しては、近年、木材を必要とすることも少なく、伐採と植林を数年間行っていないという。

平安酒店では、村外の友人や知人を雇うことの利点として、自らの家族も農作業に追われることなく、民宿経営に専念でき、また貧しい友人たちに仕事を与えることで彼らを援助できるため、双方にとって良いことであると考えている。

2-5　日雇い棚田耕作者に対する平安村住民の考え

平安村住民の村外棚田耕作者に対する態度は、全体の約3分の1から半数の人々が村外からの棚田耕作者を容認、あるいは肯定的に評価し、残りはわからないと回答するか否定的な評価をしており、意見は賛否両論であった。

肯定的な意見としては、「政府の管理が厳しいこと」と「耕作する人手がない」ために人を雇わざるを得ない、とするものや「余裕がある家庭は金銭で問題を解決することができる」という理由が挙げられた。否定的な意見と

しては、日雇いを雇うのは、「耕作をしたくないから」という意見が最も多く、その他には、「村外の人を雇う理由がわからない」とするものがみられた。また平安村では、すでに多くの村外出身者が村内で商売に関わっているため、村外の人間が村の生活に関わることに抵抗が少ないという意見も多くみられた。

村外の日雇い棚田耕作者を雇うことに関する今後の見通しとその考えでは、今後、12名が「雇わない」と回答し、「雇う」という2名の回答と「雇うかもしれない」という5名の回答があり、平安村では、村外の棚田耕作者を雇うことに前向きであることがわかる。さらに、今後さらに村外の棚田耕作者を雇うことが増加し、それが普遍化することに対する平安村住民の意見では、約半数が「問題はない」と回答している。その他の肯定的意見としては、「棚田の保全ができる」や「村外の人を援助することができる」というもので、こうした村外の棚田耕作者を雇うことを肯定する意見が過半数となった。事態を批判的にみる意見は、「壮族の文化を失う」や「村外の人に頼った生活になる」という内容がみられたが、これは平安村においては、少数であった。

現在、平安村において、日雇い棚田耕作者を雇った際の日給は1人100元が一般的となっているため、大部分の回答者が日給として「100元」が適当であると回答している。その他数名が、「150元」と「80元」という金額を挙げている。

3　出稼ぎ棚田耕作者に関する今後の課題

3-1　非直接的な棚田景観形成物の管理に関する課題

平安村書記と平安酒店の回答のなかで、村外からの日雇い棚田耕作者を雇っている家庭の農業離れとそれに伴う農作業の怠りが生じていることが明らかとなった。村外の人を雇うのは、田植えと稲刈りの数日間や菜の花プロ

ジェクトで菜の花を植える数日間に集中している。しかし、村では、これ以外の時期にも1年間を通して、畦の修理や草刈、森林や水路の管理といった農作業を行う必要がある。日雇い棚田耕作者を雇う家庭のなかには、田植えと稲刈りを行えば、耕作作業を成し遂げ、棚田を保全したと考える家庭も現在存在するが、先に挙げた畦の修理や草刈、森林や水路の管理といった作業も棚田の維持に欠かすことのできない重要な作業であり、これらは間接的に棚田景観形成に関わるものである。なかでも、森林の管理は、棚田の生命線といえる水源の維持のために最も重要な作業の1つといえる。龍脊棚田地域は、水資源の豊富な地域であり、5月～6月に田植えをする前に4月～5月の間に田に水を張るが、その際にもホースで水を撒くといった作業はせずに、水門を開くと、上部から1枚1枚の田を伝って棚田全体に水が張られていく。こうした豊かな水資源は、気候や地形によるものであり、さらにそのうえに、何百年もかけて地域住民が森林を管理してきたことで今日まで守られてきたと考えられる。平安酒店の経営者の意見にみられるように、近年、木材を使用することは少ないので森林の管理をしていないという考えは、危険である。水源の維持に影響する他、土砂くずれを引き起こす原因にもなりうるからである。

このように、棚田景観を維持するうえで、田植えや稲刈りを行うことと同様、あるいはそれ以上に森林の管理は重要である。田植えと稲刈りは、棚田景観形成に関わる直接的な作業であり、ごく表面的な部分といえる。しかし、森林資源管理をはじめとする非直接的な棚田景観形成に関わる部分を怠れば、長期的にみて棚田耕作は持続可能なものではなくなる。今後、日雇いを雇って田植えと稲刈りを行う家庭が増加した場合に、その他の農作業を放棄せず、それらも含めて日雇いを雇う、あるいは自家で森林管理等の農作業を行うことを徹底することが必要であると考えられる。

3-2　民族文化の継承に関する課題

村外から日雇いで棚田耕作に来る人々の農業技術に関して、平安村住民へ

のインタビューでは、回答者の大部分である17名が彼らの農業技術は「十分である」と回答している。また自家で村外の日雇い棚田耕作者を雇っている平安酒店でも、同じく農民であり、地理的条件や耕作方法も平安村と類似する近隣地域で生活する彼らの農業技術は全く遜色のないものであると評価している。しかし、一方で、隣村の大寨村の大部分の人々は、村内の人間が棚田耕作を行わずに、他人を雇って耕作を続けることは、民族の精神や文化を失うことに繋がると主張している。また大寨村だけではなく、すでに村外の日雇い耕作者による耕作の存在が広く認められている平安村のなかでも、「壮族の文化を失う」という意見や「村外の人に頼った生活になる」といった意見が少数ではあるが、存在した。

仮に、今後、村外からの日雇い棚田耕作者が村内の棚田を耕作することが普遍化した場合、そこで生じる課題の1つが、この文化の継承に関するものである。この課題は、先に取り上げた森林や畦の整備といった物質的であり、目に見える問題や以下に挙げる日雇い耕作者の雇用形態に関する取り決めのように課題を可視化できる課題とは大きく異なる。したがって、村外の日雇い耕作者が耕作することによって、民族の文化や精神性が消失するか否かの判断や議論に統一の見解を求めることは難しく、またそれらが破壊、消失された場合、回復させることも困難である。

先に示したように、平安酒店の回答のなかに、「私が耕作を行おうが、村外の私の友人が耕作を行おうが結果的に同じ棚田景観になる。」という意見が存在した。これも1つの意見ではあるが、これまで農村景観に関する先行研究からも考えられるように、それぞれの地域には、第1章で引用した玉城のいう「田相」が存在すると考えられる。地域の歴史や耕作者の思い、文化が農村景観に反映されるといえる。龍脊棚田地域においては、第四章で論じるが、大寨村の人々には、棚田を開拓して現代に引き継いでくれた祖先に対する尊敬の念が強いことが明らかとなった。こうした彼らの価値観が、棚田を自分たちの力で保全し、1枚1枚の田や1本1本の畦を大切に管理していく価値観の形成とさらに行動に結びついていると考えられる。したがって、将来、村外からの棚田耕作者がそれぞれの村の棚田を耕作することが普遍化した場合には、それぞれの村に続いてきた伝統文化が部分的に消滅することは

確実である。しかし、平安酒店の回答にあるように、「耕作をする人が存在するかしないかが問題である。」という基本的な議論も確かに存在する。精神的な次元に留まらず、物質的にも棚田を維持することが困難な状況が徐々に訪れ始めている平安村では、最も基本的な議論である耕作を継続すること、棚田の存在を維持することが最大の課題となり始めている。

3-3 雇用形態に関する課題

2012年の時点において、村外の日雇い棚田耕作者を雇用する家庭では、それぞれ自分たちで棚田耕作に来てくれる人々を探し、自家で全て日当を支払い、食事や宿泊の準備をしている。

上述したように、2012年に平安村のなかで、自家で耕作を行わずに、村外の人々を日雇いとして雇う家庭は村内で約5％程度存在する。現時点では、村内で田を持つ大部分の家庭が自家で耕作を行うか村内の人に委託している状況であるが、平安村村民委員会をはじめとして、村内住民の多くが、今後、村外の日雇いを雇う現象が増加していくことを予測している。それと同時に、その際の村外の人々の雇用は、政府が一括して平安村の棚田保全のために耕作者を雇って棚田を管理するべきであると主張している。その理由は、旅行業が村で発展して以来、政府が村民に対して棚田景観の維持を厳しく指導、管理してきたことが挙げられる。また入場チケットによって収益を得ている政府が棚田の管理をするべきだと村民は主張している。こうした意見は、平安村のみではなく、2010年に行った第1回調査において、大寨村村民委員会や一部の住民も同様に、将来棚田を耕作する村民が存在しなくなった場合は、政府が人を雇って棚田を維持するだろうという意見を述べている。これまで、村では、旅行者の入場チケット収益の村への分配額や棚田保全方法といった様々な問題に関して、政府と話し合いを設けてきた。平安村村民委員会は、将来、村内住民の多くが棚田耕作を行わなくなった場合に、日雇い棚田耕作者の雇用方法に関して、政府と協議し、政府が雇用を行うことを求める考えを抱いている。今後、村外の日雇い耕作者が地域の棚田を維持するこ

とが普遍化した場合の問題点である非直接的な棚田景観形成物の管理に関する課題、文化的意義の喪失、雇用形態の問題が存在するが、今後、積極的にこれらの課題に向き合っていく必要がある。将来、地域の棚田耕作を政府の雇用・委託のもとで維持するという情況が生まれることに現実味が帯びはじめている。こうした情況の発生、さらには、それが普遍化した場合、農村景観の存在する意義、また農業の意義には、大きな変化が生じると考えられる。

4 伝統的村落共同体による森林管理（大寨村）

4-1 瑤族と瑤族の慣習法

　大寨村の特徴は、伝統的な村落共同体によって形成された規約に基づき、村の運営を行い、それが今日の生活にも継承されている点である。大寨村の不成文慣習法から現在の条例に至るまでの森林資源管理に関する内容に関する法規約は、時代を追って、1、不成文慣習法（おおよそ宋〜清前期）、2、成文慣習法（おおよそ明〜清後期）、3、村規民約（1983年〜）、4、龍勝各族自治県森林資源管理条例（1997年〜）の4段階である。また時代を追うごとに罰則や厳守内容の詳細が具体的になっているが、これら4つの段階の森林資源管理に関する内容、項目はほぼ完全な形で継承がなされている（菊池真純、2014）。

　中国南方に移住した瑤族の人口分布の特徴は、「南に瑤族のいない山はない」とされる程に広い範囲で大きく分散しているが、それぞれ小規模な集落を作っていることも特徴として挙げられる。また、黄鈺、黄方平（2009）の示すように、戦乱から山奥に逃げ、山岳地域に居住し、外部との交流が少ない生活を送ってきたといわれている。瑤族の人々は、こうした山地の閉鎖的な環境で生活を営むなかで、社会秩序の調整、資源の分配、民族文化の継承のために、独自の組織体系をもとに規則を作り、独自の発展を遂げてきたといえる。

本来瑶族は、文字を持たない民族であったため、宋の時代から清の時代前期頃まで「不成文慣習法」という口頭で伝承されてきた慣習法が用いられていた。また明の時代から「成文慣習法」が生まれ始め、これらは主に石碑に刻まれた。不成文と成文いずれの時期の慣習法も、「寨老組織慣習法」と呼ばれ、長老である寨老が中心となってその法の管理・施行を行った。

大寨村もその１つであるように、現在、中国南部や東南アジアをはじめとする中国国外で生活をしている多くの瑶族は、国内での戦乱や民族差別を受けて現在居住している地域に移住をした歴史がある。それぞれの時代のなかで瑶族は、常に少数民族として、中央からの弾圧や差別を受けてきた。瑶族が不成文習慣法を用いながら移住先で独自の生活を送るなかで、その時代の中央政権がどのように彼らを位置づけ、扱ってきたかは、慣習法の形成・維持・継承にも大きな影響を与えたといえる。

例えば、高（2008）によると、瑶族が文字を持たず、不成文慣習法によって村の自治を行っていた時代に、南宋の統治者は、少数民族の野蛮な社会習俗は内地とは大きな差異があるため取り締まるに足らぬものと軽視し、彼らを規制の対象から外したという。李富強（2009）も同様の見解を持ち、当時の中央政権が瑶族に中央の法を強制することはなく、慣習法に基づいた自治が許されたことも慣習法の継承の１つの背景だと述べている。その後、瑶族のなかで文字の使用が始まり、石碑に慣習法が刻まれ始めた明の時代中期から1940年代に至るまで、中央政権が瑶族の慣習法に強い干渉を行うことはなく、石碑制による慣習法が継承されてきた。

一方で、慣習法の継承と瑶族文化の継承は、多くの時代において長期にわたる中央政権からの弾圧と迫害のなかで瑶民が守ってきたことも確認できる。例えば、辛亥革命後に桂系陸栄廷が広西を統治した期間、1915年（民国4年）から「清賦」という重い租税徴収が実施され、瑶族居住地域では、他の地域よりも税が重くそれまでの10倍以上の納税が強いられた。同様に、1925年（民国14年）に新桂系李宗仁（1891-1969年）が広西を統治した時期にも少数民族には特に重税が課せられた。その他、1916年（民国5年）に龍勝政府は風俗改良会を設立し、民族差別政策を実施し始めた。龍脊各族自治県民族局・龍勝紅瑶編委会（2002）によると、瑶族も他の少数民族同様に差

図 3-1　仕事をする瑤族の女性（大寨村）

2014 年 9 月筆者撮影

別を受け、当時、瑤族女性が着ていた民族衣装が街中で兵士に切り裂かれるといった事件が起きた。

　少数民族として迫害を受けてきた瑤族の伝統的な概念のなかに、「瑤還瑤、朝還朝、先有瑤、後有朝」というものが存在する。これは、「瑤族には瑤族のやり方があり、朝廷（中央政府）には朝廷のやり方がある、瑤族社会は朝廷よりも先に存在してきた」という意味であり、朝廷や政府の管理下に入るのではなく、独自の社会の自治、管理を強調するものである。広範囲に分布し、小さな集落ごとにそれぞれ生活を営んできた瑤族ではあるが、こうした記録は、広西内の各地の石碑に刻まれている[1]。

---

1) 広西壮族自治区編輯組（1984）によると、六十村の石碑には、「石碑の文字はこの地にしっかりと刻まれた。瑤族は先に存在し、朝廷は後に成立した。私たち瑤族が漢人に納める食糧や金銭はない。」と刻まれ、金秀、白沙、長灘、長二の村にも同様の内容が刻まれている。

1949年中国建国後、憲法のなかで、第4条規定に「各民族は独自の文字、言語を使用してそれを発展させる自由があり、独自の慣習・風習を保持する或いは改革する自由を有する。」と明記された。上述したように、慣習法に関しては、「国家成立以前の原始的慣習であり、法的な性質は持ち合わせていない。」という位置づけがあるが、少数民族の慣習や文化に対しする尊重は、憲法に明確に規定された。

5　現在の大寨村の森林資源管理

5-1　大寨村の森林資源

はじめに、大寨村の森林資源の特徴とその活用に関して整理する。村での木の種類は主に、杉・松・雑木・竹であり、大寨村を含む龍脊棚田地域一帯の伐採禁止保護種は南方紅豆杉である。こうした種類の森林が分布する大寨村の土地利用は主に、森林・棚田・住居である。山の頂上部分にあたる海抜1850m～1100m地点は全て森林であり、そのうち上部が水源林（生態公益林）であり、その下の棚田に近い場所の森林が経済林（用材林）となっている。水源林と経済林に関しては、以下の節で詳しく述べるが、大寨村の林地面積が8570ムであり、そのうち経済林は、全体の4970ムであり、水源林は残りの3600ムとなっている。瑶族の森林資源管理に関して高（2008）は、「正確な統計による数字は示されていないことが多いが、彼らの全ての山地のなかで、個人所有の形式によって管理されている部分は少なく、大部分の山地は各種公有の制度形式によって所有・管理されている。」と述べている。

森林部分の下の海抜1100m～300mには約1378ムの棚田があり、居住区はそれぞれの自然集落ごとに集合して棚田のなかに点在している。棚田耕作を行ううえで、田に張る水は、その全てを山からの湧き水と雨水でまかなっているため、住民にとって森林は田の水を確保するための生活の源となっている。また水源としての役割の他に、大寨村において木材は家屋の建築材

料[2]や家具、薪炭など多くの用途があり、現在も森林資源は生活のなかの重要な位置を占めている。

　龍脊棚田地域の3つの村において、本書の現地調査では、2009年11月、2010年3月、2011年9月、2012年3月に大寨村の寨老・主任・書記の3名を中心に、林業の規定に詳しい村民にもインタビューを行った。上述したように、先の条例における森林管理の4つの重点課題である、①防火に関する内容、②森林開発による林地荒廃の厳禁、③水源林保護に関する内容、④境界に関する内容、に焦点を当てて、現在の大寨村の生活において、森林資源管理の実態がいかなるものであるかを考察する。

5-2　防火活動

　防火に関する対策と責任は、村内に存在する大寨、新寨、田頭寨、壮界、大毛界、大虎山の6つの自然集落が単位となってそれぞれ活動を行っている。それぞれの集落は、棚田のなかに点在しているため、日常生活のなかで火災が起きた際、基本的には集落内で消火を行う。ただし、その規模が大きい場合や出火の知らせを聞いた場合には、集落の別を問わず、村民全体が消火作業に協力するというのが村での慣習となっている。

　農業における火の取り扱いに関しては、集落ごとではなく、村民委員会が全ての集落を管理する形態となっている。特に、村民は、11月〜3月の農閑期に棚田の畦に火を入れて雑草を処理し、それを田への肥やしとすることが多い。また木や草の生育を促すために、林地に火を入れることがあるが、その際には、必ず火入れの日時と火入れに関わる必要人数の確保と火入れの範囲を村民委員会に事前に申し出をして許可を得る必要がある。現在も活用されているこの規定は、村の成文慣習法のなかに明記されている内容と同様の

---

[2]　各家庭の家屋は、村のなかで労働力を集め、釘を使用しない宮大工の伝統的技法により全て木材（主に杉の木と雑木）で建設される。3階建ての広々とした家屋を建てることが一般的であり、これは各家庭で冠婚葬祭を行う際に備えてのものである。

ものである。
　以下は、防火や火災に関する住民の意見である。

　　女性（58歳）大寨村田頭寨在住、農業
　　　「私たちにとって火事は泥棒よりも何よりも恐ろしいことで、子供の頃から火の始末は厳しく教えられた。最近は、民宿を開く人も増えて、村のなかの田頭寨と大寨は特に家が増えて密集している。全部木でできているので、一旦火事が起きると大変なことになる。」
　　女性（37歳）大寨村壮界、農業・荷物運び
　　　「火事という言葉を聞くだけで恐ろしくてたまらない。誰かが火事と叫べば、皆、すぐさま水を持って駆けつける。」
　　女性（23歳）大寨村大毛界在住、農業・荷物運び
　　　「火事は本当に恐い。私の兄は、半年前に家を建て始めたのに、建てる途中の段階で火事が起きて全焼してしまい、そのせいで8万元の損失が出てしまった。」

5-3　林地荒廃防止への施策

　大寨村での伝統的な生活習慣において、多くの場面で木材を用いることは上述した通りであるが、エネルギー源としての木材使用が減少しはじめたのは2003年以降のことである。2003年は、大寨村において旅行業が開始した年であり、地方政府は、旅行業開始によって今後の自然環境破壊への危惧から森林資源を保護する目的と、旅行者の受け入れを考慮した住環境の改善を目的として、木材燃料の使用からメタンガス・エネルギー使用への転換を推し進めたことがこの背景にある。

　政府の進めるメタンガスプロジェクトは、2003年から着工され、地域住民が初めてメタンガスを使用しはじめたのは2004年からである。当初、大寨村の壮界（当時24戸）においてメタンガスプロジェクトが紹介され、それに賛同した5戸が大寨村において初めてのメタンガスプールを建設した。

政府はこのプロジェクトを「技術支援」と「貧困救済」という位置づけのもとに行った。この補助金制度は2011年現在まで継続して実施されており、すでに2011年時点で大寨村の85％の家庭がメタンガスを使用している。

まず、政府は、技術支援補助金3000元をプロジェクトに賛同した5戸で割り、600元／戸となり、さらに貧困救済補助金1000元を5戸で割り、200元／戸となり、1戸あたり合計800元の補助金を支給した。その他、政府から派遣された技術員による技術指導が行われ、コンクリート・鉄筋といった材料も政府が用意をして、メタンガス・エネルギーへの転換を推奨している。

メタンガスプールを1つ建設するためには約2000元の資金が必要であるため、建設する住民は残りの1200元を自己負担した。その他、住民は政府から支援を受けることに対する保証金として210元を支払う義務があり、この保証金はメタンガスプールの完成と利用が確認された後に、政府から住民に返還される。

電気の開通・道路の整備・下水道の整備といったインフラ整備に続いて行われたメタンガスの導入は、住民の生活に利便性をもたらした。しかし、住民の多くは、入浴の際にメタンガスを使用することが多く、調理の際には、薪炭を使用することが多いと回答しており、利便性が向上した後も、慣れ親しんだ生活習慣を選択している者も少なくないことがわかった。また、全て木材を用いた家屋の建築は現在も変化することはなく、エネルギー転換政策が行われた現在も、森林資源は大寨村の生活のなかで重要な位置を占めている。以下の意見がその代表的なものである。

女性（46歳）大寨村壮界在住、農業・民宿経営
　「ガスは確かに便利ではあるが、薪で煮炊きした方が安心できるし、子供の頃から全て薪を使って生活してきたので、今でも薪の方が使いやすい。ただ昔よりは薪を使う量が大きく減った。」

男性（30歳）大寨村田頭寨在住、農業・民宿経営
　「今も料理に薪は欠かせない。私たちは、昔から1年に1度春節の時に家で飼っている豚を1頭燻製にして、それを家族で1年間食べる。その他にも料理を作るには、薪を使う方が香りも良く味が良くなるの

で、家族の食事は薪で作っている。民宿に宿泊する客に対しては、色が良く清潔なものを早く出す必要があるのでガスで料理を作る。」
女性（34歳）大寨村田頭寨在住、農業・大家
「ガスが使えるようになってから、木を切る量は減り、その分の仕事が減ったし、とても便利になった。昔はよく1人で大きな木を担いで山から家まで下りなければならなかった。」

5-4 水源林管理

大寨村では、経済林を各戸に分配している以外に、山の上部の森林を水源林として集団所有にし、一切の伐採を禁止している。慣習法から現在の条例まで、法規約にも水源林の保全に関する内容がみられたが、村民の生活のなかにおいてもその意識は強く、関連規則は厳格に守られている。以下の村民の意見は、その代表的なものである。

女性（36歳）大寨村田頭寨在住、農業・民宿経営
「棚田以外に何もない私たちの村において、水は最も大事なものである。私たちは、春、田に水を貯める際、ホースで水を撒いたりしない。雨水と山の上にある森林から湧き出る水が上部の棚田から一滴一滴、棚田一枚一枚をつたって田に広がっていく。水源林がなければ生活はできない。」
女性（53歳）大寨村田頭寨在住、農業・民宿経営
「水田で農業を営む場合は、個々人でできるものではなく、集団で行うのが当たり前である。特に、山の斜面に広がる棚田の場合は、山の上から享受する水源は全ての村民のものであり、山の上下に他の家庭や他の集落の田が連続的にあるため、水源の共同管理が必要になると皆が認識している。」
男性（70歳）大寨村大寨在住、農業
「私たちは昔から自分たちで水源林を守る規則を持っている。現在

もやはり村の自分たちの慣習で村内のことを処理した方が便利である。例えば、以前、水源林を切った村民がいた時、他の村民が政府に訴えて彼を刑事処分にしようとしたら手続きに時間がかかるし、結果として少しの罰金を払ってそれで事は済んだ。これでは他の村民は納得いかない。その後、大した処分も解決策もないのに面倒な手続きを外に行ってまでやる必要はないと、自分たちのやり方で違反者を罰するようになった。例えば、違反者の家庭は村全員に食事を振舞うなどのやり方がある。」
　男性（26歳）大寨村大寨在住、農業・レストラン経営
　「棚田一枚一枚の幅がとても狭く、機械を入れることもできないし、コンクリートやプラスチック製の水路もないし、私たちの農業は高度な科学技術を取り入れずに、昔からの方法で棚田耕作を行っている。したがって、昔からの規則がそのまま活用できる。言い換えれば、遅れているのである。」

　経済水準の向上が最大の目的として個々人の利益の追求が強まる状況は、現代中国社会全体にみられる流れであり、次項で論じる林権改革のなかからもそれが見受けられる。しかし、そうしたなかでも、大寨村では、伝統的に続く森林管理方法に基づいて村の約40％の森林を水源林として集団所有によって維持している。
　水源林の保全は古くから伝統的に続く村の決まりの1つであるが、森林に関する生態補償が始まった2000年以降、水源林管理のために政府から各戸へ年間194元（約2328円）の補助金が支払われている。水源林保全に関する規定において、村の伝統的な規定と県条例をはじめとする政府の規定に大きな内容の相違はない。しかし、上記の村民の意見にもあるように、規則違反者に対する処罰を村の伝統的な慣習法によって村内で処罰を行うことや代々伝わる棚田耕作のための水源管理に対する村民の意識、またそれに伴う生活のなかでの行動において、伝統的な規定が大きな存在感を維持していること村民のインタビューから伺うことができる。

5-5 境界を基にした経済林管理

大寨村では、1982年から請負責任山として森林を各戸に分配している。それ以前には、村のなかでの話し合いにより決定された場所を各自然集落に分配し、さらにそのなかで各家族（姓が同じで共通の祖先を有する複数の家庭）によって森林資源を分配していた。1982年に行政の指導のもと、村での伝統的な分配方法を基礎とし、分配する森林面積を数値で明確化した。

表 3-10　村内各集落での各戸への経済林分配面積

集落	戸数	森林分配面積／戸
壮界	29	10 ム
大寨	68	10 ム
大毛界	28	10 ム
新寨	62	10 ム
田頭寨	72	20 ム
大虎山	19	100 ム

出典：大寨村村民委員会（2011年）。

麓に近い場所に位置する壮界・大寨・新寨・大毛界（2011年：4集落合計187戸）は、各戸10ムの経済林が分配されている。②山の中腹に位置する田頭寨（2011年：72戸）は、各戸20ムの経済林が分配されている。③他の集落とは遠く離れた海抜の高い場所に位置する大虎山（2011年：19戸）は、1982年の規定制定当時11戸と戸数も少なく周囲に森林が多いことから、各戸100ムの経済林が分配されている。

植林活動に関しては、特に規定はなく、個々人で植林を行い、村民は一般的に20年経過した木を木材として使用しており、経済林の伐採の際は、林業局管轄の「林枝站」に申請を行ってから伐採することになっている。これに関して、以下に村民の意見を示す。

男性（40歳）大寨村大寨在住、農業
「林枝站にわざわざ行ってから木を（各戸に割り当てられた経済林を）切る人はあまりいないと思う。この件に関しては、皆、政府の規定よ

りも昔からの村での規定を重視している。結局のところ、村内の規定を守れば、政府の規定に違反することはないので政府も黙認している部分がある。昔からある村の規定のほうがわかりやすし、皆が責任を感じやすい。」

男性（41）大寨村大寨在住、農業・民宿経営

「この村では、請負責任山のなかで分けられている経済林を必要に応じて樹齢20年の木を切って使い、1本切るごとに自分で植林をする。請負責任山は自留山ともいう。いずれも同じ意味である。」

上記にあるように、インタビューを行った際、大寨村の主任と書記をはじめとして、村民は、経済林のある地帯を請負責任山＝自留山と認識していたが、この村での経済林の分配は、代々受け継がれていくものではなく、30年一区切りの分配になっている。したがって、公式の定義において、自留山は無期限の林地使用と木材所有権の付与であるため、30年一区切りで村と各戸が林地使用権を含む請負契約を交わして、経済林の分配を行っている請負責任山であるといえる。他の地域でもみられるように、村民が請負責任山と自留山を同じ概念であると認識しているのは、1980年以降、行政による分配が始まり、その概念的整理・区別をしていなかったことにあると考えられる。ただし、その内容と詳細に関しては、上述したように、村のなかで契約の形態が明確に認識され、実用されている。

各戸への経済林分配が行政によって明確化された1982年当時に発行された林権証には、上記の経済林に関する契約が含まれ、2010年3月までその林権証が使用されてきた。その後、2010年4月に林権改革[3]により、新しい林権証へと切り替わった。

---

3) この集団林制度改革は、農村土地請負制度改革に続く、林業の発展のための改革とされている。呉進（2008）は、この改革に関して、林地の集団所有制を変更しないという前提で、法律の保護のもとに所有権・処置権・受益権の恩恵を農民に与えるものであるとしている。さらに、そこでの目標として、①森林資源の増加、②農民の所得向上、③良好な生態環境の保全、④林業の産業発展、⑤森林地域の調和と安定、という総体的な目標を政府は掲げている。

この林権制度は、各戸に分配された森林に上記の権利を付与することによって、林業に対する住民の積極的な参与を促し、それによって林業を発展・保護させ、経済的にも生態的にも安定を図るという政府の考えがある。

　この林権改革を受けて、村民の生活のなかでの具体的な変化は、以前は不可能であった林権の売買が可能となり、また林権をローンの担保としてかけることが可能となったことである。しかし、これまで大寨村では、経済林を外部へ販売することは行っていない。その背景には、森林資源が外部へ販売するほど多くないことと、地理的条件から外部へ販売するための流通が不便であること、という2点が挙げられる。村では、薪炭用の木材は各戸に分けられた経済林のなかで十分まかなうことができるが、家屋建築の際に村内での木材供給が不足する場合には、近隣の三江など林業の盛んな地域から木材を購入する場合もあるという状況である。また大寨村幹部や村民によると、以前発行された林権証と2011年に発行された林権証は、いずれも村民委員会が村民全員のものを保管している。配布希望者が出た場合には配布を行うが、これまでそのような例はなく、全て村民委員会が保管している。

　こうした状況から、林権改革が行われた現在も大寨村においては、林業で経済利潤を得ようとする村民も、投資目的で村の森林資源を捉えている外部から働きも存在していないため、経済林の管理に大きな変化はみられていない。今後、村民がローンの担保や売買に使う場合も生じると予想されるが、先に述べた森林の規模と地理的条件が決定的な要因となり、この林権改革が村の森林資源管理に大きな影響と変化を及ぼすことは考えにくい。

　大寨村の不成文慣習法から現在の条例に至るまでの森林資源管理に関する内容を考察した結果、今日の法のなかに旧法の継承がなされていることが確認できる。その主要項目は、防火、森林荒廃防止、水源林保全、境界規定に関する4つの項目であった。建国後、さらに現在まで村の伝統的な慣習に基づく法規約が継承されている背景には、まず、この村のように少数民族が暮らす山間地の小規模な村における独自の法規定に対しては、政府や外部社会からの拘束も弱く、一定の優遇と尊重が認められてきたという理由が考えられる。

　さらに法規約における継承以上に、現在の村民生活のなかで伝統的森林資

源管理が運用されていることがわかった。水源林を伐採した者への罰し方として、複雑で時間のかかる刑事処分を行うよりも、村の慣習法に基づいた処罰を村内で施行することや、メタンガスが普及した現在も、全てをメタンガスによって行うのではなく、煮炊きに薪炭を利用することも日常的である。また公式には新中国政府のもと撤廃されたとされる寨老は、現在も村内で自然発生的に選出され、村内で重要な役割を果たしている。このように大生活の要所には多くの伝統的規則や価値観が継承され、現在も活用されていることがわかる。

6　生態博物館制度による旅行教育（古壮寨）

6-1　中国生態博物館

　これまで地域の発展を模索する研究において、多くの場合、「開発かあるいは保存か」といった二者択一の問題設定がなされてきた。古壮寨で実施されている生態博物館制度は、上記の二者択一ではなく、第三の道を模索しようと試みられているものである。特に、環境保全主義や文化財保護を提唱する学者に多く見られる主張では、当然のことのように当該地域の生態や文化の保護が強調されることが多いが、本書の対象地域の中国農村部では、深刻な貧困問題が存在する地域が多いのが現実である。自然環境保全と経済発展のための開発、そのいずれにおいても、地域住民の生活を犠牲にしたうえでの政策は持続可能性に欠ける。

　中国語で生態博物館とされるエコ・ミュゼ（Eco Museum）の概念（以下、生態博物館と表記）は、1971年にフランスで誕生したもので、「民家博物館」の基本理念のうえに、さらに広い多様な社会的意義を含んで今日の概念に発展してきた。農業大国であるフランスにおいて、工業化が進むなか、人々の農村文化に対する社会的注目が集まり、19世紀末、博物館において伝統的農耕形態に関する展示が始まった。大原一興（2005）によると、「これは、

フランス農村主義学派や地方主義運動の影響によって、20世紀30年代にフランスで博物館現代化革命が始まり、生態博物館の誕生もその流れを受けている」という。中国生態博物館設立の中心人物である博物館学の学者の蘇東海（2001）は、生態博物館の定義を「自然環境・伝統文化・地域住民の生活をはじめとする地域の全ての物事を保存の対象とし、地域全体をまるごと博物館と見立てた一種の地域保全の概念である」としている。

中国生態博物館制度は、中国博物館学会と中国文化局によって制定されたもので、それぞれの地域性の重視や自然・生活・農業・文化を総合的に考えた政策であるとされている。特に、この中国生態博物館制度は、近年、中国で行われている保護区政策での反省点を活かし、人間と自然の調和を目指した政策といわれている。

1997年に貴州省六枝特区に中国で初の生態博物館が誕生し、これまでに、中国全国に16箇所の生態博物館が誕生している。中国生態博物館は、国家文物局、地方文化局と博物館学会がその管理主体となって運営している。広西自治区以外でこれまでに認定されている地域は、貴州省：六枝梭嘎生態博物館、鎮山布依族生態博物館、黎平堂安生態博物館、花溪鎮山村生態博物館、錦屏隆里生態博物館、内蒙古：敖倫蘇木生態博物館、である。中国博物館学会の代表的学者である蘇（2001）は、中国生態博物館設立の背景に関して、「中国において工業化が進み、急速な経済発展がもたらした負の影響は、深刻な環境破壊であり、社会の注目は環境保護、生態系バランスの回復・維持に向けられはじめた。こうした社会の流れに伴い、中国博物館界も国際エコ・ミュージアム運動に注目しはじめ、自国に取り入れるに至った」と述べている。

当時、中国において初の生態博物館を設立するにあたって、中国側は中国博物館学の学者が中心となり、ノルウェー政府とノルウェーの博物館学者の指導・協力のもとに、貴州省六枝特区の梭嘎苗族の生活する地域の独特な伝統文化と周囲の自然環境を価値の高い保存すべき地域として生態博物館に指定した。

ジョン・エイジ・ジェストロン（John Aage Gjestrum）をはじめとするノルウェーの博物館学者と、蘇東海をはじめとする中国博物館学の学者が中国

生態博物館の設立に際して打ち出した理念は、以下の「六枝[4]原則」である（戴昕、2005）。

1. 村民がこの文化の主人公であり、この文化に対する解釈とアイデンティティを有する権利を持つ。
2. 文化の含む意義と価値は人間の存在があってはじめて存在することを確認し、それをさらに強化する必要がある。
3. 生態博物館の核心は民衆による参与と、民主的管理方式を用いる必要がある。
4. 旅行と保護の間に衝突が生じた際には、保護を優先するべきである。文化財を売り出すことは許されないが、伝統工芸品を製造し、おみやげ品として売り出すことは奨励する。
5. 目先の経済利益を優先し、長期的な利益の損失を招く行為は避けるべきである。
6. 文化遺産の総合的保護のため、伝統技術と物質的文化資料はその核心となるべきである。
7. 参観者は地域に対して尊重する態度を持ち、一定の行動基準を守る必要がある。
8. 生態博物館は統一的な形態を用いず、地域ごとに異なる文化と社会的条件によって地域の現状に合わせた形態を取る。
9. 地域の経済発展を促進させ、住民の生活を改善させる。

以上の合計9項目が、中国生態博物館の理念として打ち立てられた「六枝原則」である。2005年に貴州省で開かれた貴州省生態博物館群設立生態博物館国際フォーラムにおいても、「六枝原則」の内容に関する議論・再検討がなされた。張晋平（2005）は、この六枝原則の最も核心となる部分は、「村民主体」と「保護優先」という2つの概念であるとしている。

---

[4] 1997年に中国で最初の生態博物館が貴州省六枝特区に誕生したことから、設立理念と原則にこの名を用いている。

図 3-2 広西民族生態博物館建設 1+10 工程

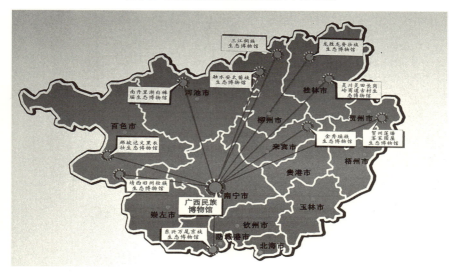

(2014 年 9 月著者撮影・古壮寨)

　これまで、中国において生態博物館に指定されている地域は、全て少数民族が生活を営む地理的に辺鄙な地域である。少数民族の種類と人口が中国国内でも特に多い広西では、漢族に次いで、壮族、瑤族、水組族、毛南族といった 11 の少数民族が居住している。国家が広西において打ち出した「民族文化大省」戦略の実施に伴い、2002 年以降、少数民族居住地域として文化の多様性に富む広西において広西民族生態博物館建設 1+10 工程というプロジェクトが進められ、図 3-2 にあるように、広西でそれぞれの生態博物館指定地域が特色を生かした旅行業の発展と文化や自然環境の保全を行っている。
　「1+10」は、1 箇所の民族博物館（広西民族博物館）と 10 箇所の生態博物館（広西民族生態博物館）を意味する。国家の第 11 回 5 ヵ年計画（2006 年～2010 年）の期間内に計画されている図 3-2 にある広西内の生態博物館プロジェクトは以下の地域である。
　1、東興万尾京族生態博物館、2、靖西旧州壮族生態博物館、3、那坡達文黒衣壮生態博物館、4、南丹黒湖白褲瑶生態博物館、5、融水安太苗族生態博

物館、6、三江侗族生態博物館、7、龍勝龍脊壮族生態博物館、8、灵川灵田長崗岭商道古村生態博物館、9、全秀瑶族生態博物館、10、賀州蓬塘客家囲屋生態博物館は、「1+10」の10のなかに含まれる10項目の生態博物館指定地域であり、+1として、広西壮族自治区の区都である南寧市に広西民族博物館が存在する。

1997年より貴州省ではじまった生態博物館指定は第1期中国生態博物館とされ、広西におけるこれらの指定は、第2期の新たな挑戦とされている。中国博物館学の学者がここで打ち出している政策目標に関して、偉祖慶（2007）は、「第2期生態博物館において『専門家＋村民』の広西モデルを創造する」としている。

6-2 中国生態博物館への評価

中国生態博物館の政策に対して、黄春雨（2001）は、「生態博物館が中国において生存・発展を遂げるためには、いかにしてこの概念を中国に適応した形、すなわちいかに『中国化』させることができるかである」と指摘し、中国の特色がある生態博物館の道を探るには、「まず、その土地の環境と風土をよく認識することからはじめなければならない。そうすることのみによって、外からの合理的な知識の導入や改善方法を活用した健全な成長と発展の道を模索することができる」と述べている。また過去に費孝通（1984）は、「中国の発展の鍵は地域における内部資源を十分に活用した農村経済の発展にこそある」と述べており、これは今日の生態博物館制度の実施において重要な視点といえる。これと同様に、中国の農業文化が持つ強みについて兪孔堅（1992）は、「生態系と文化面での豊富な資源があり、それをもとに発展していく基盤がある。これが中国の国情に合った景観計画と生態設計による、特色のある農村発展の道を模索することにつながる」としている。

また、蘇（2001）は、「中国において生態博物館を設立するには、地域の貧困問題を解決することが第1の任務であり、衣食といった基本的生活における問題を解決することができて、それによって地域住民は自らの文化を保

護しようと動く」と述べている。蘇と同様に、李王峰（2007）の主張は、「農村の生産と生活レベルが低い状況下で、このレベルの指導者と農民は基本的に環境保護を省みていない。農村では経済発展なしに環境問題に取り組むことができない。このレベルにおいて人々は往々にして、自然環境を犠牲にして自分たちの生存環境を満足させ、発展させようとする」というものである。中国農村の環境問題に関する議論において、中国の多くの学者は、基本的に共通してこうした主張を示している。

中国生態博物館に関するこれまでの先行研究において、大多数の学者の論旨は、保護と開発のバランスを保つために、その中間点を探ることがこれからの課題である、という建設的意見の提示に留まり、具体的な施策案は提示されていない。また中国生態博物館制度を批判的に捉える研究論文はみられない。しかし、生態博物館制度にも多くの問題や懸念要素が存在し、さらに具体案や代替案の提示が必要だといえる。

一般的に、自然文化遺産が破壊・消滅の危機に直面した際、あるいは地域住民の生業をはじめとする生活方式に問題が生じた場合、政府による保全制度が必要となる。現時点で、破壊・消滅の危機には直面しておらず、将来的にも破壊・消滅の可能性に緊急性がない場合には、政府や外部からの保護・保存制度制定の必要性は低い。しかし、中国において生態博物館に認定されている全ての地域は、こうした状況に該当するものではない。生態博物館の理念の中心は「村民主体」と「保護優先」であるが、本来、生態博物館という思想・概念が生まれたのはポスト工業化の時代の都市部からであり、中国における自給自足に近い生活を継続している当該地域から自発的に発生するものではない。村民主体を目標に掲げているが、しかし、そのはじまりは、文化の多様性の保護を必要とする政府と専門家の情熱が作り上げた産物に他ならない。こうした外からの押し付けによる地域の枠組みづくり・地域発展の方向性の決定は、往々にして生態系や文化を含む地域景観を破壊する方向へ導く危険を孕む場合が多いと考えられる。

中国生態博物館制度における最大の課題として、中国生態博物館の代表者の蘇（2003）は、「理想に近い生態博物館を選出・選定することは容易ではないが、その安定化を図り継続していくことはさらに困難である」と述べて

いる。生態博物館制度は、国際化・現代化の進むなかで、放置しておけば、社会変化の波にのまれていずれ消滅してしまうであろう伝統的村落に対し、先手を打って保護をしているという肯定的捉え方もできる。しかし、批判的な捉え方をするならば、政府や博物館学者が、生態系と伝統文化のバランスが保たれ文化的農村景観が維持されている地域を探し出し、彼らの功績を我が物のように横取りし、その当該地域において外部から過剰に保存を訴えているとも表現できる。

こうして政府や専門家によって形づくられた生態博物館という概念に対して、地域住民の理解と支持を得て、最終的には彼らが主体となり、この概念を支えていくことが、蘇 (2003) のいう「その安定化を図り継続していくこと」において必要不可欠なものとなる。その他、生態博物館認定の背景には、地域住民の生活のためよりも、より多くの世界遺産を中国から生み出すために、世界遺産登録への準備段階を生態博物館という国内の制度で行うという思惑も指摘できる。

中国には現在でも外部地域と隔絶された市場経済の影響をほぼ受けていない辺鄙な村々が多く存在し、その結果、地域の生業をはじめとした人々の生活形態に大きな変化が及んでいないことで独特の文化的農村景観を今日まで継承している。こうした地域での農業文化は長期にわたり自然と人間の調和の取れた関係を維持してきた。しかし、長期にわたり外部社会から隔離封鎖され、自給自足の生活を行う状況下で、そこからさらに一歩進んだ発展は達成しがたく、現代の価値観に基づいて評価するならば、単なる遅れた地域であるに過ぎない。仮に、地域を外部に開放した場合、そこに本来存在する農村景観は旅行業をはじめとする開発において急激な商業化に直面することが予想でき、問題は、いかなる方法で発展を遂げるかという点にある。

自然環境や地域文化保全において、人間を排除せずに自然環境と人の調和を最大の課題とし、文化をも包括した地域の総合的保存を目指す動態的保全の概念に注目する価値があると考えられる。

7 古壮寨への生態博物館指定

7-1 周辺村が古壮寨に示す経験と教訓

　すでに旅行業が発展している古壮寨近隣の平安村と大寨村では、旅行業により極貧の村からの脱却を果たし、自然環境を保全しつつ、地域既存のものを活用した旅行業の維持を目指している。しかし、一方で、旅行業が生み出した新たな問題も発生している。

　龍脊棚田地域は、1996年以降に平安村で最初に旅行業が開始されるまでは、外部社会との交流がほとんどない閉ざされた地域であり、人々は自給自足の生活を行ってきた。調査で地域住民の話のなかから、他の住民よりも土地を多く持つ富農や、家族が都市に出稼ぎに出て経済収入を得ている者の存在により、自給自足時代にも、住民間に多少の貧富の差が存在していたことは認められた。ただし、一般的に自給自足時代の村内住民の生活水準は均一的であり、それぞれ平等な関係で、村落共同体の構成員全てが棚田耕作に携わり、そのための水源林と水源の管理・田や畦の管理を行ってきた。こうした村内の状況では、市場経済の影響はほぼ存在しないため、住民たちの生活は、経済的利潤を生み出すためのものではなく、共同体の繁栄が最大の目標であったと考えられる。しかし、約600年にわたって継続されてきたこの状態は、旅行業開始から数年の間に大きく変化を遂げた。旅行業の発展が見込まれ、道路が開通し、外部との交流が容易になり、地域に市場経済が取り入れられたからである。これによって、地域内での貧富の差は拡大し、地域全体の共同体の存在が基礎にありながらも、個々の経済的利益を追求する生活へと変化している。

　その他の弊害として、平安村の幹部が最も懸念している問題は、水質汚染の問題である。彼らはこの問題に関して、旅館や食堂の水資源利用率が高まったことを理由として挙げ、旅行業の発展とも関連が強いという分析をしている。さらに、平安村においては、棚田の中心地域に住宅が多く密集している

ため、各家庭から出される汚水が近隣同士相互に影響を与えやすく、棚田にも多くの汚水が流れ込みやすくなっている。

　またこれ以外の問題として、第4章に詳細を論じるが、旅行者が指摘をする平安村の過度な商業化に関する問題が挙げられる。こうした諸問題は、今後、古壮寨においても発生することが危惧されている。しかし、同時に、古壮寨では、周辺村のこれまでの10数年にわたる経験を活かすことが可能であり、また生態博物館という制度的支援を持つため、財政面、技術面、広報面、規制や管理面においても地域資源の保全と活用による地域運営を行いやすい優位性も持ち合わせているといえる。

7-2　生態博物館としての古壮寨

　村内には、政府が地域住民と広西民族大学の研究者と共に古壮寨内に建設し2010年11月16日に開館した資料館があり、正式名を龍勝龍脊壮族生態博物館・展示与信息資料中心（展示と情報資料センター）としている。3階建て600m^{2}の資料館内に展示されている農具や家財道具は、村内の各民家の協力を得て、展示用に収集したものである。またこの資料館では、現在も地域住民が生活のなかで利用している家屋や水車小屋や井戸をはじめとする歴史的建造物に関して、地域住民の文化や生活形態、歴史に関するパネルでの紹介がされている。村の歴史や石碑をはじめとする文化財に関する解説は、中国博物館学会と広西内の大学や研究所の研究者が村内で調査を行い、まとめた文章が解説として展示されている。

　先に論じたように、生態博物館とは、その地域の人々の生活や自然環境といった全てを含めて、地域をまるごと博物館と見なす概念であり、動態的な保全を目指すものである。この資料館には、静態のものばかりが並んでいるが、この資料館の役割は、村内に現在も動態的に点在している歴史建造物や地域住民の生活を体系的にまとめ、旅行者にわかりやすく解説することにある。言換すれば、600年以上の歴史を持つ棚田を中心とした人々の暮らしと村内の文化財の縮図がこの資料館である。

第 3 章　3 つの村の棚田保全を支える特徴的要素　175

図 3-3　古壮寨の資料館

（2012 年 6 月著者撮影）

図 3-4　古壮寨にある歴史的文化財の点在地

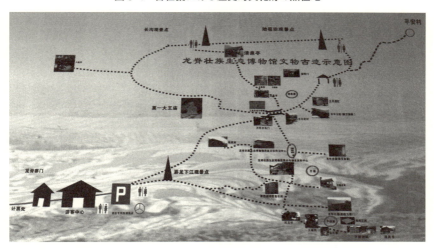

（2014 年 9 月著者撮影・古壮寨）

図3-5　古壮寨の3つの姓が共生を誓った証の三魚共首石刻図（古壮寨）

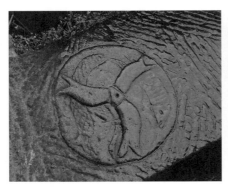

2014年9月筆者撮影

　地域がまるごと博物館である生態博物館の村として、図3-4に示されているように、様々な歴史的建造物や文化財が村内には点在している。
　現在、村内には、人が居住する築百年以上の古民家が9軒、数百年以上前に作られた東屋が7棟、集落の石門が2箇所、石板橋が8箇所、碑文・石碑が8箇所あり、その他に、村内3つの異なる姓の支族が協力を誓って作った三魚共首石刻図（図3-5）をはじめとする多くの文化財が良好な状態で保全され、現在も機能を失わず、住民に活用されている。また生態博物館という位置づけで旅行業が開始されてから、各文化財には、それぞれその場所に解説の文章があり、その多くは、図3-6、3-7のように、中国語の解説だけではなく、近年増加する外国人旅行者のために、英語での解説も併記されている。

第3章　3つの村の棚田保全を支える特徴的要素　　177

図3-6　水車小屋（上）とその解説（下）

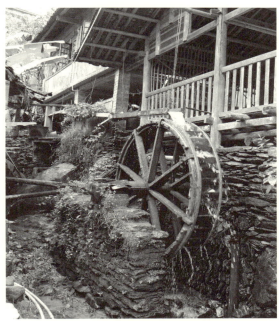

（2014年9月著者撮影・古壮寨）

図 3-7　非常用水備蓄の太平清缸（上）とその解説（下）

（2014 年 9 月著者撮影・古壮寨）

7-3　百年古屋の開放と語り部としての家主

村内に居住する 3 つの姓の住民のそれぞれの姓を代表する古い家屋で、現在も持ち主が居住している家屋に「百年古屋」と標識を掲げ、日中は、旅行者の訪問を歓迎している。それらは、廖姓を代表して、廖志国氏の築 160 年の古民家、侯姓は、侯玉金氏の築 150 年の古民家、潘姓は、潘庭飛氏の築 110 年の古民家が指定されている。

上記の 3 件のなかでも、侯玉金氏（当時 73 歳）が 1 人暮らしをする百年古家には、1 日に平均約 50 人～150 人が室内見学に訪れる。さらに関心を示す旅行者は、古民家内部のしくみや村の歴史や生活、棚田耕作に関する質問をし、話を聞くことができる。

以下は、2014 年 9 月 16 日～18 日に、侯氏（当時 68 歳）に行った聞き取り調査をまとめたものである。

　2010 年に、村民委員会の幹部が私の家を訪れ、自分が生活をしている自宅を百年古屋として旅行者に開放しても良いかという相談をしに来た。その際に、私は迷わず快諾をした。30 年前に夫を亡くして、女手ひとつで育て上げた娘 2 人もすでに龍勝で就職し、それぞれ家庭を築いているため、私はここで 1 人暮らしをしている。1 人で孤独に暮らすよりも様々な所から来る旅行者を受け入れることで、話し合い手もできる

し、何より遠方からの客人を迎えることは、私の生きがいでもある。

図3-8　侯家の百年古屋（上）とその標識（下）

この家は、150年以上前に建てられたものだが、手入れをしながら代々大事に使ってきたため、家の状態はとても良く、昔から使っている家財道具や農具も残っている。旅行業のための開放を決めた時には、生態博物館の関係者が家に訪れて、農具の名前や用途を聞きながら、簡単な解説をそれぞれにつけてくれた。

現在、私の家族で村の戸籍にあるのは、私と2人の娘合計3人であるため、2ム（1ム＝6.67a）の棚田を持っているが、私はもう高齢で耕作はできないため、今は村内の家族に田を貸してい

（2014年9月著者撮影・古壮寨）

る。農具を使う機会もなくなったので、現在は、資料としての価値ができて良かったと思う。旅行業が始まる前から、村の歴史や壮族に誇りは持っていたが、旅行業が始まって、遠くから来る旅行者が私たちの文化や生活に関心を持って様々な質問をしてくれるので、さらに誇りを感じるようになった。私がわかることは全て皆さんに伝えていきたいと思う。

旅行者は、私の家屋に入るにあたって、入場料を払う必要はないし、今後も料金をとる計画はない。訪れた旅行者のなかで、腰を下ろして話をしていきたい人のために、龍脊に古くからあり、地域住民が愛飲している油茶を一杯3元で提供している。その他、特に、購買を勧めることもないが、工芸品や手作りの野生ぶどう酒、乾燥した山菜も希望者には

図3-9　侯玉金氏の百年古屋内部

（2014年9月著者撮影・古壮寨）

販売している。何も買わない旅行者でも、なかには募金として小銭を置いていってくれる旅行者も少なくない。村を代表する百年古屋として、旅行者に開放していることで、チケット管理をしている旅行会社から1日20元の手当てを受け取っている。これは、主に、家屋内の清掃費用や維持管理費という名目で支払われている。

　2010年から、旅行業が本格的に開始されて、多くの旅行者が訪れるようになって良かったと思う。経済的な面で言えば、2010年以前は、私の1年の収入は、約2、3千元であったが、2010年以降は、約1万2、3千元になった。私は、人と関わるのが好きで、お客さんをもてなすのが好きなので、自分も旅行業へ参加することができて、毎日が充実している。政府の農民に対する政策は大変良くなっている。他の地方に行ったことはないが、中国全国の農民が私たちのように豊かになってきたと思う。毛沢東主席から歴代のリーダーは、偉大だと思う。

　私は、この家の4代目として、祖先が残してくれた大事な家を旅行業のなかで守っていく責任がある。娘たちは、5代目で、さらにうちの血を引く6代目の孫も26歳と20歳になった。娘2人は、長女がこの村のチケットを管理している桂林旅游股份有限公司に勤務していて、次女は、龍勝県の文化局に勤務している。2人共、旅行や文化に関わる仕事をしていて、大変親孝行な娘たちで、この家の

第3章　3つの村の棚田保全を支える特徴的要素　　181

図 3-10　侯玉金氏

（2014年9月18日著者撮影・古壮寨。本人の許可を得て本書へ掲載。）

保全と継承にも責任感がある。2人共、定年退職後は、この家に戻り、村内の旅行業の発展のために尽くしたいと言っている。

7-4　古壮寨生態博物館での旅行教育

　住民主体での地域資源の保全と活用が理念である生態博物館の運営において、古壮寨住民は、周辺村の経験と教訓を活かし、村民への対内的旅行教育

と旅行者に対する対外教育を強化していくことを生態博物館指定後に村民委員会が決定した。

2012年に決定された村民への旅行教育に関する取り決めは以下の項目である。

1. 目先の利益に囚われた旅行者の持ち物に対する窃盗行為、遺失物の横領は絶対に行わないこと。村の評判が下がれば、誰も来なくなり、長い目でみて大きな損失となる。
2. 旅行業による収入の機会をめぐって、村民同士で争いを起こさないこと。特に、旅行者の前で揉め事を起こして醜い様子を露呈しないこと。
3. 棚田景観は旅行資源でもあるため、各自の棚田の管理を怠らないこと。（水源の管理、水路の掃除、田植え、収穫、畔の修理）村民委員会が確認し、整備ができていない家庭には生態博物館制度による補助金は支払わない。
4. 華々しい看板や建物を作る、大音量の音楽を流す、娯楽施設を作るといった行為はしないこと。違反者には罰金を科す。
5. 質素倹約を心がけ、結婚式や春節といった祝い事を行う際にも大金を費やして大げさな祝い事を行って無駄な浪費をしないこと。
6. 政府が作った資料館の展示内容やその他の村の文化や歴史に関して旅行者に尋ねられた際には、できる限り答えられるようにしておくこと。これは自身の文化・存在を再確認するための自分自身の勉強にもなる。

古壮寨には9つの自然集落が存在するが、これは単に居住地域の分布だけに止まらず、村内での住民による資源分配単位であり、農業を行ううえでの棚田の分配と、水源利用・森林資源利用の分配は、現在も過去と同様に、自然集落の線引きによって行われている。これが今日の旅行教育の実践における重要な単位にもなっている。特に、旅行業が村に存在する今日、旅行者の荷物持ち・旅館への客引き・工芸品の販売に関して、住民間の衝突を避け、また1度に多くの客引きが押し寄せ旅行者に嫌悪感を持たせないようにするために、この9つの集落を単位とし、3日ごとに商売を行うという細かい取

り決めがなされている。

　このように、時代は変化し、旅行者の消費という新たな利益が地域に存在するようになった今日、従来の資源分配と同様に、9つの村でその分配を行っていることがわかった。過去600年以上にわたり、地域で行ってきた資源分配方法が、資源の形態が多様化した今日にも活かされ、円滑にその機能を果たしているといえる。

　さらに、古壮寨住民は、旅行者に対する旅行教育を行うことにも力を入れている。これは、生態博物館指定後の政府からの指導でもあり、外部から訪れる旅行者を単にお客様扱いするのではなく、旅行者であると同時に学習者であるという位置づけのもと、地域を紹介し、注意事項の遵守を義務付けるというものである。生態博物館の建物は政府が村に提供をしたものであるが、それ以外に、この場所において、村民独自で旅行者に対する村での注意事項を示している。

1、棚田は食糧を作る大切な場所であり、またその維持・修復には大変な労力が必要です。棚田のなかや畦に踏み入れて棚田を破壊しないでください。
2、この地域は自然が豊かな地域です。持ち込んだ物から出たゴミは必ず持ち帰って処理をしてください。
3、森林、草、花にも生命があります。村内の生命、また生命の源の水を大切にしてください。
4、この村は、村全体が生態博物館ですが、同時に人間の生活する場です。鍵が開いていても無断で家屋に入ることはせず、家主の許可を得てください。

　以上が、村民が決定した最も重要な旅行者への注意事項である。中国国内の旅行者に見られる傾向として、賃金を支払えば、それに見合うサービスを受けることが当然であり、さらには、何をしても構わないという風潮がこれまで存在してきた。特に、都市住民と農民の生活水準、身分が社会のなかで明確な上下関係を形成している中国において、農村・農民側が旅行者として

訪れる都市住民にこうした一定の規定・規制を設けることは画期的なこといえる。

小　括

　本章では、龍脊棚田地域の3つの村の特徴をそれぞれ取り上げた。まず、平安村の事例から、短期間で様々な変化を遂げている龍脊棚田地域において、数十年後には、政府が雇った外部からの日雇い農民が龍脊の棚田全体を耕作する日が訪れる可能性も十分に考えられる。これは、今後、平安村以外の2つの村においても、共通する課題であり、将来的には多様な担い手を受け入れて棚田景観の保全による地域社会の発展を目指していくことが必要になると考えられる。
　次に、大寨村の事例から、棚田という土地利用方法と農法は、今日においても機械化や農地周辺環境への近代技術の導入が困難である。さらに地理的要因や収穫状況により収穫物を商品作物化していないことから、現在も生活のなかで伝統的な農法、森林管理や森林を利用した生活様式を残してきたと考えられる。このように、今日の大寨村の森林資源管理は、伝統的な慣習と慣習法の両方が継承されており、生活のなかの重要な位置を占めていることが明らかとなった。
　また中国では、地域開発や環境保全を行う際に、政府主導の強制立ち退きによる地域の保護或いは商業至上主義による地域住民の破壊的地域開発が各地で発生してきた。古壮寨の例から生態博物館制度は始動したばかりではあるが、上記とは異なる第三の発展形態を目指そうとしていることがわかる。古壮寨での内外への旅行教育は、まず、従来では、一般的に、金銭を支払えばサービスを受けるのが当然であり、さらには何をしても問題ないという傾向が強く、各地の旅行地で多くの問題が露呈されてきた中国の旅行者の意識を変え、現地の受け入れ側と旅行者の新たな関係の構築を目指している。また単に、経済的利益のみを追求する旅行業ではなく、村民にとっても自らの存在を学ぶ機会とし、さらにはそれが長い目で自らの文化の継承に繋がると

いう目的を村民が共有し始めている。

【付記】
　本章は、①2013 年 3 月発行の『国際開発学研究』（第 12 巻第 2 号）に掲載された論文：菊池真純「棚田の景観地化による村外からの出稼ぎ耕作者増加に関する調査研究」、②2012 年 2 月発行の IAMURE International Journal of ECOLOGY & CONSERVATION, 1 (1) に掲載された論文：Masumi Kikuchi, Forest Management by a Traditional Village Community in South China、③2013 年 4 月発行の『村落社会研究ジャーナル』（第 38 号）に掲載された論文：菊池真純「伝統的森林資源管理方法を継承する現代の条例と人々の生活──中国広西大寨村の瑤族を事例に──」、④2012 年 3 月発行の『WASEDA GROBAL FORUM』(No.8) に掲載された論文：菊池真純「広西龍勝県大寨村以村寨共同体為主的森林資源管理」、⑤2009 年 12 月発行の『실천경영연구』第 3 巻第 1 号に掲載された論文：菊池真純「中国生態博物館におけるグリーンツーリズムの発展模式のあり方」と⑥2015 年 11 月発行の『総合観光研究』第 13 号に掲載された論文：「中国生態博物館指定地域での観光による地域の保全と発展」に加筆をしたものである。

参考文献

中島峰広（1999）『日本の棚田──保全への取り組み』古今書院、17 頁、165-177 頁。
廬葉（2009）「困難中的菲列宾科迪勒拉水稲梯田」中国文化遺産雑誌編輯部『中国文化遺産』中国文物報社、第 1 期、34 頁。
邵興華（2007）「農村人口老齢化若干問題研究」『中共烏魯木斉市委党校学報』第 1 期、23 頁。
菊池真純（2014）「伝統的森林資源管理方法を継承する現代の条例と人々の生活 ──中国広西大寨村の瑤族を事例に──」、『村落社会研究ジャーナル』、第 38 号、pp.49-61。
黄鈺、黄方平（1993）『国際瑤族概述』広西人民出版社、80-84 頁。
高其才（2008）『瑤族習慣法』清華大学出版社、208 頁。
李富強（2009）『現代背景下的郷土重構：龍脊平安寨経済与社会変遷研究』科学出版社、89-91 頁。
龍脊各族自治県民族局、龍勝紅瑤編委会（2002）『龍勝紅瑤』広西民族出版社、128 頁。
馬端臨、『桂海虞衝誌』文献通考・四裔七
広西壮族自治区編輯組（1984）『広西瑤族社会歴史調査〔第一冊〕』（広西民族出版社、44-57 頁。
蘇東海（2001）「国際生態博物館運動述略及中国的実践」『中国博物館』2 期、2 頁。
張晋平（2005）「貴州省生態博物館群建成暨生態博物館国際論壇専輯：関於生態博物館

論文英文翻訳的説明」『中国博物館』、96 頁。
戴昕（2005）央視国際新聞、新華社、2005 年 6 月 7 号。
黄春雨（2001）「中国生態博物館生存与発展思考」『中国生態博物館』3 期、2 頁。
費孝通（1984）『小城鎮大問題』江蘇省人民出版社、45 頁。
俞孔堅（1992）「盆地経験与中国農業文化的生態節制景観」『北京林業大学学報』14（4）、
　　37 頁。
佟慶遠、李王峰、李宏（2007）『農村可持続発展 対策及案例』中国社会出版社、11 頁。
蘇東海（2003）「保護生態博物館的文化特色：関於民族文化保護与旅游開発的対話」貴
　　州日報、7 月 9 号、第 6 版。

第 4 章

住民・旅行者・政府の農村景観への眼差し

はじめに

　本章は、2014年6月5日から6月11日の7日間と2014年9月10日か9月28日までの19日間の合計26日間に、平安村・大寨村・古壮寨において地域住民に対して行ったインフォーマル・インタビューによって得た回答を考察した。筆者は、同様の調査内容を博士論文（菊池真純、2011）で発表したが、それと今回の調査の違いは以下の3点である。

　1つめに、調査の時期が異なり、前回の調査は2010年に実施し、今回調査は2014年に実施した。2つめに、調査範囲が異なり、前回は平安村と大寨村の2つの村で各村20名の調査であったのに対し、今回は平安村・大寨村・古壮寨の3つの村で各村50名合計150名に対象範囲を広げた。3つめに、回答者選出基準が異なる。前回は村民の経済水準を大まかにグループ分けして、そこから回答者を選出したが、今回は各村の各集落から血縁関係の近い家庭をグループ分けし、そこからおよそ均等な数の回答者を選出した。

1 地域住民への調査方法

　回答者の選出は、農村社会では個人単位よりも家族単位を重んじているため、年齢・性別・学歴による回答者の区分をして選出するのではなく、家族単位で回答者を選定した。龍脊では、同一の集落に同じ姓の一族や血縁がより近い者同士が近隣に生活している特徴がある。したがって、まず、はじめにそれぞれ3つの村の各集落のなかで、より血縁関係の近い家庭をグループに分類して、そのなかから回答者を選出した。人口の多い集落は、15〜10人の回答者を選出し、人口の少ない集落からは2〜8人の回答者を選出し、3つの村ともにそれぞれ50人の回答者を選出した。

　次に、調査表の構成は、①回答者の基本的個人情報、②経済状況、③農業活動、④旅行業に対する考えと参与、⑤地域景観に対する意識、の大きく5つに分類した。鳥越（2004）のいう、「社会的な景観を十分に理解するために、ときには人の意識的なレベル：聖・俗や中心・周辺に関わるところまで視野を広げる必要がある」という視点を重視したうえで、特に、⑤の地域景観に対する意識に質問の重点を置いた。また第1章で述べたように、調査では、インフォーマル・インタビューを採用したため、以下の調査票は、回答者に配布をして直接記入してもらうという方法や筆者がインタビューの最中に調査票を手に持ち、聞き取った内容を記入するという方法は採用していない。

表4-1　平安村各集落からの回答者の選出

地区	戸数	人口	回答者数
平安一	42	209	10
平安二	46	192	10
平安三	16	75	5
平安四	18	91	5
平安五	34	136	10
平安八	15	65	5
三龍	5	20	2
福禄	8	27	3
	184戸	815人	50人

表4-2　大寨村各集落からの回答者の選出

地区	戸数	人口	回答者数
田頭寨	352	88	10
大寨	321	79	10
新寨	286	62	10
壮界	98	29	8
大毛界	83	27	7
大福山	61	18	5
	303戸	1201人	50人

表4-3 古壮寨各集落からの回答者の選出

地区・姓	戸数	人口	回答者数
岩湾1組・廖	20	108	4
岩背2組・廖	22	118	4
七星3組・廖	24	112	4
廖家4組・廖	17	93	4
廖家5組・廖	8	29	2
廖家6組・廖	13	82	3
廖家11組・廖	9	25	2
廖家13組・廖	18	93	4
侯家7組・侯	29	127	4
侯家8組・侯	38	125	5
侯家12組・侯	16	50	2
潘家平寨9組・潘	39	164	6
潘家平段10組・潘	33	139	6
	286戸	1265人	50人

あくまで、調査を行うにあたっての聞き取り内容の準備と、調査後の内容整理のためのものとして活用をした。

インタビューでの使用言語は、中国語（普通話）で行った。

インタビュー調査の内容（1）

年　　月　　日

■**地域住民に対する調査**

1・回答者の基本情報

　　性別：男○女○　　年齢：　　　　　民族：　　　　族　　学歴：
　　職業：　　　　　出身地：　　　　　現住所：
　　当該地域での生活年数：　　　　　年　　耕作地の面積：
　　家族：　　　　　　　　　出稼ぎに出ている家族：

（1）あなたの家庭では、だいたいいつ頃から収入に変化がありましたか。

2・農村景観に対する考え

（2）あなたは、ここの農村景観を美しいと思いますか。

（3）あなたは、ここの農村景観に誇りを持っていますか。

(4) あなたは、自分たちの文化・家屋・土地などあなたが有するものも全て「地域景観を構成する一部分」だと思いますか。

(5) 地域景観にとって、あなたの有する文化・家屋・土地などあなたに属するものも全て地域景観の貴重な財産だと思いますか。

(6) あなたは、ここの農村景観が誰のものだと思いますか。

(7) 過去と現在では、自身の村の景観に変化はありますか。

(8) もし、農村景観に変化がある場合、どのような点ですか。またなぜだと思いますか。

(9) もし農村景観に変化がある場合、それぞれどのような利点と欠点がありますか。

(10) あなたの家庭では、棚田耕作を行っていますか。（自分・家族が耕作、請負、雇用）

(11) なぜ、この地域では今日まで棚田を維持していると思いますか。

(12) 棚田を維持する過程において、最も苦労していることはなんですか。

(13) それらの苦労を克服するために、あなたが最も必要なことはなんですか。

(14) 農村景観を守るため、または農村景観を美しくするためにあなたがしていることはなにかありますか。

(15) 現在、この地域で棚田耕作を行っているのはなんのためですか。また将来においてこの地域で棚田耕作を行うのはなんのためだと思いますか。

(16) あなたは、なぜ旅行者がここを訪れると思いますか。

(17) あなたは、どのアクターがここの旅行業を管理するのが最適だと思いますか。

(18) 大寨村／平安村／古壮寨と自身の村を比較した場合、どちらの村の旅行業の経営方式と生活方式がより良いと考えますか。

(19) あなたは、将来ここの農村景観がどのようになると思いますか。

(20) 農村景観を軸とした生活継続のために、現時点で解決すべき問題はなんですか。

第4章　住民・旅行者・政府の農村景観への眼差し　191

(21) もし、棚田を切り開いて平地にし、米の生産量が多くなるとしたら、あなたは棚田を放棄してもいいと思いますか。

(22) もし、棚田を切り開いて娯楽施設を作り、収入が多くなるとしたらあなたは棚田を放棄してもいいと思いますか。

(23) もし、機会があればあなたはここを離れて都市に住みたいと思いますか。またその理由はなんですか。

(24) あなたは、ここと都市ではどちらで仕事をした方が収入は多いと思いますか。

(25) もし、将来ここで旅行業が衰退してなくなったとしてもあなたは棚田での耕作を続けますか。

(26) あなたは、自身の子供が将来この村で生活することを望みますか。

2　地域住民への調査結果

2-1　基本情報の調査結果

まず、本項では、回答者の基本情報を整理する。

表4-4　回答者の性別

	男性	女性
平安村	21人	29人
大寨村	20人	30人
古壮寨	26人	24人

表4-5　回答者の民族

	壮族	瑶族	漢族
平安村	44人	1人	5人
大寨村	0人	49人	1人
古壮寨	50人	0人	0人

表4-6　回答者の出身地

	村内	桂東北内
平安村	43人	7人
大寨村	49人	1人
古壮寨	50人	0人

男女比に多少ばらつきがあるが、基本的に各村で男女半数ずつの回答者選出を目指した。上述のように、本研究では、家族単位を回答者の選出基準としており、各集落の各家庭を代表する人物にインタビューを行うことを最大の選出基準とした。以下、各項目の集計結果と共に、それぞれ代表的な意見

や特徴的な意見をとり上げる

　民族に関しては、本来、平安村と古壮寨は壮族の村であり、大寨村は瑶族の村である。村外住民が村で村民の家屋を賃貸し、村内の旅行業に参入することが増加してきている今日、特に、平安村では壮族以外の民族が回答者にもみられた。表4-6の出身地にもそれは表れており、平安村の回答者7名は村内出身者ではなく、桂林周辺地域を指す桂東北地域の出身者である。またそのなかで桂東北の範囲を出た地域の出身者は存在しなかった。

　図4-1は、回答者の年齢を表したもので、3つの村共に、30代〜50代が中心的な回答者の年齢となっている。その詳細をみると、大寨村では40代、50代が中心であり、平安村でも40代が最も多いが、古壮寨では、30代の回答者が約半数存在した。また3つの村ともに20代の回答者が存在し、平安村では5名、大寨村では2名、古壮寨では7名存在した。

　全国的に農村は高齢者が多く、20代〜40代の若者は都市に出稼ぎに出かけ、多くの農村ではこうした年代の若者をみかけることすら困難な状況である。そのなかで、近年、若者が村で旅行業に従事し、村内で生活を営んでいることがこの表からも伺える。3つの村では、特に古壮寨でその傾向が顕著である。

　図4-1と関連し、2、30代の回答者が30名存在した古壮寨では、中学校卒業の割合が突出している。しかし、いずれの村も「学歴なし」と答えた回

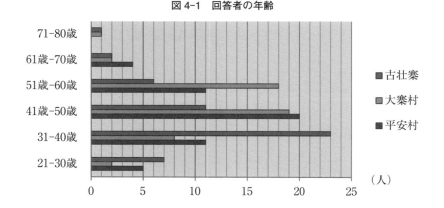

図4-1　回答者の年齢

図 4-2 回答者の学歴

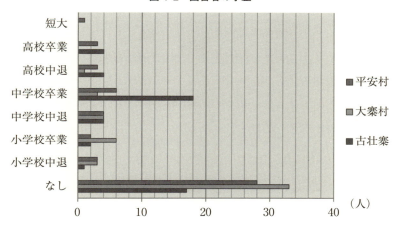

答者が最も多く、特に、50代以上は基本的に小学校へ通学した経験がないことがわかった。またそのなかで、特に女性の多くは読み書きができないことが多いことが明らかとなった。

さらに現在の村民委員会の幹部は、40代～50代にあたり、幹部を務める者は中学卒業程度の学歴があり、3村においてこの年代のなかでは高学歴にあたる。現在、各村に一校ずつ存在する小学校は、1970年代後半から1980年代に建てられたものであり、それ以前は、村外の和平郷にある小学校へ寄宿生活をしながら通う必要があった。したがって、家庭内の労働力である子供を小学校へ入れ、さらにそこでの生活費や学費を支払わなければいけないため、一定の経済基盤がなければ、実現困難なものであった。

その他、平安村の短大卒の回答者は村内出身の30代の青年であり、現在、村内で家族が経営する民宿とマイクロクレジットの運用拠点の管理を行っている。第2章で上述したように、現在、各村ともに、毎年2、3人の大学進学者が存在しているが、大学進学者の多くは都市で仕事に就き、都市戸籍を得て、都市に定住しており、こうした例は村において画期的な事例といえる。

大寨村と古壮寨では、それぞれ50人（100%）の回答者が農業に従事していると回答した。一方で、平安村では41人であり、9名は農業に従事していないと回答した。村内の全戸に田が分配されているなかで、農業に従事し

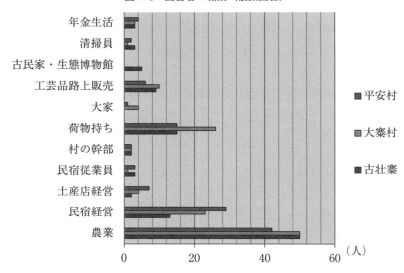

図4-3 回答者の職業（複数回答）

ていないとする平安村住民のうち2名は、村内外の人に農作業全般を委託して田を管理している。その他の7名は、外部からの移住者で田の分配がまだない者、高齢や労働力不足を理由に田の分配を放棄している人々である。次に多いのは、民宿経営であり、平安村では回答者の過半数を超える29名がこれに該当し、大寨村では23名、旅行業開始から約5年の古壮寨では13名に止まった。また荷物持ちや工芸品の路上販売という比較的収入が低い仕事の従事者は大寨村に多くみられた。

　回答者の各家庭の構成人数は、3つの村共に一家庭5、6人が最も一般的な人数をなっていることがわかった。3つの村はいずれも少数民族の村であるため、生育計画の一人っ子政策対象外であり、各家庭の子供の数に制限はないが、龍脊棚田地域では、いずれの村の家庭においても伝統的に子供は各家庭約2人程度が一般的となっている。

　各家庭が有する農地面積に関しても、2つの村では大きな差異がみられた。まず、大寨村では、家族の構成員が約4～8人であり、農作業をすることが可能な人数が約3～4人以上である場合は、一般的に4ムの田が割り当てら

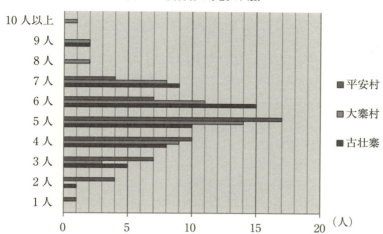

図 4-4　回答者の家族の人数

れている。大寨村ではこの形態が最も多いことが図5からもわかる。また家族の構成員が少ない場合や農作業の労働力が家庭内に少ない場合は、3ム〜2ムという割り当てになっている。さらに第2章で示したように、他の集落とは離れた山間部に集落が位置する大福山集落では、家族構成員の人数に限

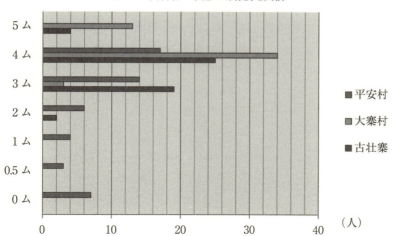

図 4-5　回答者の家庭の所有農地面積

らず、田の面積が多少多く分配されている。しかし、同じ村内であっても麓の大寨集落や新寨集落と大福山では標高に差があり、大福山は気温が低いことから収量が他の集落より低い特徴がある。

古壮寨においても大寨村と同様で家族の構成員と集落の位置によって田の分配が行われ、4ムあるいは3ムを有する家庭が一般的である。

平安村においても上記の2つの村の田の分配基準は同様であるが、2つの村と比較すると平安村は本来、村内の田の面積が小さいため、最も一般的な4ムあるいは3ム以外に2ム～0.5ムの家庭が存在する。さらにすでに田の分配がない0ムの家庭が7軒存在する。これは旅行業開始以前には存在しない現象であった。

また一般的に、中国の平野部農村では、1戸あたり約7～8ムの農地を使用している。山間地で棚田耕作を行う当該地域の各家庭では、その半分程度の農地の使用ということがわかった。

質問:「(1) あなたの家庭では、だいたいいつ頃から収入に変化がありましたか。」

図4-6　収入が増加したと実感した時期

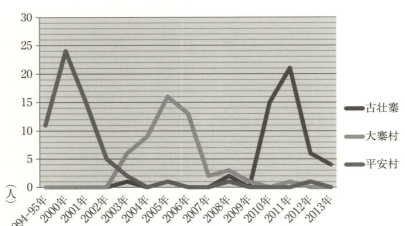

◆ 1995 年に民宿を開いてから収入が増えた。同年、民宿を開いたのは 2～3 軒のみで私たちが平安村の民宿開業の第一陣だった。当時は、民宿がほとんどなく、商売がうまくいっていたが、2005 年以降から民宿が増えて、収益は昔に全く及ばない状況である。（平安村、50 歳男性）
◆ 1999 年に龍勝から平安村への道路が開通したので、その時期に旅行者が増え、我が家の収入も増えた。（平安村、47 歳女性）
◆ 2006 年に民宿を開いてから収入が増えた。民宿といっても元々この地域の家はどこの家も伝統的に 3 階建ての大きな家があり、部屋はたくさんあるので、ただベットと洗面所を用意しただけで、それほど大変ではなかった。うちは村の入り口で立地もいいので食事のために立ち寄る旅行者が多い。（大寨村、44 歳男性）
◆ 2003 年から少し増加した。民宿や飲食店経営をする人はみな裕福な家庭である。私の家では資金もないし、借金もあり、到底できることではない。荷物持ちや路上販売をしている人はだいたい私の家と同じような経済状況である。（大寨村、29 歳女性）
◆ 2010 年から村内でマイクロクレジットの融資を受けることができるようになったので、楽になった。利子もないし本当にありがたい。私の兄もマイクロクレジットで家を建て直して民宿を作り、今は私もそこで働いている。（大寨村、39 歳女性）
◆ 一般旅行者の正式受け入れを待たずに、2010 年はじめには自身の住居である古民家の一般開放の契約により収入がすでに増加した。（古壮寨、54 歳男性）
◆ 2010 年から龍脊棚田地域の旅行者のチケットのなかに私たちの村も含まれるようになり、入場チケットの収益分配が私たちにも支払われるようになった。また生態博物館指定による補助金も同じように村民に老人から子供まで頭数で割って分配されるようになった。この分の収入は多くはないが、今までと何も変わらずに生活していても収入が少し入り、良かったと思う。（古壮寨、76 歳女性）

収入の増加を地域住民が実感した時期では、3つの村で明確にその時期の差異が表れた。1996年以降に旅行業が少しずつ開始した平安村では、住民の収入増加の実感は2000年が最も多く、図4-6に表れているようにその時期に回答者が集中している。また2004年以降平安村住民の収入が増加したという意識はほぼなく横ばいに推移している。次に、2003年に村に旅行業が正式に進出した大寨村では、緩やかなグラフの線となっており回答者の実感時期が分散しているが、最も多い回答は2005年となっている。さらに2010年に生態博物館として正式に対外的に村を開き、旅行業を開始した古壮寨では、2011年に最も多くの回答者が収入増加を実感したことがわかった。いずれも旅行業開始後数年間の間になんらかのかたちで旅行業に携わりはじめ、収入増加を実感していることがわかった。

2-2　地域住民の農村景観に対する意識

質問:「(2) あなたは、ここの農村景観を美しいと思いますか。」

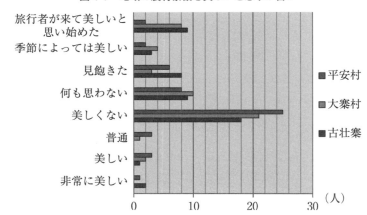

図4-7　地域の農村景観を美しいと思うか否か

◆　春、田に水を張った時は美しいがそれ以外の季節は美しくない。なぜ旅行者は春以外の季節にも来るのか、私には理解できない。(平

安村、26歳男性）
◆ 生まれてから50年間ずっとこの景観を見ているので美しいとは全く思わない。（大寨村、51歳女性）
◆ 美しいも美しくないも判断がつかない。見飽きた。（大寨村、34歳女性）
◆ 旅行者が来てから皆が美しいというので、私も美しいと思うようになった。（大寨村、73歳男性）
◆ 実は平安村は自分たちの棚田が美しくないので、私たち大寨の棚田の写真を使って旅行の宣伝資料を作っている。彼らの行為は詐欺だが、私たち大寨村の棚田がそれほど美しいということだと思う。（大寨村、61歳女性）
◆ やはり古壮寨の棚田は非常に美しい。私はとても自信があるし、誇りに思う。（古壮寨、58歳男性）

「美しくない」という回答が3つの村ともに最も多く、次いで「何も思わない」という回答となった。またその他の回答に関しても大差のない結果ではあるが、平安村の回答者が最も多く「美しくない」と回答した。その他、3つの村ともに地域の農村景観に対する否定的な印象や無関心が多く挙げられていることがわかる。

質問：「(3) あなたは、ここの農村景観に誇りを持っていますか。」
◆ 山奥の遅れた農村の景観に誇りなどあるわけがない。（平安村、51歳女性）
◆ 地域住民は毎日見る景観に対して何も思わないものである。それはどこに住んでいる人でも同じだと思う。（平安村、52歳男性）
◆ もう現在、龍脊は広西壮族自治区内において、陽朔（一般的に桂林と呼ばれ、山水画風景のような地域）よりも有名な旅行地になりつつあるので、私たちの棚田景観を非常に誇りに思う。（平安村、46歳男性）
◆ 田舎で貧しく何もない景観なので恥ずかしいと思う。（大寨村、68歳女性）

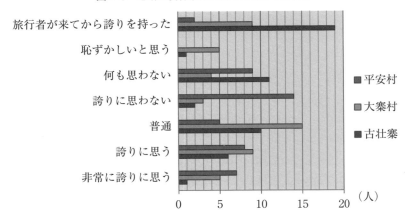

図 4-8　地域の農村景観に誇りを感じるか否か

- ◆ 旅行者が来るようになって、こんなにも多くの人が私たちの棚田を愛しているとわかり、誇りに思うようになった。（古壮寨、26 歳女性）
- ◆ 自分たちの代が開墾した棚田ではないので特に誇りには思わない。先人はおそらく自分たちの業績を誇りに思っていたと思う。（古壮寨、47 歳女性）

「旅行者が来て美しいと思い始めた」という回答では、各村の旅行業開始時期の差異が明確に表れたといえる。すでに旅行業開始から最も長い時間が経過している平安村では、「旅行者が来て美しいと思い始めた」と回答した住民は 2 名のみに留まり、大寨村では 9 名、さらに最近 2010 年に旅行業を開始した古壮寨では、19 名という結果となった。外部者の受け入れとそれによる地域への評価を受け、自分たちの地域への気づきの段階の差異が見受けられる。

図 4-7 で「美しくない」という否定的な回答が最も多かった平安村の回答者は、この設問においても最も多くの回答者が「誇りに思わない」と回答している。しかし、相対的にみて、図 4-7 での地域農村景観に対する美しさへの否定的意見に比べて、この図 4-8 では、地域農村景観を「誇りに思う」、「非常に誇りに思う」、「旅行者が来てから誇りを持った」という肯定的な評価が

多いことが確認できる。

質問：「(4) あなたは、自分たちの文化・家屋・土地などあなたが有するものも全て「地域景観を構成する一部分」だと思いますか。」

図4-9 個人所有のものも地域景観の構成を担っていると考えるか否か

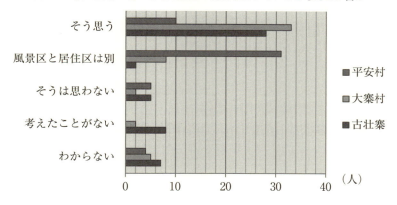

- ◆ そう思う。村内で家屋を建築する際は必ず壮族の伝統的な家屋にする必要があり、少なくとも木造の外観が絶対条件である。（平安村、49歳男性）
- ◆ 森林部分、棚田部分、集落の家屋部分と土地利用は分かれているので私たちはとにかく風景区に指定されている棚田景観を整備することができればそれでいいはずである。政府も私たち個人の家屋までは管理できない。（平安村、43歳男性）
- ◆ そうは思わない。すでにたくさんの民宿や飲食店で溢れかえり、みな勝手に店先を飾って派手にしているのを見れば、個々人の家屋や所有物と棚田景観には何の関係もなくなっていることがわかるはずだ。（平安村、30歳男性）
- ◆ 風景区にあたる棚田と家屋がある集落部分は別なのでひとつのまとまりとしては見ていない。（大寨村、37歳男性）
- ◆ 家屋も地域景観全体の一部分を担っていると思う。今でもはっきり

覚えているが、2006年に私の兄が家を半分立て終えた時に、政府関係者が来て、その場所は景観のために建築禁止の場所だと知らされ、取り壊された。10万元以上の資金が無駄になり今でも借金がある。（大寨村、29歳女性）
- ◆ 2010年に正式に村の対外開放を行うにあたり、生態博物館の指導で政府関係者や学者が何度もこのことを言っていたので、そうなんだと思うようになった。旅行者の目には全てが村を代表するものに映るらしい。（古壮寨、29歳男性）
- ◆ そんなことを考えたことは一度もない。（古壮寨、45歳女性）

　生活のなかで地域景観に公共意識を有しているか否か、また個々人の所有物を地域景観レベルにおいていかに認識しているかを問いかけた結果、平安村回答者の最も多い31人が「風景区と居住区は別」という回答をし、その背景には、個々人の所有物は自分たちの自由で決定するものであり、風景区に指定されている棚田を保全すればよいという考えを持つ回答者が多かった。大寨村と古壮寨では、「そう思う」と回答する者が最も多かった。なかでも古壮寨住民は、地域まるごと博物館という概念の生態博物館として政府からの支援を得て村の旅行業を行うにあたり、事前に多くの教育活動や村内整備、地域住民の意識の向上と共有が政府と博物館学会によって行われていたことが複数の回答者から伺うことができた。

　質問：「(5) 地域景観にとって、あなたの有する文化・家屋・土地などあなたに属するものも全て地域景観の貴重な財産だと思いますか。」
- ◆ 政府と旅行会社はすでに私たちのおかげで地域の入場チケットを設けて莫大な利益を得ている。風景区の棚田はすでに政府のものになってしまったと言っても過言ではない。さらに村内のものや個人の家やものまで地域景観の財産などと認めたら、それこそ彼らに全て持っていかれてしまう。（平安村、52歳男性）
- ◆ そう思う。地域景観は広い意味の概念なので、外部から来た旅行者の目には良いことも悪いことも全て「平安村のもの」と映るだろう。

第 4 章　住民・旅行者・政府の農村景観への眼差し　203

図 4-10　個人所有のものも地域景観のなかの貴重な財産であると考えるか否か

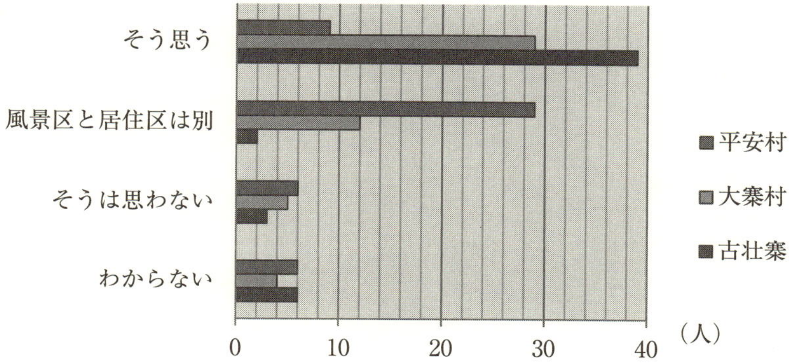

■平安村
■大寨村
■古壮寨

（平安村、37 歳女性）

◆ そう思う。大寨村では、誰もがこの地で生活できるのは祖先のおかげだと感謝している。自分だけで棚田を管理することはできないので、村全体が祖先の残してくれた財産を皆で守る責任がある。したがって、全て地域の貴重な財産だと思う。（大寨村、73 歳男性）
◆ 地域景観の主役は棚田であり、家屋などは特に関係がない。しかし、瑶族文化は景観のなかの重要な一部ではある。（大寨村、34 歳男性）
◆ 生態博物館の理念として、地域をそのまままるごと次の世代に残し、継承していこうというのが基本にある。当然、私たちの村の全てが地域景観をつくるものであり、財産である。（古壮寨、48 歳女性）
◆ そう思う。2009 年に政府関係者と学者が生態博物館としての村の調査に来たが、古くて誰も使っていない昔の石臼や木製農具などまで丁寧に調べていて保存するように村民委員会に言っていて驚いた。外部の人間からすると全て珍しく、価値があると聞いた。（古壮寨、35 歳男性）

先の質問と同様に、生活のなかで地域景観に公共意識を有しているか否か、また個人の所有物を地域景観レベルにおいて認識しているかを問うために、先の（4）とは異なる表現で質問を行った。この質問に関して、古壮寨では 39

名が「そう思う」と回答しており、上記の意見の詳細例にあるように、生態博物館による地域の発展理念・形態に対する地域住民の理解と共感が明らかとなった。大寨村でも29名が「そう思う」と回答したが、平安村では、29名が「風景区と居住区は別」と回答し、自身の所有物は自身に属することを強調している。ここには、政府との旅行業をめぐる利権関係を考慮したうえで自身の所有物の明確化と政府のただ乗りを警戒する考えが見受けられた。

質問:「(6) あなたは、ここの農村景観が誰のものだと思いますか。」

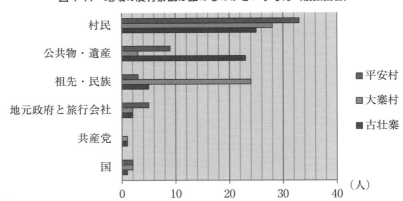

図4-11　地域の農村景観は誰のものかという考え（複数回答）

◆ 平安村と大寨村からこれほど遅れて旅行業を開始するにあたって、自分たちの特色を出すためには、生態博物館としての発展を活かすしかない。手探りで旅行業を始めた2つの村と違って、私たちは、しっかりとした基盤が後ろ盾にあって旅行業を始めている。これは大変安心なことだし、自分たちの暮らしを支えるために、住民は生態博物館制度にしっかり協力すべきである。（古壮寨、32歳男性）

3つの村では、いずれも過半数を超える回答者が「村民」のものと回答した。その他、特徴的な点では、大寨村の24名が「祖先・民族」のものと回答し、他の2つの村ではこの回答は5名以内に止まっている。大寨村住民は伝統的

に祖先崇拝を重んじ、祖先に対する感謝の気持ちを表現することが多い。また古壮寨では、23名が「公共財・遺産」と回答しており、2つの村とは異なる回答結果となった。これも先の回答同様に、生態博物館指定地域としての自覚が表現されていると考えられ、同時に、政府や博物館学会の地域に対する指導が住民の意識レベルにまで浸透しているということができる。

2-3　地域住民の農村景観変化に関する考え

質問：「(7)　過去と現在では、自身の村の景観に変化はありますか。」

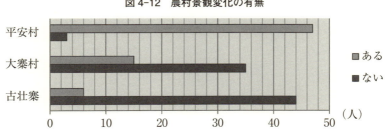

図 4-12　農村景観変化の有無

◆　とにかく家屋が増えた。それによって人もゴミも増えたし、水も汚くなってきた。(平安村、74歳男性)

　景観の変化の認識に関して、平安村では50人中47人が「変化がある」と回答した。先の質問で、平安村住民は、「風景区と居住区は別」という回答が最も多かった一方で、ここでは、その大部分が上記に挙げた代表的意見と同様の理由を口にし、家屋の増加によって景観に変化が生じたという村の全体的景観の変化を述べている。一方、大寨村と古壮寨では、「変化がない」という回答が多いことがわかった。

質問：「(8)　もし、農村景観に変化がある場合、どのような点ですか。またなぜだと思いますか。」

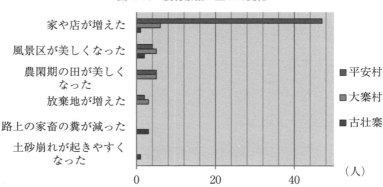

図 4-13 農村景観に生じた変化

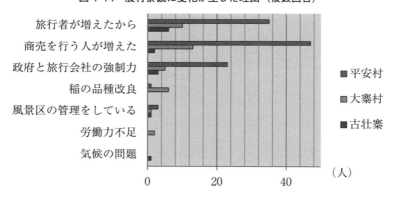

図 4-14 農村景観に変化が生じた理由（複数回答）

　先の質問で、農村景観に変化があると回答した人に対し、変化の内容とその理由を質問した。その結果である図 4-13 と図 4-14 を考察すると、まず、最も大きな要素に「家や店が増えた」というものがあり、その理由として「旅行者が増えたから」や「商売を行う人が増えたから」が挙げられた。さらに少数ではあるが、「風景区が美しくなった」と「農閑期の田が美しくなった」、「路上の家畜の糞が減った」という変化があり、その理由には「政府と旅行会社の強制力」と「(村民が)風景区の管理をしている」という内容が挙げられている。さらに少数ではあるが、「耕作放棄地が増えた」、「土砂崩れが起きやすくなった」という回答には、「稲の品種改良」によって以前より少

ない面積の作付けで多くの収量が見込めるようになったことや「労働力不足」や「気候の変化」による放棄地増加、土砂崩れ増加が挙げられている。

質問：「(9) もし農村景観に変化がある場合、それぞれどのような利点と欠点がありますか。」

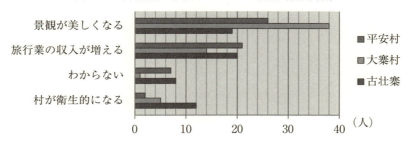

図4-15　農村景観が変化することでの利点（複数回答）

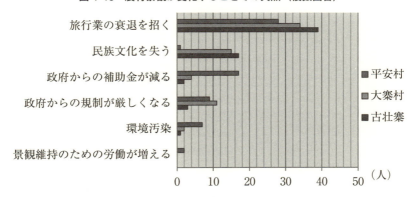

図4-16　農村景観が変化することでの欠点（複数回答）

◆ 農閑期でもいつでも1年中、七星伴月（平安村風景区の棚田の一つ）は美しく整備されるようになった。近年は、いつの季節に田をみても同じように美しくなった。（平安村、37歳女性）
◆ 景観を保全するだけではなく、さらに美しくするという目標を掲げる人もいるが、労働力は増えるし、政府からの規制も増えるのでやめてほしい。現状維持で十分だと思う。（平安村、47歳女性）

- ◆ 棚田の美しさや民族文化を失ったら、政府からの補助金も旅行者の訪問もなくなるので、変化を生んではいけない。（平安村、21歳女性）
- ◆ 旅行業が始まってから確かに景観が美しくなった。政府の管理も厳しいし、住民の努力は一番大きい。（大寨村、29歳女性）
- ◆ 棚田の一部は庭園か花園のようになってきている。今後、赤、黄、青の花などを植えるという話もきいたことがある。（大寨村、44歳男性）
- ◆ 今でさえこれだけ旅行者が来て龍脊の棚田は美しいと言っているので、今後さらに美しくなればさらに旅行業が発展して収入も増え、村が豊かになるはずだ。（大寨村、69歳男性）
- ◆ 以前は村内で牛と馬をたくさん飼っていたが、旅行業開始以降、馬や牛を連れて歩く時間帯も朝と夕方だけになったし、頭数も減った。さらに歩道の糞の処理を必ずする規定ができたので、村内の道が衛生的になった。（古壮寨、26歳男性）

　農村景観の変化と一言に言っても、地域では、「景観が美しくなる」や「衛生的になる」といった良い変化、変化によってもたらされる利点も地域住民は意識している。これは各村民委員会が地域住民の指導にあたる際にも用いる言葉でもあり、地域住民は農村景観に対する良い変化と悪い変化をそれぞれ意識していることがわかった。

　農村景観の変化がもたらす欠点として、大寨村と古壮寨では、「旅行業の衰退を招く」と回答し、農村景観が地域の旅行業による発展を支える最大の要素であることを多くの回答者が認識しているといえる。また平安村では、先のいくつかの回答にあるように人口や家屋増加による「環境汚染」を挙げる住民が最も多くみられた。

2-4　地域住民の農村景観形成に関する行動と意識

　質問：「(10) あなたの家庭では、棚田耕作を行っていますか。（自分・家

族が耕作、請負、雇用）」

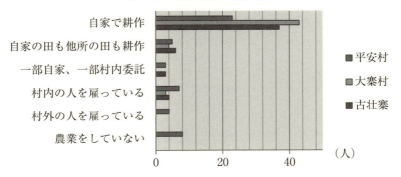

図 4-17　自家の棚田の耕作状況

- ◆ 自分の家で耕作を行っている他に、村内の他の家庭に雇われて彼らの棚田も耕作している。収穫した米は耕作した私たちのものとなり、彼らと金銭のやりとりはない。（大寨村、29 歳女性）
- ◆ 自分の田以外に他人の田も耕作しており、彼らが私に賃金を支払い、収穫した米は、全て彼らに渡している。（大寨村、56 歳女性）

　回答者の棚田耕作状況を問うこの質問に対して、図 4-17 のように、基本的には「自家で耕作」が最も多かった。しかし、ここでの特徴的な結果は平安村住民の回答であり、「農業をしていない」という住民が 8 名、また「村外の人を雇っている」が 4 名存在した。この 2 つの項目の回答は、他の 2 つの村には存在していない大きな変化といえる。平安村における村外の人の雇用に関しては、本書の第 3 章の 2 において詳細を論じている。また農業に従事していない住民に関しては、本書第 5 章の 3 でその詳細を論じる。

　　質問：「(11) なぜ、この地域では今日まで棚田を維持していると思いますか。」
- ◆ 現在では、皆、旅行業のために棚田を耕作していると思う。ついでに食糧もできるので便利だと思う。（平安村、26 歳男性）
- ◆ 先祖が私たちに残してくれた貴重な財産だから、今日まで維持して

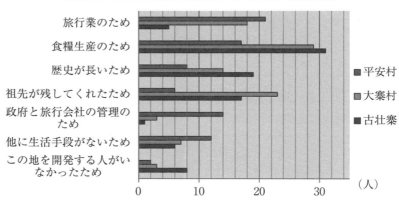

図 4-18　今日まで棚田が維持されている理由（複数回答）

いる。（大寨村、48 歳男性）

◆ 私たちは以前大変貧しく、生活を変える手段すらなかったので今日まで棚田が継承されてきた。近年は、旅行業のための風景区としての役割ができたため、必ず耕作をしなければいけなくなった。いずれにしてもここには棚田しかない。（大寨村、57 歳男性）

◆ これまで外部には誰もこの村を開発しようと考える人間がいなかったので、昔からの暮らしが続いた。（古壮寨、47 歳女性）

◆ 古壮寨は昔から平安や大寨とは異なり、石工や酒、鉄工の職人が多く存在してきたので、農業だけの 2 つの村とは違った。古壮寨は本当の意味での独立した生活をしてきたので、生活に必要なものは全部自分たちで作った。棚田も同様に、食糧を得る場として、生活の一部として存在してきた。（古壮寨、65 歳男性）

棚田が今日まで維持されている理由は、「食糧生産のため」という理由が最も多く、次いで、様々な理由が挙げられ、そこに各村の回答の特徴も表れている。平安村では、「旅行業のため」と 21 名が回答し、大寨村では、「祖先が残してくれたため」と 23 名が回答、古壮寨では「歴史が長いため」と 19 名が回答している。

質問:「(12) 棚田を維持する過程において、最も苦労していることはなんですか。」

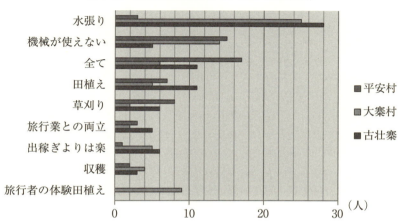

図 4-19　棚田維持で苦労している点（複数回答）

◆ 棚田耕作は伝統的な農法しか適応しないので、機械も使えず、全てが現代とはかけ離れた大変な作業である。（平安村、44歳男性）
◆ 旅行者が最も多くここを訪れる5月はじめ（5月1日労働節からの連休）と10月はじめ（10月1日国慶節からの連休）は、ちょうど田植えと稲刈りの時期にもあたり、農業と旅行業の両方がどちらも忙しい時期にあたる。（平安村、50歳男性）
◆ 2010年から数回、旅行者の農業体験として田植えを村が企画してやってみたが、もうどこの農家も参加したくないと言っているので、再度行うことはないと思う。旅行者は手助けになるどころかえって面倒が多いので、お金を払ってもらっても彼らを田には入れたくない。（大寨村、39歳女性）
◆ 海抜約1900m地点の山頂から麓の海抜300m地点まで一枚一枚の田を通って掛け流して水を張り、離れた場所は竹の管を通ってその周辺の田に水を入れ、その田を起点として周りの田へ水を入れるので水張りは大変な作業でもある。幸い、水資源が豊富なので、田に

張る水が少なくて困ることはないが一週間以上かけて村全体に水張りを行う。（大寨村、51歳女性）

◆ 農村の暮らし、特に森林の管理と棚田の管理をする暮らしは全て楽ではない。だから私たち龍脊など農村の人間は苦労が多いので大変歳をとってみえる。都市の人と比べると全く違うのがわかるはずである。旅行者は35歳の村の女性をみて50代だと思うことはよくある。（古壮寨、40歳女性）

◆ 出稼ぎに行くよりはずっと楽だし、自由も多い。以前、私は深圳に出稼ぎに行って建築現場で2年働いたが、仕事は大変で生活環境も劣悪で、いくらも稼げずひどい生活だった。今では民宿のオーナーとして全く別の人生を歩んでいる。村にいながら毎日たくさん都市の人とも交流できる。（古壮寨、35歳男性）

◆ 旅行業が始まって草刈りが以前より大変になったように感じる。棚田の景観整備のために政府や中国博物館学会から畔の草刈りを徹底するように注意された。（古壮寨、68歳女性）

苦労している点では、「水張り」が最も多い回答となった。その他、「機械が使えないこと」、「田植え」、「稲刈り」、「全て」といった農作業の具体的な内容が主な項目として挙がっている。また少数ではあるが、「旅行業との両立」や「出稼ぎよりは楽」といった農業以外の生活手段との比較を述べる回答も見受けられた。さらにこれまで旅行者の農業体験を企画したことがある大寨村では、9名の回答者が「旅行者の体験田植え」を最も苦労している点に挙げ、今後は行いたくないという意向を示している。

質問：「(13) それらの苦労を克服するために、あなたが最も必要なことはなんですか。」

◆ 旅行会社と政府が我々の棚田を使って大金を儲けているのだから、私たちとしては補助金がもらえないのであればもう棚田耕作をするつもりはない。（平安村、26歳男性）

◆ 特になにもいらない。何かをもらって生活が変わるものでもないと

第4章　住民・旅行者・政府の農村景観への眼差し　213

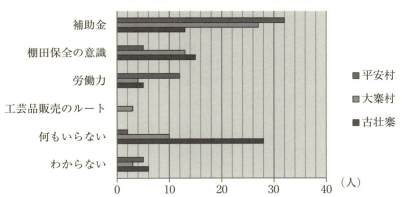

図4-20　棚田維持のために必要なこと（複数回答）

思う。（平安村、51歳女性）
◆ 村民の棚田の保全意識が一番重要だと思う。先祖が残してくれた棚田への恩やなぜ今旅行業で裕福になってきたか、今後どうすべきかを考えれば棚田の保全以外にないはずである。色々な個人の主張はあると思うが、自分たちだけでは何もできないし、政府や旅行会社が村から撤退すれば旅行業は廃れるはずである。村民は自分にできることは棚田保全だと知る必要がある。村民委員会ではそれを皆に伝える努力をしている。（大寨村、43男性）

平安村、大寨村では「補助金」が必要という回答が最も多いなか、古壮寨では、過半数の28名が「何もいらない」という回答をしている。

質問：「(14) 農村景観を守るため、または農村景観を美しくするためにあなたがしていることはなにかありますか。」
◆ 他の人に依頼して、自家の田を耕してもらってる。田を荒らして景観を壊さないように気をつけている。（大寨村、37歳女性）
◆ 菜の花プロジェクトや統一時期の稲刈りなど政府からの通知があった時には、必ず従って協力をしている。（大寨村、68歳男性）
◆ ここで何十年も同じように自分たちの生活をしているだけであっ

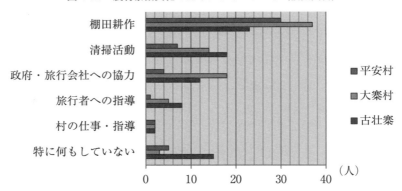

図 4-21　農村景観美化のためにしていること（複数回答）

て、誰かのために生活しているわけでも保全や保護のために生きているわけでもないので特に何もしていない。生態博物館に対して反対の考えはないが、あれはただ私たちの生活に理論や理由を後付けしているものに過ぎない。（古壮寨、57歳男性）

　農村景観を守るため、または美しくするために自身が実際に行っていることを質問したこの項目では、3つの村ともに「棚田耕作」という回答が最も多かった。その他、大寨村では他の村よりも「政府・旅行会社への協力」という回答が多かった。また古壮寨では農村景観のために「特に何もしていない」という回答が15名と多く、先の図4-20では、景観保全のために「何もいらない」という回答が過半数を超えていて、他の村との差異を明確にした。このように、古壮寨では特に意識的に景観形成や保全を行なっているというわけではなく、食糧生産の農業を行なっている本来の意識があり、まだ旅行業による棚田耕作への意識の変化は大きくないということが伺える。

　　質問：「(15) 現在、この地域で棚田耕作を行っているのはなんのためですか。また将来においてこの地域で棚田耕作を行うのはなんのためだと思いますか。」
　ここでは、①現在、この地域で棚田耕作を行っている理由と②将来におい

図 4-22　現在棚田耕作を行う理由（複数回答）

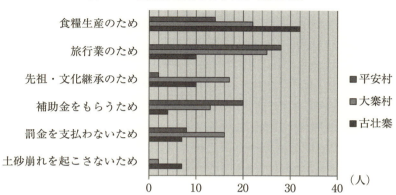

図 4-23　将来において棚田耕作を行う理由（複数回答）

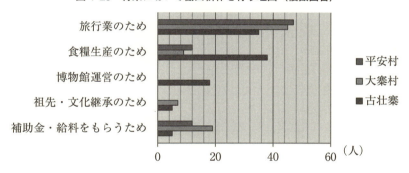

てこの地域で棚田耕作を行う理由として考えられることの予想に関する質問をした。

　現在の理由は、全体では、「食糧生産のため」が最も多い結果となったが、その内訳をみると 3 つの村の旅行業の発展時期が反映されている。地域において一番最近旅行業を開始した古壮寨では 32 名、大寨村では 22 名、平安村では 14 名の回答となっている。平安村では、すでに、「旅行業のため」が「食糧生産のため」を大きく上回っており、大寨村でも、「旅行業のため」という回答が少し上回っている。3 村のなかでは、古壮寨だけが現時点で「旅行業のため」よりも「食糧生産のため」に棚田耕作をしていると回答している。

将来における理由の予想では、「旅行業のため」が最も多い結果となり、平安村で47名、大寨村で45名、古壮寨で35名が将来は「旅行業のため」に棚田耕作を行うと回答している。一方、将来においても「食糧生産のため」に棚田耕作をすると回答した回答者は、古壮寨で最も多く、38名であったが、平安村12名、大寨村9名という結果で、将来は食糧生産よりも旅行業のために棚田耕作を行うという予想が大きく反映された。

2-5　地域住民の農村景観を取り巻く他のアクターへの考え

質問：「(16) あなたは、なぜ旅行者がここを訪れると思いますか。」

図 4-24　旅行者が地域に訪れる理由として考えられること（複数回答）

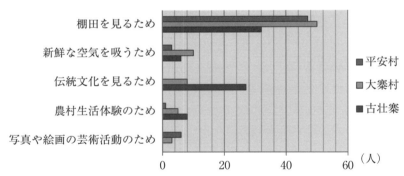

- ◆ 私たち平安は周辺の村から「農村の大都会」と呼ばれているが、それでも空気はとてもいい。テレビで見るように都市ではPM2.5などの大気汚染がひどいので皆、新鮮な空気を吸いにここへくるのだと思う。（平安村、55歳女性）
- ◆ 皆、棚田を見に来る。私たちが子供の頃から村では、「村外の人間を見たら走って逃げるように」という教育が徹底されていた。旅行業がまだ始まっていない頃は、村外の人間に会うと恐怖で震えたが、旅行業が始まってもうすでに外部の人間にも慣れた。外国人を見て

も驚かなくなったから自分でもすごいと思う。(大寨村、60歳女性)
◆ 私たち古壮寨には文化があると外部からの旅行者、学者、公務員、皆が口を揃えて言う。平安村や大寨村には棚田しかないが、私たちには歴史的文化財がたくさんあり、その継承方法も体系的なので、伝統文化を見に来る旅行者が多い。旅行に来てついでに学習をすることができる。(古壮寨、48歳女性)

いずれの村においても「棚田を見るため」という回答が多かった。古壮寨では、「伝統文化を見るため」という回答も27名存在し、生態博物館に選出されるだけの多くの文化財の保全に対する高い意識や誇りがここから伺えた。

また上記の大寨村の女性の証言のように、以前は外部の人間を恐れていたと証言する村民は多く、それらの回答を裏付ける資料に以下のものが存在する。龍勝各族自治県民族局・龍勝紅瑤編委会 (2002) によると、「1918年 (民国5年) に、龍脊政府は『民族差別政策』を推し進め、『風俗改良会』を成立させた。これによって、各少数民族の衣装を廃止し、当時の一般的な簡素な服装へと変えさせ、様々な圧力を加え、漢族との同化を強制した。当時の有名な話しとして、紅瑤の女性が民族衣装を着て泗水街を歩いていると、地元の地主と県の兵隊が鉄製の鉤を使って、紅瑤の民族衣装であるスカートを破いた。このように女性たちが侮辱やいじめを受けたことから、村民は長期にわたり遠方へ出かけることはなくなり、近隣の街へはさらに出かけることがなくなった。」というものである。このように、過去の民族差別を経験した瑤族の人々は民族と村を守るために、近年、旅行業が開始されるまで外部社会に対する強い警戒心を持っていたことがわかる。

質問:「(17) あなたは、どのアクターがここの旅行業を管理するのが最適だと思いますか。」
◆ もとをたどれば、旅行業の始まりは私たち平安村の村民がチケットを管理したことから始まったのである。やはり村民が管理をし、政府と旅行会社は地域から撤退すべきである。(平安村、47歳女性)
◆ 私たち村民が地域のことは一番よく知っているし、村民が管理すべ

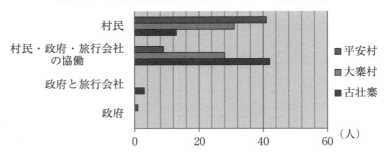

図 4-25　地域の旅行業管理に最適なアクター（複数回答）

きである。棚田は私たちのもので、本来、政府と旅行会社にお金を稼ぐ権利はない。（大寨村、69 歳男性）

◆ 村民だけでの経営には限界がある。村民と政府、旅行会社の協力がなければここでの旅行業は成り立たない。（大寨村、43 歳男性）

◆ 当然村民による管理が望ましい。しかし、現状は政府と旅行会社が管理しているのは入場チケットだけであって、旅行者が地域内に入ったら、そこからの宿泊、飲食、消費行動は全て村民が主導で経営しているから事実上、村民主導になっていると言ってもいい。（大寨村、34 歳）

◆ 旅行会社と村民の協働が一番良いと思う。村民だけで旅行業ができるという人もいるが、それは過信で、村民にそんな経営能力はないし、宣伝能力もない。政府と旅行会社を敵に回せば、彼らが旅行者を龍脊に送らないようにすることなど簡単にできる。（大寨村、41 歳男性）

◆ 協力が必要だと思う。外部の人間が民宿やレストランの投資に来るのも私は歓迎である。なぜなら村民には投資や経営の資金がないからである。（大寨村、60 歳女性）

◆ 村民と政府の協力は絶対に欠かすことができない。平安村の人間は欲張りが多いので、政府や旅行会社との争いが絶えない。（古壮寨、74 歳男性）

◆ 生態博物館のような後ろ盾がしっかりしていれば、安心して旅行業

の運営ができる。自分たち村民だけで旅行業を行うのはリスクが大き過ぎる。(古壮寨、26歳男性)

　平安村民と旅行会社の旅行業収益の配分をめぐる争いは過去に大きな衝突があり(第2章2-1参照)、またその年月も長い。こうした背景を受け、平安村では41名が「村民」が管理アクターとなることを望むとしている。一方、古壮寨では42名が「村民と政府・旅行会社の協働」と回答しており、平安村とは大きく異なる結果となった。さらに大寨村では、2つの村の中間といえる回答結果で、2つの回答が中心となっており、28名が「村民と政府・旅行会社」の協働による管理が最善であると回答しており、31名が「村民」の管理と回答している。

　古壮寨の回答者は、「村民と政府・旅行会社」を強調しており、生態博物館制度が村に浸透し、支持を得られていることからも住民と政府の関係が良好であることが伺える。

　質問:「(18) 大寨村/平安村/古壮寨と自身の村を比較した場合、どちらの村の旅行業の経営方式と生活方式がより良いと考えますか。」

図4-26　龍脊棚田地の3つの村で経営方式、生活方式が最も良好であるといえる村

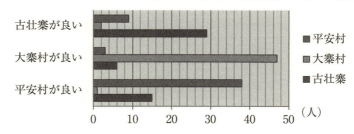

- 道路が開通し、古壮寨は桂林からも龍勝からも交通が便利になったので、一番いい条件になったと思う。旅行者がみな古壮寨に取られてしまう。また村内で旅行業での競争が平安のように強烈ではないので、古壮寨が良い。(平安村、52歳女性)
- 他の村の人々は平安村を「農村の大都会」と呼んでいるように、平

安村は発展していて、とてもすばらしい。他の2村には何もない。はっきり言って、行く価値もない。（平安村、44歳男性）

◆ 古壮寨が良い。まだまだ多くの発展の可能性があり、商売をする空間も多く残されている。（平安村、50歳男性）

◆ 大寨村と古壮寨は経済的に富裕ではないので、外に出稼ぎに出る人が多い。平安は旅行者が多く、知名度も高い。やはり平安が一番良い。（平安村、55歳女性）

◆ 平安村が良い。多くの旅行者はここへ訪れる前に「龍脊棚田」という名前と「平安村」の名前を知っているが、大寨村と古壮寨の名前を知らない場合が多い。（平安村、50歳女性）

◆ 平安村は「小康（中国語で中産階級の意味）」の生活をすでに手に入れたので、他の2つの発展中の村とは比べものにはならない。（平安村、21歳女性）

◆ 平安村の商業化は相当進んでいて、皆お金を稼ぐことしか頭にない。私のうちでは投資をしようという考えはなく、農家民宿を開いて生活するだけで満足である。家族も多くないし、たくさんの金を稼ごうとも思わない。自分の村が一番いいと思う。（大寨村、44歳男性）

◆ 当然、大寨村が一番良い。今後、私たちは生活水準を向上させる必要があるが、しかし、第2の平安村には決してなってはいけない。（大寨村、67歳男性）

◆ 平安村の棚田面積は狭く、私たちの棚田には規模も美しさも及ばない。彼らは以前、私たち大寨村の棚田の写真を使って宣伝広告を作っていた。大寨村の人は皆、素朴で誠実で人柄が良い。（大寨村、62歳女性）

◆ リピーターが訪れるのは大寨村で、平安村に行った旅行者は2度と平安を訪れることはない。大寨村にすばらしい棚田があるため、平安村の旅行業は成り立っているので、平安村は大寨村の飯を食べているといっても過言ではない。600年前に祖先がここへ移り住んだ時分にも大寨村で瑤族が棚田を作りはじめたのをみて、平安村がまねをしはじめたものである。また、平安村には2つの風景点しかな

く、規模も小さいが、大寨村の風景点は3つ以上あり、しかもそれぞれ見渡せる角度が異なり、様々な棚田の景観が楽しめる。（大寨村、34歳男性）
- ◆ 平安村でビジネスをしている人の多くは外来者であり、地元の状況をあまり理解していない場合が多い。当然、大寨村の方が各方面においてすばらしく、大寨は行き過ぎた商業化を招かないようにしている。（大寨、43歳男性）
- ◆ 古壮寨が一番良い。道路開通によって旅行者が都市から龍脊に入るのに一番便利な位置になった。（古壮寨、65歳男性）
- ◆ 古壮寨には文化がある。ただの田舎の村とは違い、歴史と教育を重んじているので、生態博物館にも選ばれた。平安と大寨は選ばれず、私たちだけが選ばれた理由はそこにある。（古壮寨、48歳女性）
- ◆ 古壮寨の棚田は一番美しいし、文化財もたくさんある。若者も最近はたくさん村に帰ってきている。（古壮寨、31歳女性）
- ◆ 平安村はやはり憧れではある。おしゃれなカフェや高級ホテルまで存在する。（古壮寨、38歳男性）
- ◆ 平安はすでに一番盛況だった時期が終わったと思う。大寨村は村に行くまでの道のりが遠すぎて不便だし、村内には何もなく行く意味がない。私たち古壮寨は村の位置もよく、村内にたくさん見る価値がある文化財や生態博物館の資料館もある。（古壮寨、51歳男性）

　上記のように、それぞれ自身の村が一番良いという回答が多く、また多くの回答者は、他の村と自身の村の比較を行ったうえで、何が異なるかを具体的に示している。また自分の村が最も良いと回答した者の多くには、地域内の他の2つの村への対抗意識が強いことが確認できた。

2-6　地域住民の将来の農村景観に対する考え

　質問：「(19) あなたは、将来ここの農村景観がどのようになると思いま

すか。」

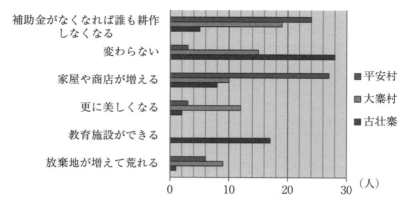

図 4-27　将来地域の農村景観がどう変化するか（複数回答）

- ◆ 10年後には政府が人を雇って棚田耕作の維持を行っていると思う。補助金や給料がなければ誰も棚田を耕作しなくなると思う。（平安村、55歳女性）
- ◆ ここ5年間の間にこれほど家屋が増えたので、これから5年間もさらに家屋が増え、商売をする人が増えると思う。（平安村、39歳女性）
- ◆ 若者は農業を好まないので、補助金がなければ耕作はしないと思う。政府はここまで棚田耕作に口を出してきたのだから、責任を持って将来は給料を村民に支払うべきである。（大寨村、63歳男性）
- ◆ これほど政府と旅行会社の景観管理が厳しいのだから景観が変わることはないと思う。（大寨村、55歳男性）
- ◆ 旅行業の発展によってこれから更に美しくなっていくと思う。（大寨村、73歳男性）
- ◆ 生態博物館に関連した教育施設ができると思う。例えば、桂林にある大学の施設などが村にできるかもしれないと他の村民から聞いたことがある。（古壮寨、49歳男性）
- ◆ 600年以上も変わることがなかったのだから、たった数年で変わるようなことがあってはいけないと思う。そうなればとても残念なこ

とだと思う。（古壮寨、27歳女性）

　平安村でさらに多かった回答は、「家屋や商店が増える」というものであり、また24名は「補助金がなくなれば誰も耕作しなくなる」と回答している。大寨村でも「補助金がなくなれば誰も耕作しなくなる」という回答が19名と最も多く、次いで、「変わらない」15名や「更に美しくなる」12名と続いている。古壮寨では、28名が「変わらない」と回答し、また17名が「教育施設ができる」と回答をしたが、「補助金がなくなれば誰も耕作しなくなる」という回答は、5名のみにとどまった。

　質問：「(20) 農村景観を軸とした生活継続のために、現時点で解決すべき問題は何ですか。」

図4-28　農村景観を軸とした生活継続のための解決すべき課題（複数回答）

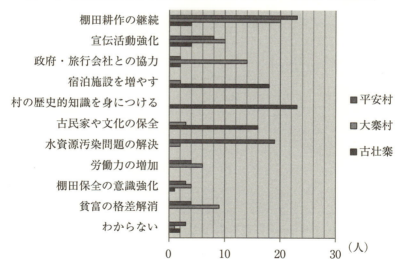

◆　水汚染と水不足の問題を解決しなければいけない。近年、民宿と商店が増えすぎたせいでこの問題が浮上している。ゴミが散らかっているわけでもないのに、常に村内で建築をおこなっているせいで居

住区は常に汚い印象がある。（平安村、68歳女性）

◆ 棚田耕作の維持が重要だと思う。棚田で必要な水資源を確保できなければいけないので、村民委員会は早く水処理施設をつくるべきだ。すでに話し合って5年以上がたっているが実現されていない。（平安村、41歳男性）

◆ 若者が農業に携わりたがらないので、老人の負担が大きい。私たちが生きている間はいいが、数年後私たちの世代が徐々にいなくなれば村内の労働力は不足すると思う。（平安村、75歳男性）

◆ 村内の貧富の格差拡大をこれ以上広げず、できる限り解決していく必要がある。なんらかの形で村民全員が旅行業に関わるように村民委員会で努力をしている最中である。（大寨村、43歳男性）

◆ 大寨村のなかの1集落である田頭寨では、外部から直接田頭寨に通じる道路を作ろうと計画している。彼らはこれまでも旅行業の利益を独占するような動きをみせているので、他の集落の人間は村民委員会に何度も問題を提起している。村の貧富の差は争いを産む大きな問題になる。（大寨村、39歳女性）

◆ 現在、瑶族の民族衣装を着て、長い髪を束ねているのは40代以上の女性ばかりである。毎朝この服を着るのに30分はかかり、長い髪も洗うのが大変なため、30代以下の女性は面倒を嫌ってほとんど民族衣装を着ていないし、髪も地面につくほど長くはない。今後、この美しい民族の格好が消滅するのが心配である。（大寨村、女性68歳）

◆ 今後の村の発展のためには、政府、旅行会社との協力を強化していく必要がある。多くの視察団に来てもらって、今後も共産党の模範の村として多くの宣伝を外部にしてほしいと思う。（大寨村、73歳男性）

◆ 普段はいいが、連休などに旅行者を受け入れるだけの宿泊施設が村内にまだ整っていないので、今後、増えていくことが望まれる。（古壮寨、32歳男性）

◆ 生態博物館として村を開放する以上、村民全員が旅行者に村の歴史

を詳しく説明できることが村内の目標となっている。これをきっかけに皆が自分たちの村の歴史に関心を強めたことは確かである。(古壮寨、48歳女性)

　この回答においても、3つの村では明確な差異が明らかとなった。まず平安村では、「棚田耕作の継続」と「水資源汚染問題の解決」を挙げた回答者が最も多く、大寨村では、「棚田耕作の継続」、「政府・旅行会社との協力」、「宣伝活動強化」、「貧富の格差解消」が挙げられた。古壮寨では、「村の歴史的知識を身につける」や「古民家や文化の保全」といった生態博物館としての村の運営を強く意識した回答がみられた。さらに、近年旅行業が開始されたことを受け、「宿泊施設を増やす」という回答も多く、これは他の2つの村とは大きく異なる回答となった。

　　質問：「(21) もし、棚田を切り開いて平地にし、米の生産量が多くなるとしたら、あなたは棚田を放棄してもいいと思いますか。」

図4-29　棚田を平地の水田に開拓することへの考え

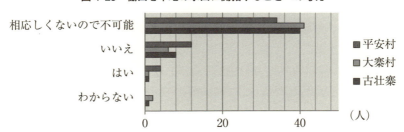

- ◆ この山ばかりの土地を平地にする方法があれば教えてほしい。(平安村、54歳男性)
- ◆ 祖先は平野から来たが、ここでは棚田を作った。さらに600年もの間この土地利用を行なっている。これは単に皆の頭が悪かったからではなく、これがここでは最適な土地利用だからである。(大寨村、48歳男性)
- ◆ 棚田は他にはあまりない特別な景観を持つものなので、それを失う

ことは龍脊の強みと個性を失うことにつながるので良くない。(古壮寨、26 歳男性)

質問:「(22) もし、棚田を切り開いて娯楽施設を作り、収入が多くなるとしたらあなたは棚田を放棄してもいいと思いますか。」

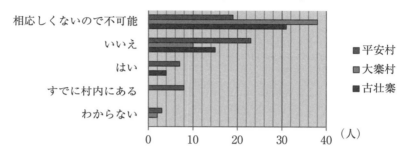

図 4-30　棚田を娯楽施設に変えることへの考え

- ◆ そろそろ旅行業も新しい段階に入ってもいいと思うので、娯楽施設をつくるのも新しい試みでいいと思う。(平安村、52 歳女性)
- ◆ こんな辺鄙な場所に娯楽施設を作ったところで一体何の利点があるというのだろうか。そもそも誰もそんなことに投資はしてくれないと思う。(平安村、48 歳男性)
- ◆ 収入が増えることは望ましいが、棚田を壊すことになるのであれば反対である。祖先に顔向けが全くできない。(大寨村、42 歳女性)
- ◆ 平安村には、カラオケもネットカフェもマッサージ店もある。都市には全く及ばないがある程度娯楽施設はあると聞いたことがある。(古壮寨、54 歳男性)

　図 4-29、図 4-30 において、収入が増加するという前提のもと、棚田以外の土地利用による地域の発展を目指すことへの意識を確認したところ、3 つの村においていずれも「相応しくないので不可能」や「いいえ」という回答が大多数を占めた。また平安村では 8 名が「すでに村内にある」と回答している。

質問：「(23) もし、機会があればあなたはここを離れて都市に住みたいと思いますか。またその理由はなんですか。」

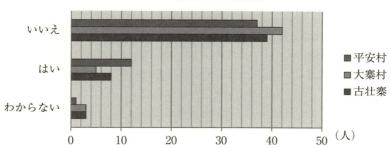

図4-31　都会への移住希望

いずれの村においても、村を離れて都市で生活をすることを希望しない「いいえ」という回答が大多数の意見となった。

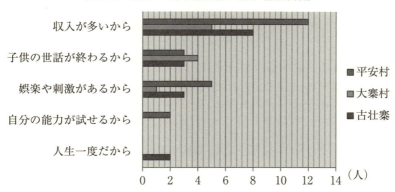

図4-32　都市への移住希望者の理由（複数回答）

図4-31において、「はい」と回答した平安村12名、大寨村5名、古壮寨8名に対して、都市への移住希望の理由を尋ねたところ、「収入が多いから」という回答が最も多かった。

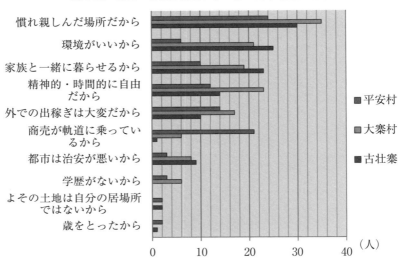

図 4-33 都市へ移住を希望しない者の理由（複数回答）

- ◆ 10年前とは状況が異なり、外に出る必要はもうなくなった。村での商売もうまくいっているし、家族と一緒に生活ができ、自由も多い。（平安村、44歳男性）
- ◆ 民宿をはじめて、今の生活は、お腹いっぱいで死ぬことはあり得ないが、飢えて死ぬこともないので、まあなんとか日々を暮らせている。生まれ育った場所はやはり慣れていて居心地がいい。（平安村、49歳男性）
- ◆ まだ若ければ都市にも行ってみたいがもう歳なのでいくことはできない。いずれにしても誰にとっても故郷は一番いい場所だと思う。（平安村、62歳女性）
- ◆ 都市でもっと多くのお金を稼ごうとも思わないし、村で投資をして儲けようとも思わない。たくさん稼ごうという考えはない。（大寨村、67歳男性）
- ◆ ここでは都市ほど稼ぐことはできないが、出費も都市ほど多くない。都市より空気も水も人もいいため、ゆっくり暮らせる。近年は村の若者の考え方も多様化してきたので必ず都市に出稼ぎに出るという

第4章　住民・旅行者・政府の農村景観への眼差し　229

ことはなくなった。（大寨村、37歳男性）
◆ 昔、広東省に出稼ぎに行ったことがあるが、とても大変だった。今は特に旅行業があるので、私のような年寄りでも様々な仕事ができる。（大寨村、63歳女性）
◆ 私たちは学歴もないので都市ではいい仕事にも就けない。どうせ飲食店で働くのであれば村で自分の民宿と飲食店を開いたほうがいい。（古壮寨、31歳女性）
◆ 妻と二人で出稼ぎに出れば、子供は村に置いていかなければならないので、村で収入が得られる現在の状況に感謝している。やはり家族は一緒に暮らすべきだと思う。（古壮寨、35歳男性）

　図4-31において、「いいえ」と回答した平安村37名、大寨村42名、古壮寨39名に都市への移住を希望しない理由を質問したところ、図4-33のように様々な理由の回答が得られた。その回答は、村の環境や生活形態、また村内での商売が軌道に乗っていることが挙げられ、主にこうした積極的な理由によって都市よりも村の生活を選択していることが明らかになった。また農村戸籍を持つ農民の身分の地域住民が都市へ出稼ぎに行った場合、その仕事内容や生活水準に制限があることや都市の治安を理由に都市の生活での負の側面を理由に挙げていることがわかった。

　質問：「(24) あなたは、ここと都市ではどちらで仕事をした方が収入は多いと思いますか。」

図4-34　都市と村での収入比較

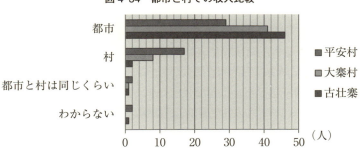

大多数の回答者が都市で仕事をしたほうが村よりも収入が多いという回答をした。先の図4-31と関連して、村で生活を営む人の多くは、村よりも都市で仕事をしたほうが収入は多いことを認識しながらもそれでも村での生活を選択していることが伺える。一方、村で仕事をしたほうが都市よりも収入が多いという回答もあり、平安村では17名が都市より村内での仕事で収入を多く得られると回答した。またこれに関して、大寨村でも8名、古壮寨でも2名存在した。

質問：「(25) もし、将来ここで旅行業が衰退してなくなったとしてもあなたは棚田での耕作を続けますか。」

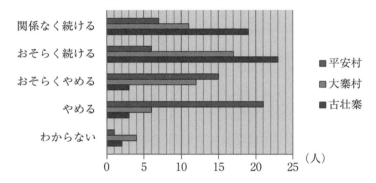

図4-35 旅行業が衰退消滅した場合棚田耕作を継続するか否か

この質問においても3つの村の旅行業開始時期が反映されていると考えられる。すでに1990年代後半から旅行業が開始している平安村では、最も多くの回答者21名が「やめる」15名が「おそらくやめる」と回答し「関係なく続ける」は、7名であった。

続いて2003年から旅行業を開始した大寨村では、17名が「おそらく続ける」、次いで12名が「おそらくやめる」、11名が「関係なく続ける」と回答している。

さらに2010年から旅行業を開始したばかりの古壮寨では、23名が「おそらく続ける」、19名が「関係なく続ける」という平安村とは正反対の回答を

した。このように大寨村は、旅行開始時期と同じように2つの村のちょうど中間にあたる回答結果となった。

質問：「(26) あなたは、自身の子供が将来この村で生活することを望みますか。」

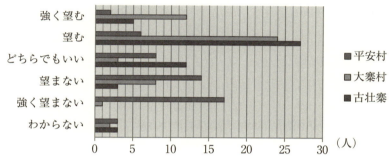

図4-36　将来自身の子供が村で生活することを希望するか否か

- ◆ うちの息子は大学まで出て、こんな山奥の村でなにをするというのだ。（平安村、49歳男性）
- ◆ 競争相手が多すぎて、村内にはすでに生存空間がないので、子供にはここで仕事をしてほしくない。私たちも来月にはこの店をたたんで、桂林に引っ越すことにした。（平安村、42歳女性）
- ◆ 以前は村に留まりたくても生活手段がなかったが、今はまったく違う。龍脊外の人間もここに来て働きたいという状況になった。もちろん、子供にも村に住んで、村の発展に役立ってほしい。（古壮寨、35歳男性）

大寨村と古壮寨では、自身の子供が地域に留まることを「望む」、「強く望む」とする一方で、平安村では「強く望まない」、「望まない」という否定的な回答となった。地域で経済的に最も豊かになった平安村であるが、その反面、村内で商売を行う人の急増、家屋の密集、それらに伴う水問題も生じており、経済的豊かさが村民の幸福感とは必ずしも一致していないことがここ

から明らかとなった。

3　国内外旅行者への調査方法

3-1　インタビュー調査票

　以下は、2009年11月20日から27日までと、2010年3月20日から27日の約2週間、大寨村において地域住民に対して行ったインフォーマル・インタビューによって得た回答の集計結果である。旅行者の回答者選定にあたっては、①平安村と大寨村の両方の村を訪れたことのある人、②時間の制限がなされている団体旅行ではなく、個人旅行をしている人、③回答者となることを承諾してくれた人、という3つの条件を満たしていることを基準にした。

　また大寨村においてインタビューを行った理由は、一般的に、時間に余裕がある者のみが地理的に遠く、参観に時間のかかる大寨村へ訪れ、さらにその多くが、平安村も訪れている場合が多いためである。龍脊地域に訪れる旅行者の多くを占める大型バスでの団体旅行者が龍脊を訪れる際には、平安村へは必ず訪れるが、大寨村には訪れない場合が多い。さらに彼らは、団体行動なので個々人の自由時間がない場合や時間に制限があり、インタビューに回答する時間がないことが多いため、団体旅行者へのインタビューは行わなかった。その他、この調査は古壮寨の旅行業がまだ本格的に始動していない2009～2010年に行ったため、上記のように、平安村と大寨村のみに関する調査となった。

　以下は、中国国内から、また国外からの旅行者に対するインタビュー調査に用いたインタビューの内容である。基本的には、地域住民へのインタビューと同様の内容であるが、旅行者に対しては、地域住民生活を想像したうえで回答してもらう内容や旅行者の立場から地域を評価する内容の質問を設定した。

　またインタビューでの使用言語は、中国国内旅行者には中国語（普通話）

で行い、国外からの旅行者には、日本人2名に対しては日本語、その他は英語で行った。

インタビュー調査の内容（2）

2010年　　月　　日

■旅行者に対する調査

1）・回答者の基本情報

　　性別：男○女○　　　年齢：　　　　　民族：　　　　族　　学歴：　　　　　　
　　職業：　　　　　　　出身地：　　　　　　　現住所：　　　　　　　　　　　　
　　当該地域での滞在時間：　　　　　　　　
　　旅行同伴者の人数：　　　　　　　　　　　　　　　　　　　　　　　　

2）・農村景観に対する考え

　（1）あなたは、ここの農村景観を美しいと思いますか。

　（2）あなたは、ここの農村景観に親近感がありますか。

　（3）あなたがここに訪れた最大の理由はなんですか。

　（4）あなたがここを訪れてから、最も魅力を感じた点はなんですか。

　（5）あなたがここを訪れてから最も残念に思ったことはなんですか。

　（6）あなたがここを訪れる前に予想していたものと、実際訪れてからで異なる点はありましたか。

　（7）あなたは、ここの農村景観の長所と短所はなんだと思いますか。

　（8）なぜ、この地域では今日まで棚田を維持していると思いますか。

　（9）地域住民が棚田を維持する過程において、最も苦労していることはなんだと思いますか。

　（10）それらの苦労を克服するために、彼らが最も必要としていることはなんだと思いますか。

　（11）過去と現在では、ここの景観に変化はあると思いますか。

(12) 農村景観に変化がある場合、変化を生み出した主な要因はなんだと思いますか。また、農村景観に変化がない場合、その主な要因はなんだと思いますか。

(13) 農村景観に変化がある場合、それぞれどのような利点と欠点があると思いますか。

(14) あなたは、将来ここの農村景観がどのようになると思いますか。

(15) あなたは、地域住民の人々の文化・家屋・土地など彼らが有するものも全て「地域景観を構成する一部分」だと思いますか。

(16) 地域景観にとって、地域住民の有する文化・家屋・土地など彼らに属するものも全て地域景観の貴重な財産だと思いますか。

(17) あなたは、ここの農村景観が誰のものだと思いますか。

(18) 農村景観を守るため、或いは更に美しくするために、あなたがここに訪れてから特に注意して行動している点はありますか。

(19) もし機会があれば、農村景観を守るため、或いは更に美しくするために、あなたは1年でいくら募金を支払う、或いは何日間ボランティア活動に参加することができますか。

(20) あなたはどのアクターがここの旅行業を管理するのが最適だと思いますか。

(21) あなたは、大寨村と平安村どちらの村が最も好きですか。

(22) もし、棚田を切り開いて平地にし、米の生産量が多くなるとしたら、地域住民が棚田を放棄することをあなたは支持しますか。

(23) もし棚田を切り開いて、娯楽施設を作り地域住民の収入が多くなるとしたら、地域住民が棚田を放棄することをあなたは支持しますか。

(24) 地域住民は、機会があれば地域を離れて都市に住みたいと考えていると思いますか。

(25) もし、将来ここで旅行業が衰退してなくなったとしても、地域住民はここで棚田の耕作を継続し続けると思いますか。

4 国内外旅行者への調査結果

4-1 回答者の基本情報

まず、はじめに、回答者の基本情報を整理する。

表4-7　出身地
中国国内旅行者10名　海外からの旅行者10名

出身地	人数	出身地	人数
広西	1	オランダ	2
広東省	3	日本	2
山西省	1	アメリカ	1
安徽省	1	カナダ	1
北京	2	イギリス	1
上海	1	フランス	1
香港	1	ボリビア	2

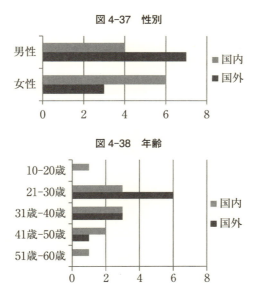

図4-37　性別

図4-38　年齢

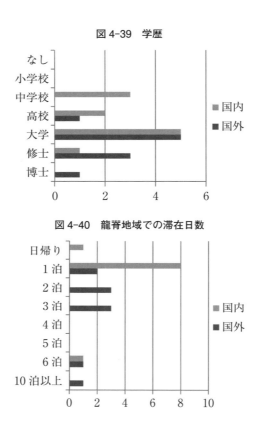

図 4-39　学歴

図 4-40　龍脊地域での滞在日数

　回答者の中国人旅行者は、10名全員が都市の戸籍を持つ都市住民であった。調査結果の分析は、国内事情に詳しい自国の中国人旅行者と、中国国内事情に詳しくない外国人旅行者で比較をすることができる。
　中国人旅行者の8名が、龍脊地域に1泊2日の滞在であるのに対して、外国人旅行者は、2泊以上が8名という回答であった。

　先にも述べたように、インタビューは、団体旅行の参加者ではなく、個人旅行者に対して行った。そのなかで外国人旅行者は、単独か2人で当該地域を訪れている者が多く、中国人旅行者は、複数人数で訪れている旅行者が多くみられた。

第4章　住民・旅行者・政府の農村景観への眼差し　　237

図4-41　旅行同伴者人数

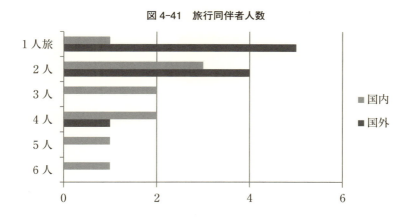

4-2　地域景観に対する感覚と認識

（1）あなたは、ここの農村景観を美しいと思いますか。

図4-42　農村景観への美的評価

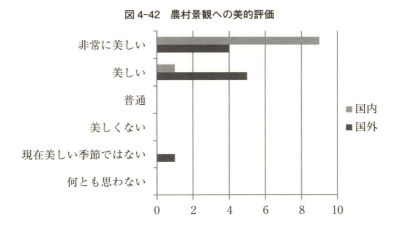

■この季節（11月）は、それほど美しい景観が見られる季節ではないので、まあまあである。私たちは訪れる時期を間違えた。次回、必ず夏に訪れたい。（中国広西・求職中・23歳女性）
■とても美しいし、大自然が感じられる。（中国広東省・大学生・23歳男性）

■私は様々な中国の少数民族の村を訪れているが、龍脊の壮族と瑶族は共に、村内・室内・人々の身なりなど、とても清潔を心掛ける民族だと思った。(中国山西省・NGO・33歳女性)
■私は、以前、田が一面緑色の夏と一面黄金色の秋にここを訪れているが、現在のなにも植えていない棚田の風景も非常に美しいと思う。それぞれの季節にはっきりと異なる景観がみられるところに生命と美しさを感じる。(フランス、パリ近郊・作家・48歳男性)
■現在も非常に美しいが、初春や夏の棚田、雪で白くなった棚田といった他の季節の写真はさらに美しかった。(イギリス、マンチェスター・会計士・27歳)

国内外の旅行者は共に「美しい」という評価をしている。また回答のなかで、季節によって異なる棚田景観について言及する回答者が複数存在し、他の季節の景観をみたいという希望を述べており、これは、龍脊棚田地域においてリピーターを作り出す大きなひとつの要素として挙げられる。

(2) あなたは、ここの農村景観に親近感がありますか。(複数回答)

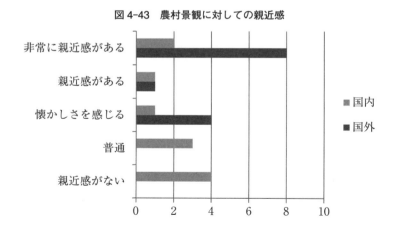

図4-43　農村景観に対しての親近感

■とても親近感がある。私は都市で育った者だけれど、自分も同じ瑶族

なので、この風景を見ると祖先の功績が感じられる。(中国広西・求職中・23歳女性)
■自分は都会の人間だが、農村生活は私にとても心地よい感覚を与えてくれ、なんだか懐かしい感じがある。ここには原始の風景がある。(中国広東省・大学生・23歳男性)
■私は、北京生まれ北京育ちの都会人なので、このような農村を見ても全く親近感が湧かない。南方に旅行に来て4日目だが、すでに北京が恋しくなっている。(中国北京市・会社員・45歳女性)
■人生で初めて棚田を見たし、自分とここの景観は関わりが全くないので親近感はない。むしろ、このような場所が存在すること自体に不可思議な感覚がある。宇宙人が作ったものようにみえる。(中国北京市・大学職員・31歳女性)
■多少の差はあっても、農村はどこもだいたい同じであるため、特別な感情はなく、普通である。美しいとか懐かしいと評価するのは、だいたい農村で生活をしたことがない人間だけである。(中国広東省・自営業・53歳)
■この山村の開発は、米生産によるものであり、それは非常に興味深く、彫刻のように山に刻まれた棚田は感動的であり、万里の長城にも匹敵する偉業である。(アメリカ、カリフォルニア州・大学生・21歳男性)
■どこの農村景観であっても、農村景観と農村生活は私たちの心を豊かにしてくれて、懐かしさを感じさせてくれる。農村景観は、その土地ごとにそこで生きるための農民の知恵を見ることができる。私たちイギリス人の多くは、農村景観はその国の誇りの1つだと考えている。(イギリス、マンチェスター・会計士・27歳)

　外国人旅行者の全員が龍脊棚田地域の農村景観に「親近感がある」と「懐かしさを感じる」と回答しているのに対して、中国人旅行者は、「親近感がない」や「普通」といった回答が多く、対照的な回答結果となった。
　中国人旅行者は全て都市住民であり、龍脊棚田地域は同じ中国国内ではあるが、農村に対する理解や評価が低いということが指摘できる。また全ての

発展途上中の国がそうであったように、現在、経済発展の途中である中国社会では、工業化や現代化の優先順位が高く、農村の価値を再確認するという段階にまでは達していないと考えられる。経済発展の度合いと社会の成熟が認められる、イギリス・フランス・オランダ・アメリカ・日本・カナダ出身者であり、さらに中国の奥地である龍脊棚田地域を訪れている外国人旅行者は、自然回帰思想や農村の多面的機能に対する高い価値評価をしている人物であることが予想できる。こうした、社会の成熟度と経済発展の度合いが、この回答結果にも反映されていると考えられる。

(3) あなたは、地域住民の人々の文化・家屋・土地など彼らが有するものも全て「地域景観を構成する一部分」だと思いますか。

図 4-44　住民個々人のものも全て地域景観を構成する一部分と考えるか否か
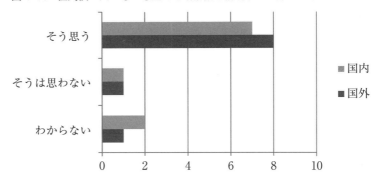

■現在、国内で、歴史のある地域や独特な景観を持つ地域では、地域全体での景観形成に関する管理が厳しくなっている。例えば、平安村のように、棚田のなかに急に英語で書かれた色とりどりの看板が出てくるのでは、地域全体の景観と雰囲気を壊していると思う。(中国上海市・大学職員・32歳女性)

■農民は、生活のために田を耕していて、生活のために家を作って住んでいるので、景観がどうなるかということは普通考えていないはずである。また、農民の意識は低いので、例えここが風景区として認定さ

第4章　住民・旅行者・政府の農村景観への眼差し　241

れても、自分の所有物全てが地域全体の景観を作っているという意識は持ちにくいと思う。(中国広東省・自営業・53歳)
■この地域は棚田が旅行資源の主役であるため、彼らの住んでいる家はどのようなものでも構わない。旅行者が関心を持っているのは、棚田だけである。住民もすでに棚田の管理で精一杯だと思うので、その他の部分にまで管理や規制が行われるのでは、彼らは生活できないだろう。(ボリビア・北京在住大学院生・31歳)

棚田以外に、家屋・土地・人々の文化といった村の全てのものが、地域の農村景観を形成する一部分であると回答した者は、中国人旅行者7名、外国人旅行者8名という結果となった。

(4) 地域景観にとって、地域住民の有する文化・家屋・土地など彼らに属するものも全て地域景観の貴重な財産だと思いますか。

図4-45　住民が有する個々人のものは全て地域景観の貴重な財産だと思うか否か

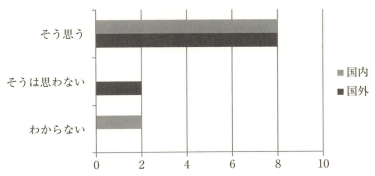

■当然、地域内の森林・用水路・家屋・馬小屋・道といった全てが地域の景観を作っているといえる。現在、ここでは家屋が全て木造の同じ建築方法で統一されているが、これが全て各家庭の自由な意思で様々な色・材料・形の家が作られていたら、ただそれだけでこの農村景観は台無しになる。(日本、東京・会社経営・37歳)

この質問に対しても、先の(3)の質問と同様に、国内外の旅行者の意見は一致し、「そう思う」と回答した者がそれぞれ8名ずつとなった。この(3)と(4)の回答から、旅行者は、農村景観をみる際に、棚田のみではなく、地域住民の家屋や文化といった地域に存在する物質的なものと精神的なもの全てを総括して、農村景観をみていることが明らかとなった。

(5) あなたは、ここの農村景観は誰のものだと思いますか。(複数回答)

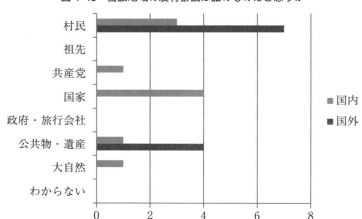

図4-46 当該地域の農村景観は誰のものだと思うか

- わが国では、土地はすべて国家のものであるし、中華民族の伝統文化は国の指導によって残されてきたので、国のものである。(中国広東省・学生・16歳女性)
- 大自然のものだと思う。なぜなら、大自然の恩恵がなければ、この景観は成り立たないからである。(中国広東省・大学生・23歳男性)
- 歴史があり、誰がみてもすばらしいと思うこの地域の景観は、すでに世界の遺産といえる。したがって、限定的に誰のものであるとはいえない。地域住民は、その遺産の継承人という役割の位置にあると思う。(オランダ・アムステルダム・ピアノ教師・29歳女性)
- 当然、村民のものである。旅行会社や政府が利益を横取りするのは良

くない。(カナダ、エドモントン・無職・29歳男性)、(ボリビア・北京在住会社員・34歳女性)、(日本、岐阜・鄭州在住大学生・21歳男性)、(中国山西省・NGO・33歳女性)

　この質問への回答は、中国人旅行者と外国人旅行者の間に大きな差異がみられた。中国人旅行者は、ここの農村景観が「国家」、「共産党」に属すると回答した者が5名と最も多く、次に、「村民」と回答した3名が続いている。一方、外国人旅行者は、7名が「村民」と回答し、「公共物・遺産」と回答した4名が次に続いている。

　当該地域の農村景観が「国家」、「共産党」のものであるという回答は、社会主義国中国の人々特有の回答である。また、非社会主義国出身である外国人旅行者は、村民の主体性・自治・権利を主張する意見が最も多くみられた。

4-3　地域景観の変化

(6) あなたは、ここの農村景観の長所と短所はなんだと思いますか。(複数回答)

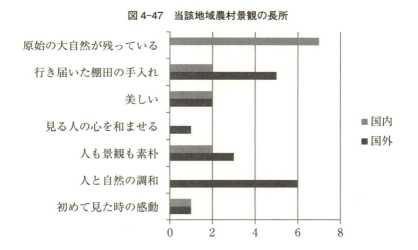

図4-47　当該地域農村景観の長所

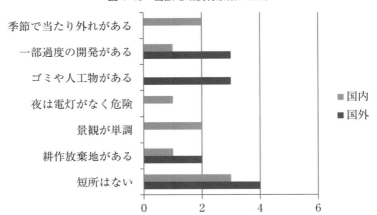

図 4-48 当該地域農村景観の短所

- ■長所は、純粋な大自然が残っていること。短所は、季節によって景観が異なるので、当たりはずれがあること。(中国広西・求職中・23歳女性)
- ■短所は、耕作作業をしていない時期の景観がとても味気なくつまらないことである。来年の5月に必ずもう1度来たいと思う。(中国広東省・大学生・23歳男性)
- ■長所は、初めてここの景観を見た者に震えるような衝撃を与えることである。短所は、棚田が1種類の単調な風景であるために飽きやすい点である。(中国北京市・大学職員・31歳女性)
- ■平安村の開発と商業化に失望した。(中国香港・会社員・23歳男性)
- ■人と自然の調和がなければ、これほど長い時間をかけて、これほど規模の大きな棚田を開拓し、今日まで継続することはできない。(オランダ・アムステルダム・ピアノ教師・29歳女性)
- ■自然と人間の調和は、棚田という彫刻を作り上げた。これは芸術作品である。短所はない。(カナダ、エドモントン・無職・29歳男性)
- ■全体に手入れがいいが、風景点から眺めた時に、一部分耕作放棄地があるのが残念だった。特に大寨村で、耕作放棄地や棚田に土砂崩れの起きている箇所がみられた。(日本、東京・会社経営・37歳)
- ■人々も景観も素朴で、自然との調和がすばらしい。ここを訪れるのは、

第4章　住民・旅行者・政府の農村景観への眼差し　245

すでに3回目であるが、大きな短所はまだみつけられていない。(フランス、パリ近郊・作家・48歳男性)

　中国人旅行者は、ここの農村景観の長所として、「原始の大自然が残っている」と7名が回答しているが、外国人旅行者には、この回答をする者は1名もみられなかった。さらに、「人と自然の調和がある」という回答をした外国人旅行者が6名いたのに対して、中国人旅行者にはこの回答をする者はいなかった。このように、中国人旅行者と外国人旅行者では、農村景観に対する認識が大きく異なることが明らかとなった。
　中国語における「純粋的大自然（chún cuì de dà zì rán）」と「原始（yuán shǐ）」は、いずれも日本語の「原生」や「原始」といった未開発の自然という意味に相当する。したがって、都市から訪れた中国人旅行者は、人間の労働が大きく影響している農村景観に対して、人間の営みをそこにみるのではなく、「大自然」や「原始」という認識をしていることが明らかとなった。本書の先行研究において、原生地が一次的自然であり、農村は二次的自然と考えられ、都市は人工であるという分類を示したが、彼らの認識は、一次的自然と人工の2分類であるということが指摘できる。

(7) 過去と現在では、ここの景観に変化はあると思いますか。

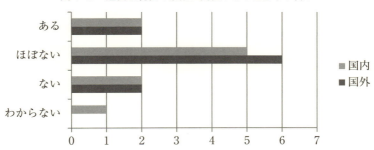

図4-49　過去と現在で景観に変化があると思うか否か

■水道・ガス・電気などのインフラが整備されているので、そうした文明化によって、景観も多少変化したのではないかと思う。ただ、具体

的な変化の内容はわからない。(中国広東省・自営業・53歳男性)
■ほぼないと思う。もし、この地域が発展したのであれば、棚田は現在残っていないと思う。(中国北京市・会社員・45歳女性)
■現在ある耕作放棄地は、明らかに過去には耕作していた跡があるので、過去には、耕作放棄地が現在ほどなかったのではないだろうかと考える。(日本、東京・会社経営・37歳)
■旅行業によって、外部の人間と関わり、また現金収入が増えた点で生活は変化したと思うが、景観には大きな変化は与えていないと思う。(イギリス、マンチェスター・会計士・27歳)
■これほど大規模で、手入れの行き届いた棚田は、長い歴史がなければできないので、恐らく変化がなく、今日まで残されていると考えられる。(オランダ・アムステルダム・ピアノ教師・29歳女性)

　国内外の旅行者は共に、当該地域の農村景観が過去から現在までの時間軸で変化は「ほぼない」と考える者が最も多く、「ない」と考える回答者を含めて、変化がないという考えに、それぞれ7～8名の回答が得られた。

(8) 農村景観に変化がある場合、変化を生み出した主な要因はなんだと思いますか。また、農村景観に変化がない場合、その主な要因はなんだと思いますか。(複数回答)

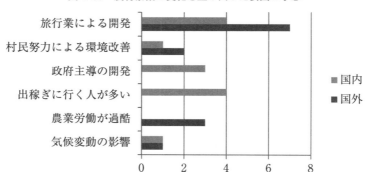

図4-50　農村景観に変化を生み出した要因の予想

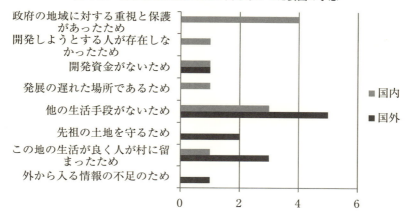

図4-51 農村景観に変化を生み出さなかった要因の予想

- ■変化がある場合は旅行業発展の影響で変化してしまった。変化がない場合は、政府が管理をしっかりしているからであり、それは政府がこの地域の価値を重視している証拠である。(中国広東省・大学生・23歳男性)
- ■中国では、その地域が良くなるのも悪くなるのも政府の政策次第なので、いずれの変化がある場合も、政府が当該地域でしっかり仕事をしたか、していないかの問題である。(中国香港・会社員・23歳男性)
- ■開発業者がこの地域よりも桂林周辺の開発に魅力を感じているので、この地域には開発が及んでいないのではないだろうか。(中国広東省・学生・16歳女性)
- ■変化がある場合は、出稼ぎで村を出る人が多く、田畑が荒れたことが考えられる。変化があまりない場合は、ここの農村生活の質が比較的良いものなので、人々がここから離れずにいる証拠だと思う。この地域は水資源が豊富なので、比較的いい農業環境だと思う。(中国山西省・NGO・33歳女性)
- ■他の農村と同じように、特に、大寨村では老人が目立つ。若者は都市に出稼ぎに出るので、農村は活気がなくなる。(中国安徽省・自営業・47歳男性)

- ■旅行業の開発は、常に地域の自然や社会の破壊をもたらす。特に、中国のような成熟していない社会では、開発の方法があまりにも極端で、地域既存のものを台無しにしている。(イギリス、マンチェスター・会計士・27歳)
- ■これだけ辺鄙な場所で、他の産業や生活方式による発達はできない。なぜここを開拓したのかわからないが、この地域では、この生活手段しかなかったのだと思う。(日本、岐阜・鄭州在住大学生・21歳男性)
- ■私が昨日、中国語会話の本を使って、宿泊先の民宿の家族と会話をしたら、皆、この地域が好きだといっていた。静かで、のんびりしていて、豊かな自然のあるこの地域が皆好きで、ここで生活をしていることは幸せなことである。(カナダ、エドモントン・無職・29歳)

　この質問に対する回答でも、中国人旅行者と外国人旅行者に差異がみられた。都市への出稼ぎ農民労働者が農村に与える影響、政府が地域に及ぼす影響力といった中国特有の社会情勢や政治体制を挙げているのは、自国の中国人旅行者のみであった。またここの景観が変化していないと想定した場合の理由として、政府が当該地域の保護を重視しているから変化を及ぼさなかった、と4名の中国人旅行者が回答した。一方、外国人旅行者は、中国の国情に触れる回答をしていない。
　しかし、「旅行業による開発」が農村景観の変化に影響をもたらしている理由として、いずれも最も多い回答となっている共通点も存在した。

(9) **農村景観に変化がある場合、それぞれどのような利点と欠点があると思いますか。(複数回答)**
- ■欠点のみで利点はないと思う。もしもこの地域が今後、現在ある原始の姿を失えば、誰もここを訪れないだろう。(中国広東省・大学生・23歳男性)
- ■以前と変化がなければないほど、ここを訪れる旅行者が喜ぶ。どこの地域にでも変化とうものはあるもので、それはごく自然なことである。人々は生きているのだし、自分の生活がさらに良くなることを願うか

第4章　住民・旅行者・政府の農村景観への眼差し　249

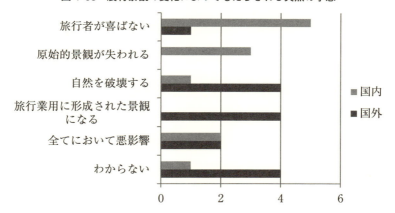

図4-52　農村景観の変化によってもたらされる利点の予想

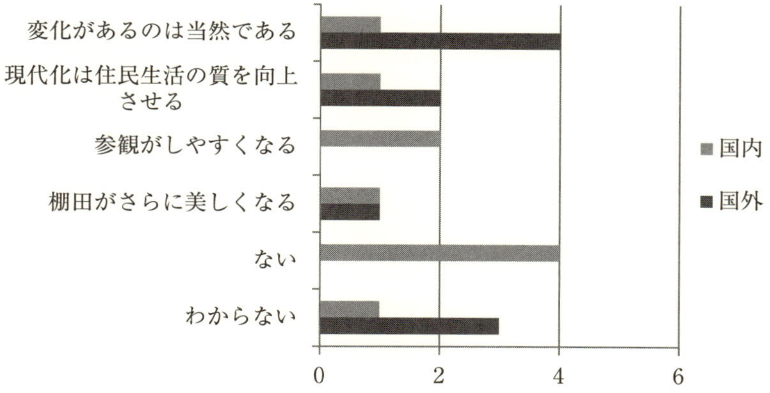

図4-53　農村景観の変化によってもたらされる欠点の予想

らである。（中国山西省・NGO・33歳女性）
■変化した場合の悪影響は、この地域の特色である原始の景観が失われること。（中国北京市・大学職員・31歳女性）
■ここの原始の自然風景はとても魅力的なので失われると、旅行者は減ると思う。ただ、政府がこの地域の発展をさらに重視した場合、棚田の整備・管理はさらに厳しくなり、また補助金も出るので、そうした場合、さらに美しくなることが予想できる。（中国香港・会社員・23歳

男性）
- ■景観の変化というと負の側面が考えられやすいが、私たちのように外部の人間が常に棚田をみることで、地域住民は棚田の管理・維持をさらに強化して、結果的にさらに美しくなるのではないだろうか。これは良い変化である。（オランダ・アムステルダム・会社員・28歳女性）
- ■変化のない地域などない。問題は変化したかしないかではなくて、どのような変化をするか、またその変化の度合いが大きいか小さいかという問題だと思う。この地域の景観を残したいのであれば、必然的変化を苦労して食い止めるよりも、その変化を小さくするか、表面に目立たない変化とすることを目指す工夫が必要だと思う。（イギリス・マンチェスター・会計士・27歳）

　中国人旅行者は、農村景観の変化がもたらす利点は「ない」と回答する者が最も多く、外国人旅行者は、「変化があるのは当然である」と回答する者が最も多かった。一方、変化による悪影響では、回答の表現は異なるが、「旅行者が喜ばない」と「旅行業用につくられた景観になる」という、どちらも農村景観が変化することによってもたらされる旅行業への負の影響を指摘している。

4-4　農業活動への考え

（10）なぜ、この地域では今日まで棚田を維持していると思いますか。（複数回答）
- ■世界的に価値のある地域なので、今日まで保護を受けて残されていると思う。（中国広東省・学生・16歳女性）
- ■外に出稼ぎに行けば収入を上げることができるのに、地域に人々が残っているのは、旅行業があるからだと考えられる。棚田は、地域にとってお金を稼ぐための一番の道具であるから、農民はそのために棚田を維持していると思う。（中国安徽省・自営業・47歳男性）
- ■なぜあなたがこの質問をするのかわからない。食糧生産以外に、なに

図 4-54 当該地域で今日まで棚田を維持している理由の予想

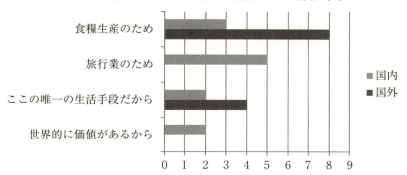

か棚田を維持する理由があるのだろうか。(中国北京市・会社員・45歳女性)
■現在は旅行業があるが、過去にこの地域で生活する方法は棚田での耕作しかなかったのだと思う。(ボリビア・北京在住大学院生・31歳)

　今日まで棚田を維持している理由に関して、外国人旅行者8名が「食糧生産のため」と回答し、「旅行業のため」と回答する者が1名も存在しなかったことに対して、中国人旅行者は、「食糧生産のため」が3名、「旅行業のため」が5名存在した。棚田耕作という本来食糧生産を目的とした営みが、旅行業を通して経済収入を得るための手段に変化しているという考え方を示したのは、中国人旅行者のみであった。

(11) 地域住民が棚田を維持する過程において、最も苦労していることはなんだと思いますか。(複数回答)
■中国の農村の多くは、水源の管理と確保が一番大きな問題なので、恐らくこの地域でも、水稲農業を行ううえで大量の水を必要とするため、水源確保に苦労していると思う。(中国安徽省・自営業・47歳男性)
■農業は非常に難しく大変な仕事であるため、簡単で収益を得やすい旅行業が台頭して農業が廃れるという事態が発生しやすいと思う。(アメリカ、カリフォルニア州・大学生・21歳男性)

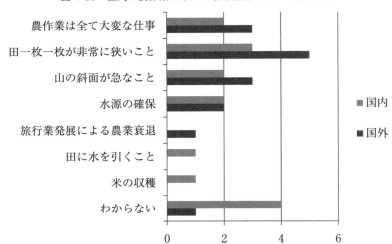

図4-55　住民が農作業のなかで最も苦労している点の予想

■写真で棚田の全体像はみていたが、実際に来てみて、1枚1枚の田がこんなに幅の狭いものだとわかり驚いた。これでは作業をするのが大変だと思う。（日本・岐阜・鄭州在住大学生・21歳男性）

地域住民が棚田耕作を行ううえで最も苦労している点を予想した結果、外国人旅行者で最も多かった回答は「田1枚1枚が非常に狭いこと」であり、この見解は、中国人旅行者の回答では、2番目に多い回答であった。また中国人旅行者の最も多い回答は、「わからない」というものであった。

（12）それらの苦労を克服するために、彼らが最も必要としていることはなんだと思いますか。（複数回答）
■これほどすばらしい景観を有する地域であるのに、私は昨日までこの地域を全く知らず、桂林で旅行中に偶然、龍脊の写真を目にしてここを訪れることに決めた。現在、知名度は低いと思うので、地域が旅行業によって発展するためには宣伝の強化が必要だと思う。（中国香港・会社員・23歳男性）

図 4-56　農作業の苦労を克服するために住民が最も必要としていることの予想

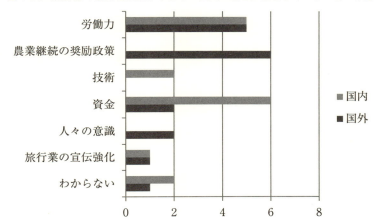

- 労働力を農村に確保できるかどうかが鍵を握る。地域の若者は都市へ流れてしまっているようにみえる。わが国はあらゆる資源が不足しているが、人的資源だけは豊富なので労働力の確保は方法次第で解決できるはずである。(中国広東省・自営業・53歳)
- 旅行業を継続・維持するための資金が必要だと思う。(中国北京市・会社員・45歳女性)、(中国広東省・学生・16歳女性)、(中国安徽省・自営業・47歳男性)、(カナダ・エドモントン・無職・29歳男性)
- 資金があれば労働力も集まるはずである。(中国上海市・大学職員・女性32歳)
- 地域住民の努力のみでは限界があるので、公的な農業継続のための奨励政策が必要である。(オランダ・アムステルダム・会社員・28歳女性)、(オランダ・アムステルダム・ピアノ教師・29歳女性)、(イギリス、マンチェスター・会計士・27歳)、(日本、東京・会社経営・37歳)
- 地域住民が地域で棚田耕作を継続していく意識がどれだけあるかによると思う。その精神が一番重要だといえる。(ボリビア・北京在住大学院生・31歳)
- 地域で農村生活を営むという選択を行う価値観・意識のある人が増えることだと思う。(フランス・パリ郊外・作家・48歳)

中国人旅行者と外国人旅行者に共通する回答としては、「労働力」が必要であるという意見であった。差異がみられた回答には、中国人旅行者の最も多い回答が「資金」が必要であるとするのに対して、外国人旅行者の最多の回答は、「農業継続の奨励政策」であるというものであった。「農業継続の奨励政策」は、必ずしも「資金」援助によるものとは限定できないが、農業の奨励政策の多くには、補助金の交付や、農村のインフラ整備に資金を投入するというものが含まれる。したがって、この2つの回答には表現の違いが存在するものの、共通する意味と目的を指していると考えられる。

(13) 農村景観を守るため、或いは更に美しくするために、あなたがここに訪れてから特に注意して行動している点はありますか。（複数回答）

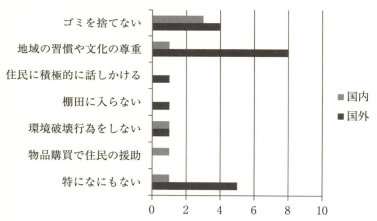

図4-57　自身が地域訪問後に景観保全のために気をつけていること

■私たちと地域の人々は対等な関係にあるのだから、お互いに気をつかう必要はない。相手が農民だからといって見下す態度は良くない。普段通りに行動するだけで、特になにもする必要はない。（中国北京市・会社員・45歳女性）
■地域住民のお年寄りが「なにか買って私たちを助けてくれ」というので、お土産品を買って地域住民を助けた。（中国広東省・学生・16歳女性）

- ■それぞれの地域にはそれぞれの規則があるので、自分は訪問者として地域の人々に対して失礼のないように気をつけた。（日本、東京・会社員・37歳）
- ■旅行先で、その地域の習慣や文化を尊重することは当然のことであるし、それは、自分たちの身を守ることにもつながる。（ボリビア・北京在住会社員・34歳女性）

注意する点として、中国人旅行者は、「特になにもない」が最も多かった。ここには、「何もする必要はない」という考えの他に、上記の北京市45歳女性の意見のように、農民に対する差別をせず、普段どおりに接することで対等な関係をつくるという考え方もそのなかには存在した。外国人旅行者は、「地域の習慣・文化の尊重」が最も多い回答であった。

(14) もし機会があれば、農村景観を守るため、或いは更に美しくするために、あなたは1年でいくら募金を支払う、或いはなん日間ボランティア活動に参加することができますか。

図 4-58 農村景観保全のためにボランティアに参加可能な日数

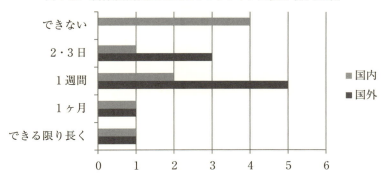

ボランティアに関しては、外国人旅行者のほうが中国人旅行者よりも参加に積極的な意思を示していることがわかった。

4-5 旅行業のなかの景観

(15) あなたがここに訪れた最大の理由はなんですか。(複数回答)

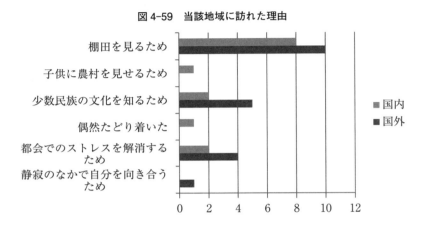

図 4-59　当該地域に訪れた理由

- ■この場所を全く知らず、桂林周辺を旅行していて偶然ここにたどり着いた。(中国香港・会社員・23 歳男性)
- ■都会しか知らない娘に、農村や自然の美しい地域をみせるために来た。(中国広東省・自営業・53 歳)
- ■大寨村にいると心が落ち着いて、静寂のなかで自分と向き合うことができるので、2 年前から毎年異なる季節にここへ来て、1 度に 10 日滞在している。(フランス、パリ郊外・作家・48 歳男性)
- ■棚田をみる目的と都会でのストレスを解消するために来た。3 年前にもここを訪れたが、本当にすばらしい場所だと思う。(オランダ、アムステルダム・会社員・28 歳女性)

国内外の旅行者は、いずれも「棚田をみるため」に龍脊棚田地域に訪れたという回答が最も多かった。

(16) あなたがここを訪れてから、最も魅力を感じた点はなんですか。(複数回答)

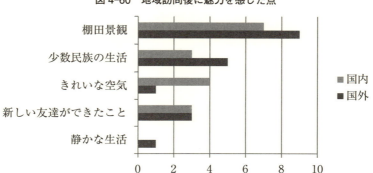

図4-60 地域訪問後に魅力を感じた点

(17) あなたがここを訪れてから、最も残念に思ったことはなんですか。(複数回答)

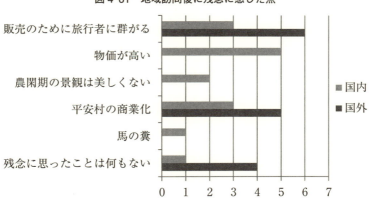

図4-61 地域訪問後に残念に感じた点

- 私がここに来た季節(11月)が良くなかった。田に水が張られている時期に再度ここを訪れたいと思う。(中国広西・求職中・23歳女性)
- 平安村の商業化にはとても失望した。(中国広東省・大学生・23歳男性)
- 商品を売るために、地域の人々が私たちに群がるように集まって来たこと。(中国北京市・大学職員・31歳女性)

- ■工芸品を差し出し"help me, help me"と英語で外国人旅行者を囲んでいる大寨村の中年女性たちがいて、同じ中国人として恥ずかしく思った。(中国広東省・自営業・53歳男性)
- ■農村地域なのに物価が高すぎる。特に、食事代は高すぎる。(中国広東省・大学生・23歳男性)、(中国北京・会社員・45歳女性)
- ■観光地であるからかもしれないが、農村での一切の経費はとても低いのに、旅行者に対して設定している料金がかなり高い。(中国安徽省・自営業・47歳男性)
- ■平安村の商業化は、お金を出して参観したいものではない。また平安村の人々は、大寨村よりもみな忙しそうにしていて、地域の人と気軽に世間話をできる大寨村とは違うと感じた。この点はどちらが良いかわからないが、大寨村の人は旅行者を珍しい眼差しでじっとみており、旅行者に好奇心を持って話しかけているが、平安村では、私が都市にいる時と同じように、私がよそ者であっても、それを気にする者はいない。(中国山西省・NGO・33歳女性)
- ■平安村の商業化と平安村の人々を残念に思った。彼らは、旅行者を見飽きているのかもしれないが、地域住民は、私たちと目を合わせたり、あいさつをしたり、おしゃべりをしようという人が少ない。物を売る人と旅館の客引き以外は、私たちを相手にしていない。しかし、大寨村では、老若男女全ての人が笑顔であいさつをするし、私たちに対して友好的である。(カナダ、エドモントン・無職・29歳男性)

　中国人旅行者が最も残念に感じたことは、「物価が高いこと」であった。都市部と比較した場合、龍脊棚田地域の物価は比較的低いが、中国人旅行者は、一般的な農村での価格と、旅行業の盛んな龍脊棚田地域を比較して、物価が高いと述べている。

　外国人旅行者が最も残念に感じたことは、「物品販売のために旅行者に群がる地域の人々」の存在と、「平安村の商業化」であり、この2つの項目に関しては、中国人旅行者も残念に感じたことの第2番目の回答として示している。また上記にあるように、地域住民との交流を求める旅行者の意見が複

数みられた。こうした旅行者は、大寨村の人々を友好的で素朴な人々であると評価する一方、平安村の人々は友好的ではなく、商売以外で旅行者と交流を持とうとしていない、と批判的にみている回答がみられた。

(18) あなたがここを訪れる前に予想していたものと、実際訪れてからで異なる点はありましたか。（複数回答）

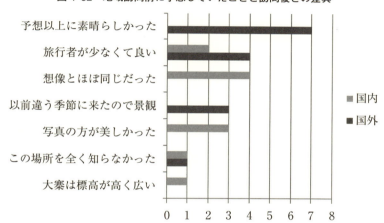

図4-62　地域訪問前に予想していたことと訪問後との差異

■宿泊・食事の価格設定が農村にしては高過ぎること。（中国広東省・大学生・23歳男性）
■3年前にここを訪れた時は夏だったので、棚田は一面緑だったが、今回は初春であり、多くの田には水も稲もなく茶色が風景全体の色だった。また、棚田に菜の花も植えてあり美しかった。季節によって風景が全く異なるところが、この地域の強みだと思う。また次回は、冬に雪の棚田など他の風景も見たいと思う。（オランダ・アムステルダム・会社員・28歳女性）
■旅行者が少なくて落ち着ける。特に、休閑期の大寨村には旅行者がとても少ないので静かで良い。毎回異なる景観をみることができるのが魅力的である。（フランス、パリ郊外・作家・48歳男性）

この回答では、外国人旅行者が「想像以上にすばらしい地域だった」という回答が過半数であったことに対して、中国人旅行者は、「想像と同じ」か「想像以下」という回答に分かれた。またいずれも、インタビュー時が休閑期であったことから、この地域に「旅行者が少なくて良い」と回答している。

(19) あなたは、どのアクターがここの旅行業を管理するのが最適だと思いますか。（複数回答）

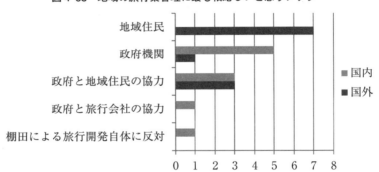

図4-63　地域の旅行業管理に最も相応しいと思うアクター

■そもそも私は棚田による旅行業開発を支持していない。なぜなら、農業と旅行業は本質的に異なる産業で、農業や環境を破壊せずに旅行業を成り立たせることなど無理である。旅行業を入れることで確実に農業も自然環境も破壊される。（中国上海市・大学職員・32歳女性）
■旅行会社は拝金主義であり、地域の農民ではうまく管理できない。したがって政府の環境保全局が管理することが望ましい。（中国広西・求職中・23歳女性）
■会社が管理をし、ここでの利益を独占するのは良くない。法律によって保全管理をすべきであり、これらは政府の旅行関係の部署の仕事である。（中国広東省・大学生・23歳男性）
■政府が管理するのが一番望ましい。地域住民によるものでもいいと思うが、旅行会社による管理は一番良くない。なぜなら、他の中国国内

の企業がそうであるように、お金を稼ぐことのみに焦点が当てられるようになることが予想されるからである。(アメリカ、カリフォルニア州・大学生・21歳男性)

■当然、地域のことは地域住民が管理するべきだ。(オランダ、アムステルダム・会社員・28歳女性)

　外国人旅行者の7名が、「地域住民」による地域旅行業の管理を支持しており、最も多く、地域住民の自主的管理による自立が実現されるべきであると回答している。一方、中国人旅行者は、「地域住民」による管理と回答した者は0人であり、その理由として、農民には管理能力がないので任せることはできないという共通の認識が存在した。そのうえで、「政府機関」が管理すべきであると最多の5名が回答している。その中間にあたる回答として、「政府と地域住民の協力」には、国内外旅行者共に3名ずつが回答している。

(20) あなたは、大寨村と平安村どちらの村が最も好きですか。

図4-64　大寨村と平安村に対する好感の比較

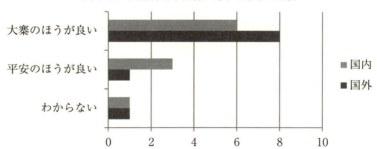

■平安の発展と商業化は、とても人を嫌な気持ちにさせる。こんな辺鄙な中国の山奥の村にたくさんの英語で書かれた看板があるのはとてもおかしい。平安の2つの風景点はとても美しく保たれていて評価できるが、総合的に見て、私は純粋で素朴な大寨村の方が好きである。(中国広西・求職中・23歳女性)

- 平安の人々は、村のなかにネットカフェやカラオケ、マッサージ店を作るべきでなはいと思う。行き過ぎた商業化によって、平安村は全く平安ではなくなっている。民族衣装も平安村では記念写真を撮るためのものであり、なんの魅力も感じなかったが、大寨村の女性は旅行業とは関係なしにいつも民族衣装を着て、田んぼや畑の仕事をしている。棚田の面積も比べものにならない。大寨村の棚田は規模が大きく、壮観である。（中国広東省・大学生・23歳男性）
- 平安村は、参観がしやすいし、ある程度なんでも売っていて便利であり、人も大勢いるので安心感がある。（中国北京市・会社員・45歳女性）
- 私は中国語が全くできないので、地域の人と会話が成り立たないが、それでも大寨村の人々は友好的であることははっきりと感じられる。私は大寨村にいるほうが居心地良く感じる。（イギリス、マンチェスター・会計士・27歳男性）

　外国人旅行者の8名と中国人旅行者の6名が、いずれも平安村よりも大寨村のほうが好きであると述べている。商業化の進行が大きくなく、人々が素朴である大寨村を評価し、商業化が進み、商業施設や英語の看板で溢れている平安村を批判している。少数ではあるが、中国人旅行者のなかには、宿泊や参観をするうえで便利である点を挙げ、平安村のほうが好きであると3人が回答している。

4-6　将来の展望

(21) あなたは、将来ここの農村景観がどのようになると思いますか。(複数回答)
- 将来、棚田に様々な色を添えるために、稲作以外にたくさんの種類の花を植え、景観を多彩なものにすると思う。（中国広西・求職中・23歳女性）
- 中国国内の他の農村地域と同じように、皆他所に出稼ぎに出かけ、農業をする人がいなくなり、村に残る人々は旅行業で儲けようとする人

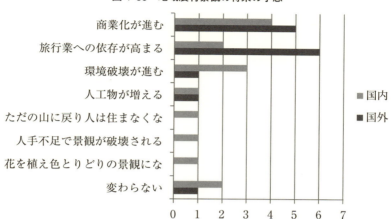

図4-65 地域農村景観の将来の予想

だけになると思う。(中国山西省・NGO・33歳女性)
■私は現在の状態が維持されていくことを望むが、観光地として発達していった場合、開発資金も増えるだろうし、旅行者も増え、環境破壊という状況に必ず直面すると思う。(中国上海市・大学職員・32歳女性)
■農村景観は旅行業を中心とした発展のための資源として位置する傾向が強まる。私が広西内で他の外国人旅行者と会い、話をした際に「龍脊」という名前をいっても誰も知っている者はいなかったが、これから少しずつ知名度が上がり、発展が進むと思う。(アメリカ、カリフォルニア州・大学生・21歳男性)
■旅行業への依存度が高まっていくことは避けられない。(カナダ・エドモントン・無職・29歳男性)

　中国人旅行者の回答で最も多かったものは「商業化が進む」という将来の予想で、次いで、「環境破壊が進む」という回答があり、その他の回答は様々に分散化した。外国人旅行者は、「旅行業への依存が高まる」が最も多く、次いで、「商業化が進む」という回答が出ている。いずれも、今後、旅行業の発展とそれに伴う商業化が進むことを予想している。

(22) もし棚田を切り開いて平地にし、米の生産量が多くなるとしたら、地域住民が棚田を放棄することをあなたは支持しますか。

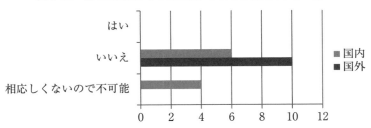

図 4-66　棚田を放棄して平地農業にすることを支持するか否か

国内外の旅行者全てが、棚田を開拓し平野での農業へ移行することに対して、否定的な姿勢をみせた。

(23) もし棚田を切り開いて、娯楽施設を作り地域住民の収入が多くなるとしたら、地域住民が棚田を放棄することをあなたは支持しますか。

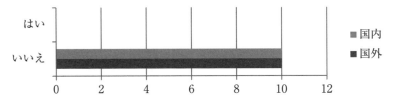

図 4-67　棚田を放棄して娯楽施設にすることを支持するか否か

先の (24) の回答同様、国内外全ての旅行者が棚田を切り開いて、娯楽施設をつくることに反対の姿勢を示した。

(24) もし将来ここで旅行業が衰退してなくなったとしても、地域住民はここで棚田の耕作を継続し続けると思いますか。
- ■続けると思うが、現在とは異なる形態だと思う。(中国上海市・大学職員・32歳女性)
- ■1度旅行業という手段によって金銭を稼ぐ生活をした地域の人々は、

第4章　住民・旅行者・政府の農村景観への眼差し　265

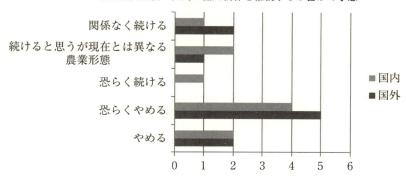

図4-68　旅行業衰退後に住民が棚田耕作を継続するか否かの予想

また以前の自給自足の貧しい生活に戻るはずがないので、農業をやめると思う。(中国香港・会社員・23歳男性)

　旅行業が衰退してなくなった場合に、地域住民が当該地域において棚田耕作を継続すると思うか否か、という想定に対する予想として、国内外の旅行者は共に、「恐らくやめるだろう」という意見が最も多く、「やめる」という予想回答を含めて、中国人旅行者の6名と外国人旅行者の7名が、「やめる」という回答をしており、「続ける」に関連する回答を大きく上回った。この結果から、今後、当該地域は旅行業中心の発展形態をとっていくという将来像が、旅行者の目に映っていると考えられる。

(25) 地域住民は、機会があれば地域を離れて都市に住みたいと考えていると思いますか。

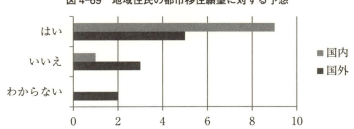

図4-69　地域住民の都市移住願望に対する予想

■農民は皆、都市に出たいと考えている。農村では収入が低く、生活が苦しいから当然である。(中国上海市・大学職員・32歳女性)
■現在、中国では、農民の出稼ぎ労働者が都市に溢れていて、都市の治安は悪くなっている。多くの農民は、農村を離れて、都市での生活に憧れている。(中国北京市・会社員・45歳女性)
■誰も農民として生まれることを望んでいないし、農村で遅れた生活を送ることも望んでいない。(中国安徽省・自営業・47歳男性)

　国内旅行者の9割が「はい」と回答し、地域住民が当該地域を離れて、都市に出たいと考えている。具体的な意見から、中国人旅行者は、都市住民と農民・都市と農村を明確に線引きしていることが明確となり、都市住民である旅行者の考え方は、農村での農民の生活は貧しく、また農民の身分は低いために、都市の戸籍と都市での生活の優位性を強調していることが明らかとなった。これは、先にも論じた中国の都市と農村の二元戸籍制度によって、都市住民の農村に対する理解不足と軽視が社会のなかで普遍的なものとなっていることが背景にあるといえる。

5　龍脊棚田地域に対する需要（旅行者の視点）

5-1　地域住民との比較からみる旅行者の考え

　当該地域で生活をしている地域住民と、旅行で現地を訪れている旅行者の間では、農村景観に対する感覚と認識に大きな差異がみられた。まず、最も異なる回答が得られたものの1つとして、「農村景観への美的評価」が挙げられる。地域住民の過半数は、地域の農村景観を「美しくない」、「見飽きた」、「なんとも思わない」という回答をしているのに対して、旅行者は、ほぼ100％である回答が「非常に美しい」と「美しい」と回答した。地域の農村景観を美しいと評価するのは、常に外部の人間であり、地域住民にとって、

日々生活を営んでいる地域の景観には新鮮さや珍しさは存在しない。

　しかし、こうした外部からの評価が地域住民の農村景観に対する感覚と認識に変化を与えていることも明らかとなった。それは、「地域住民の農村景観に対する誇り」において、顕著となった。平安村住民の最も多い回答は、「誇りに思う」という8名、「非常に誇りに思う」という7名の回答であり、大寨村の最も多い回答として9名が「旅行者が来るようになってから誇りに思うようになった」、また9名が「誇りに思う」と回答している。また旅行業開始から最も日が浅い古壮寨では、「旅行者が来るようになってから誇りに思うようになった」と19名が回答していて、外部からの評価を受けての気づき段階にあると考えられる。

　先の「農村景観への美的評価」では、「美しくない」や「見飽きた」と回答した人々も、地域の農村景観に誇りを持つか否かを尋ねた際には、以上のような回答をしている。これは、地域内生活者ではない旅行者や政府・旅行会社といった外部者からの評価が地域の人々に与えた感覚と認識の変化であると考えられる。3つの村の回答の差異には、3つの村の旅行業を行っている年数の差異と発展度合いの違いが反映されていると考えられる。旅行業が定着し、一定の発展水準を超えている平安村では、すでに大寨村や古壮寨での初期段階を経過し、地域の農村景観への誇りが地域住民のなかに定着していることが見受けられる。したがって、旅行者を中心とした外部者の農村景観への美的評価は、地域住民の農村景観に対する美的評価には影響を及ぼしてはいないが、地域住民の地域農村景観に対する誇りには影響を与えているといえる。

　次に、人々の農村景観の捉え方を調査するために、地域内に存在する物質的なものと精神的なもの全てを包括して、総合的に全体を農村景観として認識しているか否かを質問した。本書では、農地・畦・用水路・森林・家屋・人間・伝統文化・生活習慣といった全てのものを包括して、農村景観と捉える考え方を示した。これに関して、地域住民と旅行者の農村景観の捉え方を調査するために、「あなたは、地域住民の人々の文化・家屋・土地といった彼らが有するものも全て『地域景観を構成する一部分』だと思いますか」という質問と、「地域景観にとって、地域住民の有する文化・家屋・土地といっ

た彼らに属するものも全て地域景観の貴重な財産だと思いますか」という質問を設けた。この回答結果においても、地域住民と旅行者の間には、共通点と差異の両方が確認できた。まず、共通点は、この２つの質問両方において、地域住民と旅行者はいずれも「そう思う」という回答をしており、地域内の全てのものが農村景観を構成しているものとして捉えていることがわかった。その傾向は、特に旅行者の回答にみられたが、地域住民の回答では、「そう思う」が多数であり、次いで、「風景区と居住区は別」とする回答となっている。この回答の詳細に関して、大寨村の潘富文寨老は、「棚田の部分に家屋を建てることはできない、山のうえの森林部分では棚田の耕作はできないというように、村のなかでそれぞれの場所によって土地の利用は異なり、はっきり分けられている」と述べており、この意見に代表されるように、「風景区と居住区は別」と回答する者が複数存在した。またこれと同様の回答は、旅行者のなかには存在しなかった。

　ここから、旅行者が地域の農村景観を全体として捉えているのに対して、地域住民は、必ずしも地域の農村景観を全体として捉えるのではなく、個別の土地利用方法に基づいて認識している者も多く存在することがわかった。農村景観を全体としてではなく、個別に捉えることは、村の生活のなかでの資源利用や土地利用の規則に基づいた生活者の視線がそこに確認できる。

5-2　農業と生活の変化に関する考え

　農業と生活の変化に関する考え方に関して、地域住民と旅行者の回答には多くの共通点がみられた。まず、農村景観の変化がある場合、「その変化を発生させている原因はなんであるか」という問いに対して、地域住民の最も多い回答では、「商売を行う人が増えた」と述べており、旅行者は、「旅行業による開発」と述べている。次に多かった回答として、地域住民が「労働力不足」と回答し、いずれも中国人旅行者であるものの、旅行者は「出稼ぎに出る者が多い」と回答している。3番目に多い回答では、地域住民が「春に菜の花を植えたから」と「風景区の管理をしている」とし、旅行者は「政府

の指導による開発」と「農民の努力による環境改善」との回答がみられた。

　地域住民と旅行者それぞれの1位から3位までの回答をみると、1位が旅行業進出による人々が従事する産業の変化であり、2位が労働力の変化と減少について、3位は棚田景観に対する政府の指導と地域住民の努力に関する内容である。いずれも、回答の際に用いた表現方法は異なるが、1位から3位までの回答に共通する視点が存在することがわかった。

　次に、「現在の農業活動での苦労を克服するために必要なことはなにか」という質問に対して、地域住民と旅行者の間に共通点と差異の両方がみられた。地域住民が必要であると考える回答の1位は、15名回答の「なにもいらない」であり、2位は14名回答の「労働力」であり、3位は5名の「補助金」であった。一方、旅行者の最多の回答は、10名が回答した「労働力」であり、2位は8名が回答した「資金」であり、3位は6名回答の「農業継続の奨励政策」という結果であった。この質問は、先にも述べたように、地域住民が農業での困難を克服するために必要なことを問うたものであり、当事者ではない旅行者が回答したものは、単にその予想に過ぎない。

　このように、「資金」と「労働力」という共通回答がみられたが、地域住民の最も多い回答である「なにもいらない」というものは、旅行者の回答のなかには存在しなかった。また旅行者の3番目に多い回答である「農業継続の奨励政策」は、地域住民の回答には存在しなかった。地域の外部者である旅行者は、政策面の充実と整備を必要と考えているのに対して、地域住民は政策を必要とする考えを持っていないことが明らかになった。

5-3　地域に対して問題視している点

　地域に対して問題視している点に関して、地域住民に対して質問した「農村景観を軸とした生活を継続していくために、現時点でまず、解決すべき問題はなんですか」という問いを立てた。これに対する回答結果は多様な回答に分散したが、最も多かった回答は、「宣伝を強化し、客を増やす」であった。次に、「棚田耕作の継続」・「棚田を重視する意識」・「水資源汚染問題の解決」

図 4-70　商品販売のため旅行者を囲む地域住民（大寨村）

2010 年 6 月著者撮影

であり、2位に位置する回答は、いずれも棚田耕作に関する問題であった。また水資源に関する回答は全て平安村住民のものであった。3番目に多かった回答は、「道路の整備」・「政府・旅行会社との協力」・「労働力の増加」・「補助金の増加」という回答であった。これらは、いずれもインフラ整備に関する項目として考えられる。

　以上の地域住民が地域に対して問題視している点を整理すると、最大の課題は、①「旅行者の訪問を増やすこと」であり、そのために必要な要素として、②「棚田耕作の維持による棚田景観の維持」であり、さらにそれを支える要素として、③「インフラ整備・地域での管理体制整備」といった課題が挙げられている。

　こうした地域住民の問題意識を受けて、旅行者が地域に対して抱く課題は、地域住民の最大の関心事である「旅行者の訪問を増やす」ことに対して参考となる重要な意見であると考えられる。旅行者に対して行った質問は、「あなたがここに訪れてから、最も残念に思ったことはなんですか」という問い

第 4 章　住民・旅行者・政府の農村景観への眼差し　271

図 4-71　入り口の路肩に続く商店（平安村）

2009 年 11 月著者撮影

であり、これに対して、最も多い回答は、「販売のために旅行者に群がる地域の人々」であり、次いで、「平安村の商業化」が挙げられた。それらの後に続く回答は、全て中国人旅行者が回答者であった「物価が高い」という回答と、外国人旅行者が 5 分の 4 を占めた回答である「残念に思ったことはなにもない」という回答があった。このように、旅行者が問題に思う点は、地域の人々の経済活動に関わるものであった。

　商品販売のために旅行者に群がる地域の人々に対する指摘は、いずれの村においても共通する問題であると旅行者は指摘している。さらに、「平安村の商業化」を残念に感じたこととして、平安村に対する批判的意見を述べる旅行者が多く存在した。

　先の調査結果と関連して、龍脊棚田地域の 2 つの村において、「あなたはどちらの村が好きか」という質問の調査結果は、大寨村と回答した者が 14 名で、平安村と回答した者が 4 名であった。龍脊棚田地域に訪れる多くの旅行者は、交通の便利な平安村のみに訪れる。しかし、上述したように、回答

図 4-72　民宿娯楽施設の案内（平安村）

2009 年 11 月著者撮影（豪華カラオケ部屋、バー、インターネットカフェ等の施設案内）

図 4-73　写真撮影用の有料衣装貸し出し（平安村）

2010 年 3 月著者撮影

者として選出した国内外の旅行者20 名は、全て 2 つの村を訪れた人々であり、いずれも団体旅行ではなく、個人旅行で地域に訪れていた人々である。都市から訪れた旅行者が龍脊棚田地域に訪れた理由として最も多いのは、18 名が回答した「棚田をみるため」であり、次に、7 名が「少数民族の文化を知るため」、6 名が「都市でのストレスを解消するため」と回答している。ここからもわかるように、旅行者は、近代化・工業化・商業主義化されていない都市にはないものを龍脊棚田地域に求めている。

一方で、上記の写真にあるように、棚田を中心とした農村景観が最大の資源である平安村では、それ以外に工芸品や食品を売る商店が立ち並び、様々な娯楽施設が用意されている。旅行者に対する調査の結果から、これらの商業化は、多くの旅行者が当該地域において嫌悪感を抱く要素となっていることが明らかとなった。こうした現象は、急激な速度で旅行開発がなされた地域にみうけられる世界中に共通する現象といえる。地域の持つ資源に価値・魅力を見出した旅行者が集まるようになったことから、地域において人々が手段を選ばずに商売をはじめ、地域の資源やそれを取り巻く環境と景観を破壊する結果となるのである。

図 4-73 の平安村で写真撮影のために用意されている衣装は、平安村の住民によると、これらは全て壮族の伝統的民族衣装と装飾品ではなく、単に色とりどりの衣装を商売用に使っているだけであるという。大寨村では、現在 30 歳代後半以上の女性は旅行業とは関係なく、日々、民族衣装を身につけている。これに対して、すでに現在平安村では、民族衣装を着ている人はごく稀である。その一方で、写真のように、平安村とは一切関係のない衣装を民族衣装と称して商業に用いている。

地域の人々が経済的豊かさを追求することは自然なことであるが、平安村では、その手段と方法に改善が必要であると考えられる。旅行者が訪れることによって、現在、地域において行われている商売は成り立つ。したがって、旅行者の需要を把握することは、今後の地域の発展にとって重要なことであり、調査結果に示された平安村の過度の商業化に対する批判や、それぞれの村でみられる商品販売のために旅行者に群がる地域住民の行動に対する批判を参考にする必要があると考えられる。

5-4　将来に対する予想

3 つの村の地域住民と国内外旅行者に共通する地域の将来に対する考えの結果は、将来も地域において棚田耕作による土地利用を継続するべきである、というものであった。それは、仮説として、将来、棚田を切り開いて平地での農業に切り替えて収穫量が増加する場合と、将来、棚田を切り開いて娯楽施設を建設して経済収入が増加する場合に、それぞれ棚田耕作を放棄する選択を支持するか否かという質問に対する回答において明らかとなった。いずれも、支持するという肯定的回答は皆無であり、「いいえ」か「相応しくない」という否定的な回答となった。農業・旅行業いずれの産業においても、棚田耕作による土地利用が当該地域には相応しいという地域住民と旅行者の共通の考えが示された。

次に、地域住民に対しては、「機会があれば、将来この地域を離れて都市に住みたいと考えるか否か」を問い、旅行者に対しては、「地域住民は、将

来機会があれば、この地域を離れて都市に住みたいと考えていると思うか否か」という質問を行い、ここでも先の回答結果同様に、異なる結果がみられた。まず、3村ともに地域住民の大多数が「いいえ」と回答し、「将来地域を離れて都市に住みたいとは思わない」と述べている。しかし、旅行者の予想は、14名が「はい」と回答して、4名が「いいえ」であり、旅行者の回答は、「地域住民は機会があればこの地域を離れて、都市に住みたいと考えている」という予想を述べる者が多かった。このように、旅行者の予想を反して、地域住民は、将来機会があってもこの土地を離れて都市に住みたいとは考えない傾向が明らかとなった。

　以上、将来の農村景観に関する考えは、地域住民と旅行者双方に棚田耕作での土地利用によって地域の発展を目指すべきであるという明確な共通認識がみられた。しかし、旅行者の地域に対する予想としては、地域住民がこの地域を離れて都市で生活することを望んでいるという予想を立て、またその他に、地域の農村景観は、商業化と旅行業依存への影響を受けるという予想をしている。こうした予想を受けて、当事者である地域で生活を営んでいる地域住民の大多数は、将来、地域を離れて都市で生活することを望まず、また、地域の農村景観が将来も「変わらない」と回答する者が最も多かった。将来の農村景観の様子に関しては、どちらの予想が正しいかは判断できないが、地域住民の回答者の大多数が将来も地域を離れて都市に出る考えはないと回答しており、この点については、村の持続的な発展にとって最も重要な要素である村の生活者・後継者の確保に関して楽観的に捉えることができる。

　先の結果を受けて、地域住民に対してのみ、村で生活を営む具体的な理由について質問した。都市ではなく、地域に留まることを選択する地域住民に対して、1つ目の質問として、「この地域と都市ではどちらで仕事をしたほうが収入は多いと思うか」という問いを立てた。これに対して多くの地域住民が「都市」と回答をした。上述したように、一般的に、中国農村部の人口は大量に出稼ぎ労働者として都市に流れる傾向があり、人々の価値観も収入の増加を最優先にした選択・行動が多いとされる。しかし、このように、調査地の3つの村では、回答者の大多数が都市で仕事をしたほうが収入は多いことを認識したうえで、都市には出ずに、村での生活を選択していることが

わかった。

　さらに掘り下げて、「なぜ、地域で生活することを選択するのか」という質問に対して、以下の回答結果が得られた。最も多かった回答は、「慣れ親しんだ場所だから」というものであり、次いで、「精神的・時間的に自由だから」、「家族と一緒に生活できるから」、「現在商売がうまくいっているから」、「環境がいいから」、また「自分はここでの生活を選んだ」と述べている。また少数意見として、都市との比較からの回答では、「外での出稼ぎは大変だから」とし、消極的な回答では「歳をとったから」、「学歴がないから」という回答があった。

　しかし、一方で、将来この地域で旅行業が衰退してなくなったとしても、棚田での耕作を継続するか否かを尋ねた回答の結果は、村によって大きな違いがみられた。古壮寨と大寨村の住民の大多数は、「関係なく続ける」、「恐らく続ける」としたのに対して、平安村の住民の大多数は、「やめる」、「恐らくやめるだろう」という回答をした。

　これらの回答を照らし合わせると、古壮寨と大寨村の住民は、地域に存在する旅行業という経済収入を得る手段がなくなっても、現時点では地域での生活を選ぶという考えを持つことから、経済的な豊かさよりも精神的な豊かさ・生活の質・地域に対する感情といったものを人々が重視する傾向があることが明らかとなった。平安村では、現在、地域で旅行業によって得られる経済利益が、都市で仕事をした場合の経済収入には及ばないが、しかし、地域での旅行業によって得られる経済収入の現状が維持されるという前提のもとでは、地域での生活を選択し、都市でのさらなる経済的な豊かさよりも、地域での精神的な豊かさ・生活の質・地域に対する感情といったものを重視することがわかった。換言すると、この前提が崩れ、旅行業がなくなった場合には、地域での生活を選ばないという考えである。

　したがって、これらの地域住民の回答から導き出すことができる予想は、古壮寨と大寨村の農村景観は、旅行業が衰退し消滅した場合にも維持される可能性があると考えられ、平安村の農村景観は、旅行業の衰退・消滅と共に破壊・消滅する可能性が大きいと考えられる。

5-5 旅行者が地域に求めるもの

　内山節（2006）は、農村へ旅行に訪れる都市からの旅行者を市場経済での生活に飽きた人々と述べている。龍脊棚田地域に訪れた旅行者に対する調査からも、この主張を裏付ける結果が出ている。まず、当該地域に訪れた理由の多いものとして、18名が「棚田をみるため」、7名が「少数民族の文化を知るため」、6名が「都市でのストレスを解消するため」という回答をした。これらは、いずれも都市には存在しない当該地域特有のものであると同時に、都市で金銭を支払って得られるものではない非経済的な性格を有するものである。

　一方で、地域に訪れてから残念に思ったことの理由として多いものは、9名が「商品販売のために旅行者に群がる地域の人々」、8名が「平安村の商業化」、5名が「物価が高い」というものであった。上記で示した旅行者が地域に訪れることで欲するものが非経済的性格を有するのに対して、欲しないものには経済的要素が示された。しかし、旅行者が回答したさらに具体的な個々の意見をみると、上記の結果から、旅行者は当該地域において金銭の支払いを嫌う・地域の人々との関わりを嫌う、というように単純に結論付けることはできないことがわかる。

　まず、旅行者が地域住民との交流を欲していることは、上記の地域に訪れた理由において、7名が「少数民族の文化を知るため」に地域に訪れていることからもわかるが、その他に、以下の意見がみられた。

- ■「私は中国語が全くできないので、地域の人と会話が成り立たないが、それでも大寨村の人々は友好的であることははっきりと感じられる。私は大寨村にいるほうが居心地良く感じる。」（イギリス、マンチェスター・会計士・27歳男性）
- ■「平安村の人々は、旅行者を見飽きているのかもしれないが、地域住民は、私たちと目を合わせたり、あいさつをしたり、おしゃべりをしようという人が少ない。物を売る人と旅館の客引き以外は、私たちを相手にしていない。しかし、大寨村では、老若男女全ての人が笑顔で

第4章　住民・旅行者・政府の農村景観への眼差し　277

あいさつをするし、私たちに対して友好的である。」（カナダ、エドモントン・無職・29歳男性）
■「平安村の人々は、大寨村よりもみな忙しそうにしていて、地域の人と気軽に世間話をできる大寨村とは違うと感じた。この点はどちらが良いかわからないが、大寨村の人は旅行者を珍しい眼差しでじっとみており、旅行者に好奇心を持って話しかけているが、平安村では、私が都市にいる時と同じように、私がよそ者であっても、それを気にする者はいない。」（中国山西省・NGO・33歳女性）

次に、商品販売のために地域の人々が、旅行者を囲むことを嫌う旅行者の代表的な意見は、以下の通りである。

■「工芸品を差し出して「help me, help me」と英語で外国人旅行者を囲んでいる大寨村の中年女性たちがいて、同じ中国人として恥ずかしく思った。」（中国広東省・自営業・53歳男性）
■「残念に思ったことは、商品を売るために地域の人々が私たちに群がるように集まって来たこと。」（中国北京市・大学職員・31歳女性）

一方、都会でのストレスを解消するために地域に訪れた旅行者の代表的回答は、以下の通りである。

■「都会でのストレスを解消するために来た。3年前にもここを訪れたが、本当にすばらしい場所だと思う。」（オランダ、アムステルダム・会社員・28歳女性）
■「大寨村にいると心が落ち着いて、静寂のなかで自分と向き合うことができるので、2年前から毎年異なる季節にここへ来て、1度に10日以上滞在している。」（フランス、パリ郊外・作家・48歳男性）
■「旅行者が少なくて落ち着ける。特に、休閑期の大寨村には旅行者がとても少ないので静かで良い。毎回異なる景観をみることができるのが魅力的である。」（フランス、パリ郊外・作家・48歳男性）

また平安村の商業化を批判する意見の具体的な理由として、代表的な意見は、以下の通りである。

- ■「平安村の発展と商業化は人をとても嫌な気持ちにさせる。こんな辺鄙な中国の山奥の村にたくさんの英語で書かれた看板があるのはとてもおかしい。平安村の２つの風景点はとても美しく保たれていて評価できるが、総合的に見て、私は純粋で素朴な大寨村の方が好きである。」（中国広西・求職中・23歳女性）
- ■「平安村の人々は村のなかにネットカフェやカラオケ、マッサージ店を作るべきでなはいと思う。行き過ぎた商業化によって、平安村は全く平安ではなくなっている。民族衣装も平安では記念写真を撮るためのものであり、なんの魅力も感じなかったが、大寨村の女性は旅行業とは関係なしにいつも民族衣装を着て、田んぼや畑の仕事をしている。棚田の面積も比べものにならない。大寨村の棚田は規模が大きく、壮観である。」（中国広東省・大学生・23歳男性）

大寨村と平安村の比較については、上記の個別意見からもみられるように、大寨村のほうが平安村よりも良いと回答した旅行者は20名中14名（国内旅行者6名・国外旅行者8名）であり、平安村のほうが良いと回答した者は、4名であった。平安村がよいという理由の代表的な意見は、以下の通りである。

- ■「平安村は、参観がしやすいし、ある程度なんでも売っていて便利であり、人も大勢いるので安心感がある。」（中国北京市・会社員・45歳女性）

上記の回答を総合的にみると、旅行者が地域を訪れる理由や地域で欲することと欲しないことが明らかになっている。地域住民は、旅行業での地域の経済発展を目指す場合、こうした旅行者の需要を把握する必要がある。経済利益を得るためには、単に、経済性・合理性・効率性を求め、その方法や目標は目先の利益を追うものではいけないということが明確となった。例えば、

旅行者に商品購入を懇願することや、華やかな飾りや娯楽施設を作り、即時に現金収入を得ようと考える方法を旅行者は最も嫌っている。したがって、旅行者は商品を買うことも施設を利用することもなく、さらに将来的な問題として、それらの旅行者が再び地域に訪れることはなくなるだけでなく、負の評判が他の旅行者に広がることも予測できる。

　一方で、地域に対する旅行者の評価から、地域の旅行業がいかなるものであれば、旅行者が集まり、また彼らが消費行動を起こすことにつながるかに関しても示されたといえる。旅行者の多くは、地域の棚田をみるために地域に訪れており、また地域の少数民族の文化、農村生活、都会の喧騒から離れた静かさといったものを求めている。いずれも当該地域が従来からの生活のなかで形成・蓄積されてきた非経済性を持つ要素であり、地域住民にとっては魅力のあるものではなく、自分たちの生活そのものである。換言すれば、地域の人々は、旅行者を受け入れるにあたり、華やかな飾りや娯楽施設を用意する必要はないのである。経済利益の獲得のためのこうした行為は、地域住民の意図とは逆に、経済利益を得られない方向に導いているといえる。上記の旅行者の意見と地域住民の回答から、特に、大寨村では、全ての季節において1週間以上から数ヶ月の長期滞在をする旅行者がみられることがわかった。旅行者が長期間地域に滞在するということは、宿泊・食事を中心に全て地域内での消費につながる。また複数回地域を訪れる旅行者も少なくなく、こうした「リピーター」が好むのは、大寨村である。それは単に、地域内での物質的な商業化が進んでいないことに留まらず、上記の意見にあるように、大寨村地域住民との人と人との交流を評価していることも明らかとなった。

　上述したように、対象とした回答者である旅行者は、いずれも団体旅行者ではなく、個人旅行者であり、大寨村と平安村の両方に訪れている旅行者である。旅行会社のプログラムに従って大型バスで大量に送り込まれ、2～3時間で平安村の一部分のみを急ぎ足で参観する旅行者や、平安村のみに滞在・宿泊する旅行者は、本調査の対象には含まれていない。それは、団体旅行者の行動と時間の制限があることからインタビューが困難であること以外に、最大の理由として、彼らは2つの村を比較することができないため、回答者

として選出することを避けた。したがって、龍脊棚田地域の旅行者の大半を占める団体旅行者の意見は含まれていない点に、本書での旅行者を対象とした調査に限界があることは否めない。しかし、こうした一過性の団体旅行者を大量に獲得し、その短時間にできるだけ経済利益を得ようとする形態は、将来的にみて持続可能性の低いものと考えられる。今日、龍脊の各村では、すでに明確な役割分担がなされているようにみえる。それは、一過性の大量の団体旅行者を村に通過させることを旅行業とする平安村と、農村生活、自然と人間の調和、少数民族の文化を認識、体験するという目的を持ち、地域住民との交流や長期滞在による地域の観察を通して、地域と深く関わる個人旅行者を対象としている大寨村、さらには近年、生態博物館制度のもと教育的要素を強く含んだ古壮寨である。いずれの場合も、本項で示した、旅行者が嫌うことと需要とを把握し、地域の旅行業に活かすことは、将来を見据えた地域の持続可能な発展のために重要といえる。

6　景観形成のための棚田耕作への移行（住民の視点）

6-1　景観地化する棚田

　龍脊棚田地域の3つの村でその程度に差異は存在するが、共に、今日、棚田耕作の主目的が食糧生産のための耕作から景観整備のための耕作へと徐々に移行し始めていることが明らかになった。

　2010年から平安村内に「平安村概要」と書かれた看板があり、そこには、村に関する簡単な紹介と共に、「平安村はすでに旅行業を主要産業とし、農業はそれを補う産業構造となっている（中国語：目前，村内已形成以旅游業為主、農業為輔的産業格局）」という一文が明記されている（図4-74、6～7行目）。

　図4-74の看板6～7行目に記載されている内容と関連し、平安村において旅行業と農業の2つの産業の存在と関係性をみるうえで興味深い例が、2月末から3、4月にかけて棚田に植えられている菜の花である。平安村の風景

第 4 章　住民・旅行者・政府の農村景観への眼差し　281

図 4-74　平安村入口にある村を紹介する立て看板（平安村）

2010 年 3 月著者撮影。

区にこの期間で植えられている菜の花もまた、旅行会社が主導となり、1 ムあたり 100 元分の菜の花の種や肥料にかかる費用を旅行会社が農家に対して負担し、それ以外に、1 ムあたり 100 元の補助金を農家に支払っている。この後者の 100 元に関しては、検査基準は厳しいものではないものの、開花後の検査を経て、合格した農家に支払われている。この菜の花の栽培は農業本来の目的ではなく、農閑期である初春の棚田景観に彩りを添える、完全に旅行業のための意図的な景観形成となっている。

次に、以下の図 4-75 と図 4-76、図 4-77 は、2 つの村で近年見られるようになった棚田の景観地化を示す写真である。図 4-75、4-76 は、2011 年冬から平安村にできた「棚田公園」と呼ばれる場所である。現在、旅行者でも立ち入ることが許される 1 番上の場所は、2011 年の秋までは、耕作用の 1 枚の田として耕作されており、図 4-75 に確認できる階段も存在しなかった。しかし、旅行者たちからの要望と政府との話合いを設けた結果、現在のように最上部の 1 枚を埋め立て、旅行者に棚田に親しんでもらうために、公園のように整備を行った。

図 4-75　棚田公園で遊ぶ旅行者（平安村）

2012 年 6 月著者撮影

図 4-76　棚田公園でオタマジャクシを捕まえる村の子供（平安村）

2012 年 6 月著者撮影

第 4 章　住民・旅行者・政府の農村景観への眼差し　283

図 4-77　政府の指導によって景観整備をした棚田・2（大寨村）

2012 年 6 月著者撮影。

　図 4-77 は、大寨村の景観整備に関する一例であり、特に、それぞれの場所の最上部にあたる部分の整備に力を入れていることが確認できる。具体的には、最上部の 1 枚の田の畦の草を完全には刈り取らず、残すことによって、下段の畦とは異なり、緑色を残して強調している。また最上部には水を張らずに、田ではなく、畑として利用して色彩を変えることや小さな樹木を植えることで景観を整備している。こうした取り組みは、2、3 年前から村民委員会が中心となってこの棚田を耕作している家庭の協力を得て実現した成果である。

　龍脊棚田地域の各村では、食糧を生産するという基本的な棚田の役割は現在も存在しているが、一方で、その場をより美しい景観として整備することや旅行者が立ち入ることのできる空間を一部提供するという工夫がなされている。ここには、すでに棚田の公園化・庭園化も見受けられる。

　農業の目的に関して、従来からの食糧生産を目的とする形態以外に、環境保全・景観保全のための目的に移行している地域が存在している。従来の農

業の目的を基準に考えた場合、龍脊棚田地域は、その収穫量・品質・農作業の効率の全てにおいて、大きく劣り、市場経済における他の地域との競争ができるものではない。しかし、従来の農業の目的以外に、第2の目的が市場経済と社会のなかで確立しはじめたことによって、豊かな森林資源のなか少数民族が生活を営む棚田景観を有する地域の特徴を活かすことが可能となった。ただし、ここでの条件として、景観保全のための農業は、農業のみではなく、農業と平行して旅行業の発展や環境・景観保全を全面に出し付加価値を加えた農産品の販売が必要となる。新たな農業の目的と形態は、これまで農産物の生産量が低く、貧困地域とされてきた農村における活路を生み出しているという点からも、肯定的に捉えることができる。このように、多面的な機能を持つ農業という産業は、必ずしも食糧生産のために行われるべきであると限定されるものではなく、食糧生産以外にも多様な目的・形態が存在して良いと考えられる。

6-2　地域住民の価値観と選択

　現地での調査を通して、地域住民の自らの生活に対する価値観・選択からも非経済的・非効率的な要素が含まれていることが明らかとなり、またそれらは地域の農村景観を維持している核心と促えることができる。

　本章で示したように、「都市と地域ではどちらで仕事をしたほうが収入は多いと考えるか」について、平安村では50名中29名が、大寨村では41名と古壮寨では46名が「都市」と回答した。それを踏まえたうえで、「将来、機会があればこの地域を離れて、都市に住みたいか否か」に関しては、平安村では50名中37名、大寨村では42名と古壮寨では39名が「いいえ」と回答している。

　回答者の地域住民は、地域内で仕事をするよりも都市で仕事をした方が経済収入は多いということを認識したうえで、地域に留まり、生活を営むことを選択している。その理由として、先に挙げた「慣れ親しんだ場所だから」、「精神的・時間的に自由」、「家族と一緒に生活できる」、「環境がいいから」

というものがあり、これらの非経済的理由によって住民は地域に留まることを選択している。

　三農問題が社会全体の大きな問題となっている中国では、貧困地域である農村居住者は経済収入を上げることが最優先課題であり、年々増加の一途を辿る都市へ流出する出稼ぎ人口は、2009年11月時点で1億5200万人を超えている。こうした社会のなかで、龍脊棚田地域に留まる住民には、都市に出ない理由として「歳をとったから」や「学歴がないから」という少数の消極的理由を抑えて、上記の積極的な考えのもとに、地域での生活を選択していることが明らかとなった。

　さらに、地域に留まることを選択する人々に、地域での土地利用と生活方法として、棚田を切り開いて平地での農業を行うことで生産量が多くなるという想定と、棚田を切り開いて娯楽施設を建設して経済収入が増加するという想定のそれぞれに対して、100％の回答者がこれを否定的に捉え、棚田による発展形態が望ましいと述べた。

　また「将来、地域で旅行業が衰退して、なくなった場合に、地域で棚田耕作を継続するか否か」という問いに対しては、平安村では21名が「やめる」、15名が「恐らくやめるだろう」と回答し、その合計は平安村の回答者50名中36名であり、7名が「関係なく続ける」と回答した。それとは逆の結果として、古壮寨では、50名中19名が「関係なく続ける」、23名が「恐らく続ける」とし、3名が「やめる」、3名が「恐らくやめる」という回答をした。大寨村の回答結果は、2つの村の中間となる結果であった。

　これらの回答からの考察は、彼らは、経済収入が多い都市での仕事よりも、慣れ親しんだ地域・環境のいい地域での自由な生活・家族との生活を選択し、さらに、その地域での生活は、棚田を中心とした農業と旅行業による発展形態を望んでいると結論付けられる。こうした価値観・思想が、地域の農村経営・農村景観形成を維持・発展させている最も根源的なものといえる。特に、大寨村では、祖先の功績やそれに対する尊敬の念を示す者が多く、大寨村の住民は当該地域の農村景観は、祖先のものであると述べる者が複数存在した。一方、平安村の住民は、質問への回答時に祖先に関する話題を選ぶ者は少なかった。大寨村には、先祖を重んじる瑤族の伝統的思想が現在も人々に受け

図 4-78　瑶族の村に存在する一対の祖先の像（大寨村）

2009 年 11 月著者撮影

継がれていることがみうけられ、すでに現在は物質的に存在していない祖先も地域に関わる 1 つの重要なアクターとして人々の精神的支えとなり、存在していることがわかった。

　次に、「自分の子供がこの村で生活をすることを望むか否か」という質問に対する答えは、大寨村の 50 名中 36 名が「強く望む」あるいは「望む」と回答し、9 名が「強く望まない」あるいは「望まない」と回答した。同様に、古壮寨でも 32 名が「強く望む」あるいは「望む」と回答し、3 名が「望まない」としているのに対して、平安村では 50 名中最多の 17 名が「強く望まない」とし、14 名が「望まない」と回答をし。合計 31 名が望んでいない結果となった。「強く望む」と「望む」は、8 名にとどまっている。それ以外は、いずれの村も「どちらでもいい」と「わからない」という回答となっている。平安村の人々が「望まない」と答える背景には、主に以下の理由が存在する。

■「うちの息子は大学まで出て、こんな村でなにをするというのだ。」（平安村・55 歳男性）

■「ここではすでに（多くの人間が商売をしており、）生存空間がないので、子供にはここで仕事をしてほしいとは思わない。私たちも来月村を出て桂林に移住する。」（平安村・48歳女性）

調査結果からも明らかとなったように、平安村では、大寨村と古壮寨を大きく上回る平均収入があり、旅行業の発展・定着と共に経済的な豊かさを実現している。しかし、住民は、自分の子供が将来、同地域で生活することを望んでいない。理由としては、上記の平安村の2名の意見がその内訳の代表的なものであり、これは、特に村内の中間層以上の回答者に多くみられた。

棚田を中心とした農村景観を資源とした地域での発展を評価し、現在の自身の生活に満足しているのであれば、祖先から受け継ぎ、さらに自分たちがこれまで蓄積してきた地域内での富を子供たちにも受け継いでほしいと望むはずである。

また別の質問に対する回答で、平安村の人々は、地域の旅行業が衰退してなくなった場合には、棚田耕作を継続しないと回答した者が多かった。現時点で村内に旅行業は存在し、発展を続けているため、被回答者の彼らは地域で生活を営んでいるが、しかし、次世代にはこの地域から離れ、都市でさらに豊かな生活を行ってほしいと望んでいることがわかった。

一方で、大寨村と古壮寨は、平安村よりも経済的に豊かではないが、地域の人々は子供が将来も地域で生活することを望んでいる。調査のなかでの一連の回答結果からみても、大寨村と古壮寨の人々は祖先の功績を称える回答や地域の生活、地域の文化財に対する肯定的な考えや誇りがみられ、また地域内の資源分配に関して、平安村と比較した場合、争いが少なく、政府・旅行会社と村との関係も良好であることが明らかとなった。こうした要素の総合的な結果が、子供たちが将来、地域で生活を継続することを望む背景となり、また自身の現状の生活に対する満足感につながっていると考えられる。

大寨村と古壮寨の発展形態は、鶴見和子（1999）のいう内発的発展に当てはまるものであると考えられる。鶴見は、内発的発展を近代化論との対比をもとに、以下のようにまとめている。社会構造および人間の行動、思考様式は、工業化の進行にともなって近代型へ移行するものと考えられている。こ

れに対して内発的発展論では、地域に集積された社会構造および精神構造の伝統を重視する。現代の問題を解決するために、人々は伝統の中から役立つものを選び出し、それを新しく創り直して使うことができると考える。近代化論は、経済成長を主要な発展の指標とする。これに対して、内発的発展論は、人間の成長を主要目的とし、経済成長をその条件と見なすものである。

　本章に示したように、3つの村の住民はいずれも生活のさらなる向上を望みながらも、棚田を最大の資源と位置付けた地域発展方法以外は存在し得ないという明確な考えを示している。しかし、一方で、今日、すでに棚田の公園化・庭園化がみられ、単純な食糧生産のためだけの棚田耕作ではなくなってきていることは明白である。それを受けて、今後、龍脊棚田地域において棚田の耕作活動がすでに旅行業のための一種のパフォーマンスと化し、棚田は旅行資源維持のために残さざるを得ない状況となっていくのではないだろうか、という疑問がある。そのうえで、本来の農業の目的を失い、旅行業のための農業は成り立ち、また継続可能であるのか、またいくら棚田維持のための補助金を投入しても、その個人の用途を管理することは困難であり、その補助金の利用方法、また、本来、農業という他産業とは異なる性質を持つ産業での土地利用継続は、地域住民の意思と価値観に委ねられると考えられる。結局のところ、棚田保全のためのいかなる制度も旅行者のいかなる要求もその本質的部分を動かす力を持ち合わせていないと考えられ、住民の棚田耕作に対する考えや、農村景観の維持に対する意識と価値観がその大部分を決定する要素であるといっても過言ではない。

　地域における旅行業の発展は、農業の基盤があってはじめて存在するものである。そのため、地域の人々が棚田の耕作を放棄することは、地域に大きな収入をもたらしている旅行業を衰退させることにつながる。3つの村の調査から明らかとなった地域の景観保全、また農業、旅行業を含む生活形態に関する意識の差異は、今後の旅行業のあり方、地域の発展形態の方向性に大きな影響を生み出すものであると考えられる。

7 所得政策と結びつく棚田景観（政府の視点）

7-1 龍脊棚田地域の農村景観保全への規制と生態補償

　2005年に龍勝県政府が平安村において、県級景区管理室を設置した。その後、2006年から平安村と大寨村では、伝統的な家屋の統一や棚田景観を考慮し、新規建築禁止の場所を各村内に規定し、管理を行っている。これらの規制による補償金は設けられていない。

　自身が所有権や使用権を持つ土地であっても、景観保全上の理由から政府が建築禁止とした場所には、建物を建築することはできない。代表的な例として、大寨村の30歳女性（2015年）は、「私の兄が2006年に家を建てた際、建てた場所が規定違反の場所であったために取り壊され、10万元以上の資金が無駄になった。これは、全て周囲の景観を壊すという理由から取り壊されたものである。この規定は2006年からはじまった。」とインタビューで回答している。こうした規制は、家屋建築や外観の統一に関わる内容だけではなく、農作業用品を収納する小屋の設置や家屋周辺への植樹といった内容に関しても規制があるため、政府からの厳しい規制に対する不満を抱く住民が多くみられる。

　図4-79は、大寨村の既存の住居家屋と小学校、村民委員会の家屋、風雨橋の位置と今後、新たに建築されることが許可された家屋の数箇所が示された図案である。ここに示されている場所以外に建築物が存在した場合は罰金の対象となる。

　上記のように、村内の基本的な土地利用に関する規制が大枠として存在し、そのもとに棚田景観の保全・形成に関する政府からの規制が存在している。図4-80は、棚田景観保全のために、龍脊鎮人民政府・龍脊風景名勝区管理局が2014年5月22日に地域住民に通達した内容である。こうした棚田耕作に関する規則や保全のための取り組みは旅行業開始以降徐々に厳格なものとなり、管理局は、毎年、地域で田植えを行う前後の4月～5月に通知を各村

図 4-79　村内の建築家屋の許可地点を示す図（大寨村）

2012 年 6 月著者撮影

図 4-80　政府からの「棚田での水稲耕作の確保に関する通知」（大寨村）

2014 年 9 月著者撮影

民委員会に通達し、村内での周知を図っている。

　図 4-80 の「棚田での水稲耕作の確保に関する通知」内容の日本語訳は、以下の通りである。「龍脊風景名勝区の皆さま：『風景名勝区管理条例』、『龍勝龍脊風景名勝区計画建設管理方法』にしたがって、龍脊風景名勝資源の管理に対する強化のために、風景名勝資源の永続的利用、風景区の経済と社会発展を促進する。関連事項の通知は以下のとおりである：

　　一、棚田景観の保護と棚田の補修耕作実施を強化し、棚田の勝手な用途の変更、荒廃、破壊をしてはいけない。請負での棚田耕作を行う農家は、必ず水稲を栽培しなければいけない。他の作物の耕作、荒廃、破壊をした全ての者は、関連部門と村民委員会を通した教育責任命令によって水稲栽培の回復、修繕を行わせる。回復、修繕を行わない場合は、関連部門と村民委員会が当該農家の棚田保全費受給、風景区入場チケット収益分配とその他の農業政策の恩恵を受ける権利を取り消す。ならびに組織精神隊（村民で組織する棚田景観保全チーム）が代行する水稲耕作の回復、修繕費用は当該農家の負担によるものとする。

　　二、請負農家が 3 年間、自主的に棚田耕作を行わない場合は、土地請負法によって、村の集団の土地となる。

　　三、全ての村内で旅館経営や旅行産業に携わる農家が棚田を荒廃させる或いは棚田の用途変更（他の作物の栽培）を行った場合は、旅行関連の待遇政策や農業政策の恩恵を与えない以外に、「天下龍脊旅行ネット」と村の入場チケット売場のロビーに不誠実な経営農家の名前を公表する。

　龍脊鎮人民政府　龍脊風景名勝区管理局　2014 年 5 月 22 日」

　図 4-81 の内容は、「平安村各旅館、レストランの経営者および農家：自治県が展開する『美しい広西、清潔なまち』活動部門の要求にしたがって、龍脊風景名勝区は、6 月上旬に風景区の中心部分（平安、大寨、龍脊）の清掃、衛生管理を完了させる任務がある。『美しい龍脊、清潔な風景区』を実現するために、2013 年 6 月 5 日以前に、平安村の各旅館、レストランおよび農家の家屋周辺における大清掃活動を行い、目に触れる範囲内のビニール袋ゴ

図 4-81 「平安風景区環境衛生整備に関する通知」(平安村)　　図 4-82 「龍脊風景区核心地域内統一稲刈りに関する通知」(平安村)

2014 年 9 月著者撮影　　　　　　　　　　　　　　　　2014 年 9 月著者撮影

ミの清掃を行い、特に、遊歩道の両側と風雨橋にゴミ箱を設置するよう、平安村の 2 つの委員会(村民委員会、村総支部委員会)に対して要求する。
　龍脊鎮人民政府　龍脊風景名勝区管理局　2013 年 4 月 1 日」という内容である。
　また図 4-82 の内容は、「農家各位：2014 年国慶節旅行ゴールデンウィークが間もなくはじまる。多くの旅行者に龍脊の秋の黄金の風景を満喫してもらうために、また私たちがさらに多くの収益を得るために、村規民約にしたがって、『三統一』として、統一の田植え、統一の耕作、統一の稲刈りを実行する。慣例の 10 月 18 日以前の稲刈りを禁止する。これに従わなければ、毎ムごと 1000 元の罰金を科す。
　龍勝県龍脊鎮平安村民委員会　2014 年 9 月 9 日」と記されている。
　上記のように、今日、政府の政策、また村民委員会の規定によって、棚田耕作の各時期において、旅行業を視野に入れた景観形成、整備に関する規制されている。それぞれの内容からもみられるように、生態補償の原則ともいえる規制に伴う補償金の分配は、龍脊においても行われている。さらに、規定への違反者には、補償受給解消の他に、罰則が具体的に設けられ、規制の徹底を行っている。

7-2 菜の花プロジェクトを通じての生態補償

　地域内において、電気・道路・メタンガスのインフラ整備が完了している今日、当該地域における補助金制度は、主に、地域の景観形成に関する分野に集中している。地域住民が政府の農村景観整備計画にしたがって、農地や山の整備を行うことによって補助金を受給できるという制度が現在地域に多く存在し、その中心といえるのが菜の花プロジェクトを通じた補償金の交付である。

　農閑期の菜の花プロジェクトをはじめとする景観形成は、農業のためではなく、旅行業のために行われているといえる。地域住民は、花が枯れてから葉や茎部分を豚のえさにするという少数意見が存在する以外は、菜の花を採油や食用として活用することはなく、単に景観形成のために棚田に植えていることが調査からも明らかになった。また図4-83からは、菜の花プロジェクトへの参加が任意である印象を受けるが、村内において標高が比較的高い地域や旅行者が足を伸ばすことが少ない部分の棚田を除いて、農閑期に菜の花栽培が可能である政府からの指定区域の棚田保有者は、強制的にこのプロ

図4-83　村民委員会が政府の補助金支給制度を活用するよう住民に促す通知

図4-84　政府からの補助金と指導による菜の花での景観整備の内容

（大寨村）

（大寨村）

ジェクトに参加しなければいけないことも調査から明らかとなった。

　この菜の花プロジェクトに関して、大寨村村民委員会の潘主任は、菜の花プロジェクトが開始された1、2年目は、多くの地域住民が、農閑期に新たな労働が増加することに対する不満を持っていたという。しかし、菜の花の景観は、旅行者からの評価も高く、また農閑期であっても1年を通して、旅行者に美しい棚田を見せるという習慣を地域住民に植え付け、結果的には、旅行業の発展のためには、棚田の景観保全が最も重要であるという意識を持たせるものとなった、と述べている。図4-84にみられるように、2009年には、菜の花の栽培面積が大寨村で500ムであった。また村全体の面積が小さい平安村においては、280ムであり、これらは、気候や土地、菜の花の品種を試験的に交換しながら実施したもので、補助金の金額も1ムあたり100元の補助金であった。古壮寨が旅行業に参入し、地域の入場チケットの範囲に含まれた2011年からは、3つの村であわせて1080ムの面積で菜の花が栽培され、2012年には、「龍勝各族自治県2012年龍脊景区油菜種植実施法案」として正式に実施されるに至った。これまでの試験的な栽培から、より明確な菜の花栽培の範囲、品種、植え付け時期が規定され、補償金も1ムあたり130元として、安定的な支給がなされることとなった。

　図4-83に書かれている通知の内容は、以下の通りである。「通知。各農家へ：向上を目指す精神に基づき、2009年冬に菜の花を植え

図4-85　政府の補助・指導により植えられた農閑期の菜の花（大寨村）

2010年3月著者撮影

2010年3月著者撮影

図 4-86　政府の補助・指導により植えられた農閑期の菜の花（平安村）

2010 年 3 月著者撮影

る農家は、11 月 2 日（旧暦 9 月 16 日）前に植え終えること。検査を受けた後にすぐに補助金が受けられるが、期限を過ぎて植えた者には補助金が支給されない。2009 年に、毛竹（細い竹の種類）を拡大して植えた農家は 11 月 7 日（旧暦 9 月 21 日）までに、山の手入れ作業を終えること。速やかに補助金を受け取り、政府の補助金政策を享受しよう。以上。大寨村民委員会、2009 年 10 月 31 日。」

　図 4-84 に書かれている通知の内容は、以下の通りである。「桂林市秋冬農業の模範地点。模範地点：龍勝県和平郷大寨村。面積：500 ム。植え方：耕さずに直接植える。1 ムあたりの平均生産量：100kg。主要品種：中双 7 号。主要技術：優良品種と耕さずに直接植える方法による。模範地点責任者：劉時昌。技術責任者：呉維璋。組織部門：桂林市農業局。実施部門：市農業技術推広駅（農業技術促進拡大の課を意味する）、龍勝県農業局、和平郷人民政府。2009 年 12 月 20 日。」

　また景観規制以外の生態補償として、退耕還林政策によって、水源林に近い一部地域の棚田を森林に戻すことが義務付けられ、それに対する補償が行

図4-87 マイクロクレジットの説明（大寨村）

2012年6月著者撮影

図4-88 村内のマイクロクレジットの一連の手続きを行う事務所（平安村）

2014年9月著者撮影

われている。しかし、本来、山頂の水源林付近の棚田での米の収量は少なく、統一基準で支給されている金額が作物生産額を下回ることはなく、この補償に対する住民の不満は生じていない。

その他、図4-87、図4-88に示されているように、2010年からは、旅行業と農業の両立を目的としたマイクロクレジット制度の導入が始まり、多くの住民が活用をしている。

7-3 従来の生態補償をめぐる問題への対応

中国における生態補償の問題点は、主に、補償の基準・金額・期間に関するものが挙げられ、また旅行資源としての農村景観の保全と利用による発展をめざす生態補償においては、多くの失敗が指摘されてきた。龍脊棚田地域での農村景観保全に関する生態補償をこれらの問題点に照らし合わせると以下のように考察することができる。

当該地域での景観保全に関する生態補償では、まず、補償基準に関して、合理性への疑問と住民の不満がみられた。例えば、農閑期の菜の花プロジェクトにおいて、2009年には1ムあたり100元、2012年からは1ム130元の補償金が出されている。また旅行者が地域に入る際の入場チケット収益の村への分配は7％と決定している。しかし、これらの数字には科学的根拠はなく、政府が財源をもとに基準を決定して補償金の分配をしている。また補償

期間に関しては、国の計画経済政策のもとで5年、あるいは8年の期間が定められている。しかし、これまで、住民からの政府への働きかけと政府側からの決定によって、補償期間の更新・延長がなされてきている。補償期間の延長不可と地方財政圧迫には、密接な関係があり、中国国内の他の地方では、往々にしてこの問題が見受けられるが、龍脊においては、旅行業による収益が年々増していることから、政府の財政も豊かになっている。特に、龍脊に参入している旅行会社は、政府系の旅行会社が多いため、補償の基本となる地方財政圧迫は、これまで問題とはなっていない。

　さらに、上述したように、政府が一方的に景観保全を住民に強制していることに対する住民の不満は存在する。しかし、住民が搾取され、強硬な政府と弱者としての住民というだけの構図が龍脊に存在するとはいえない。中国には、「上有政策，下有対策（上に政策があれば、下には対策がある）」という言葉があるように、住民は、これまで食糧生産を主目的として行ってきた棚田耕作が景観形成・保全のための耕作という位置づけが加わり、またその営みに生態補償という形で、賃金が支払われることを熟知している。そのうえで、先の第6節で事例を紹介したように、戦略的に政府の政策や理念に合わせた自助努力による景観形成・保全を行っているといえる。

　現在、地域内外において、農村景観が地域最大の資源であるという認識がこうした政府の補助金支給政策からもみることができ、外部者からの評価の高い農村景観が、地域に対する政府の所得政策の核となっている。また地域において、旅行業へ従事する者の増加や高齢化による労働力不足・稲の品種改良による耕作放棄地の増加といった理由から、将来、棚田耕作が継続されることに対する危惧が生まれている。国内外から評価される農村景観を有する地域において、今後の維持が困難である場合、政府が政策と直接支払いによって、それを支持することは重要であると考えられる。なぜなら、地域の農村景観は、国内外に認められる公共財として位置づけられるからである。また総合的にみて、龍脊棚田地域の住民は、こうした時代の変化、社会からの需要の変化を活用し、他の多くの農村地域と比べて政府との良好な関係を構築し、地域のさらなる発展を目指しているといえる。

【付記】

　本章は、①2015年2月発行のJournal of Environmental Science and Development (IJESD) Vol. Ⅲ, No.4に掲載された論文：Masumi Kikuchi, Rural Landscape Preservation as a Core Rural Income Policy: The Case of the Longji Rice Terraces Area in Guangxi, China、②2015年3月発行のWASEDA GLOBAL FORUM No.11に掲載された論文：菊池真純「乡村景观维护成为生态补偿及扶贫开发政策的核心：以中国广西龙脊梯田为例」、③2012年11月発行の『農村計画学会誌（論文特集号）』第31号に掲載された論文：菊池真純「旅行業の発展によって景観地化する棚田」、④2015年3月に発行されたMathesis Universalis (Bulletin of the Department of Interdisciplinary Studies) Vol.16, No.2, 菊池真純「生态补偿政策之下的地方政府与当地居民关系：以中国广西龙脊地区为例」、⑤2011年4月に発行の『アジア太平洋研究科論集』第21号に掲載された論文：菊池真純「農村景観の資源化過程とその活用——中国広西省龍脊棚田地域の発展段階の異なる2つの村を事例に——」に加筆したものである。

第 5 章

農村景観資源の動態的保全戦略

はじめに

　本章では、龍脊棚田地域での農村景観の資源化がどのように進んでいったのか、また地域では資源の動態的保全をいかに戦略的に行っているかを論じ、本書の研究事例からみる他の山間地域・中山間地域農村への示唆、一般化を図る。
　龍脊棚田地域の戦略的な農村景観の動態的保全を考えるにあたり、1、本業である農業の位置づけとそれを支える副業としての旅行業の位置づけ、兼業の奨励とその捉え方、2、地域の伝統的な村落共同体をもとにさらに多くの外部アクターを取り込み、時代の変化に応じた村落共同体の再編成の必要性、3、地域の発展阻害要因として従来存在してきた地域の弱点を強みに変えた旅行業への活用、に関して考察を行う。さらに、地域の農村景観資源を持続的に保全しながら最大限に活用するために必要不可欠な要素といえる①伝統的村落共同体の重視と再編成、②資金の確保、③労働力の確保、④付加価値の追加、⑤地域に適応した発展形態の選択、に関して、それぞれ評価と考察を行う。最後に結論として、龍脊棚田地域の質的変化が現代中国で意味するもの、市場経済への緩やかな移行、他の山間地域・中山間地農村への示唆、農村景観の動態的保全に関して論じる。

1 農村景観の資源化による保全

1-1 龍脊棚田地域における農村景観の資源化

　龍脊棚田地域における農村景観の資源化に対する各アクターの働きかけをまとめると、以下のようになる。1994年に李亜石という桂林のジャーナリストが撮った写真と映像によって、龍脊棚田地域の農村景観が世間に紹介されて大衆の注目を集めた結果、この需要を汲み取った政府と旅行会社が当該地域における旅行業発展の整備を行った。それによって、地域には多くの旅行者が訪れるようになり、地域住民は旅行者からの農村景観・棚田・伝統文化に対する評価を受けることによって、地域の農村景観に対する美的価値を再確認し、資源としての価値を確認するに至った。

　調査結果からも明らかになったように、地域住民は、自身の地域の農村景観を美しいと評価することや、その価値を意識していない場合が多い。したがって、過去の龍脊棚田地域のように、外部の眼に触れることのない閉鎖されている地域の状況では、農村景観は資源ではなかった。地域の農村景観が都市住民や旅行会社といった外部者によって認識され、価値のある資源として評価を受けてはじめて資源となったのである。農村景観が資源となる時、それはその農村景観を取り巻く社会の発展度や成熟度とも大きな関係がある

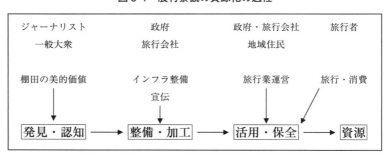

図5-1　農村景観の資源化の過程

と考えられ、この資源化の背景は、近年急速に進む中国都市部の工業化・現代化による発展を抜きには考えられない。こうした現象は、これまで世界中でみられてきたものであり、経済発展を遂げた都市部で生活を営む人々が、工業化・現代化による経済効率を最重視した発展のなかで、その矛盾と限界を感じ、自然回帰思想を持ちはじめ、また多様な価値観が生まれるなかで、農村への憧れや汚染の少ない自然環境を求めるようになったことが挙げられる。こうした都市部の人々を内山節（2006）は、「いままでの働き方や価値観にアキた人々」と表現し、それは、世界中で常に新しいものが求められ、発展と進歩が際限なく続くと考えられてきた市場経済が絶対的なものではなくなっていることを社会全体が認識しはじめていることを示していると述べている。

　こうした流れは、農村地域にとっての転機といえる。特に、上述したように中国社会には、農民・農業・農村の三農の状況が存在し、二元戸籍制度によって明確に都市住民とは区別されている低い社会的な位置づけがある。都市と農村では、大きな貧富の格差があり、それがさらに拡大する現代の中国では、「調和のとれた社会の構築（建立和階社会）」が目標に掲げられている。そのなかで、都市部住民の農村に対するこれまでとは異なった肯定的な評価と旅行による農村への訪問や農産物の消費行動による積極的な関与が起きていることは、中国の都市と農村の関係に大きな変革をもたらしたといえる。都市住民が農村旅行業を通して農村地域に関わることで、当該地域の環境問題や地域文化に影響を及ぼす問題は確かに存在している。しかし、今日、「小康」と呼ばれる中間層以上の都市人口が増え、その層に農村旅行業を浸透し、今後さらに発展していくことは、都市住民の需要に応えること以上に、農村地域の発展を促すという点で積極的に捉え、促進させていくことが望まれる。

　龍脊棚田地域では、いずれの村も棚田を中心とした農村景観の保全と活用によって、地域内で農業を補完する産業である旅行業を今後も継続していこうとしている。しかし、その手法・形態はそれぞれ異なり、その村を訪れる旅行者の属性・意識・滞在期間・目的も大きく異なることが示された。今日、当該地域の3つの村では、それぞれ異なる農村景観保全の形態が確立している。

平安村では外部の変化に伴って地域内部の変化が生まれているなかで、制度による規制で農村景観の動態的保全を行っている。一方、大寨村では外部の変化を受けても地域内部の規範・価値観がそれに大きく左右されていないために、これまでの伝統的な生活が維持され、農村景観の動態的保全が可能となっているといえる。古壮寨は、生態博物館という制度のもと、地域をまるごと動態的に保全し、それを活用して地域を発展させていくという方法と方向性が定められたうえで、旅行業が開始されている。

1-2　旅行業の平安村

平安村では、外部要因の影響を大きく受けたことによって生じた地域内の人々の価値観の変化や資源管理をはじめとする地域内での規則・規範の変化が地域の人々の生活を変化させた。それに伴い、地域生活の総体的表現である農村景観にも変化が生まれることとなる。しかし、こうした一連の変化のなかでも、旅行業の重要な資源である農村景観を保全していくために、政府と旅行会社が設けた制度によって、厳しい景観管理が実施されている。先に示した地域住民の回答にもみられたように、旅行業開始以前よりも現在の棚田は整備され、農村景観は美しくなってきているという理由は、この制度での規制による成果だと考えられる。換言すれば、時代の変化と共に人々の生業に変化が生じたことによって崩壊・消滅するはずの地域の伝統的農村景観を上からの一定の強制力によって整備・維持を強化している状況である。このように、現在、平安村の農村景観は、制度によって保全・維持されている要素が強まってきているが、これも時代の変化のなかでの1つの動態的保全の形ということができる。

平安村では、地理的に大寨村よりも訪れやすい場所に位置することから、旅行会社の案内のもと、大量の団体旅行者が大型バスで訪れている。外部から平安村へ至る道のりと、平安村内部の通路は、いずれも大寨村や古壮寨と比較した場合、参観しやすい所要時間と距離、また緩やかな道の傾斜がみられる。こうした条件が、平安村の旅行業発展を促進し、さらに、旅行者のイ

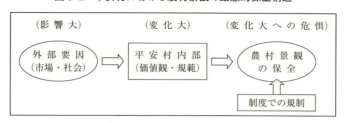

図 5-2　平安村における農村景観の動態的保全構造

ンタビューにみられた批判のように、商業化を加速させてきたといえる。このように、一過性の大量の団体旅行者が次々に村に訪れ、同時に次々と帰っていくという速い循環が平安村の旅行業のなかには形成されている。また消費者に対する消費の選択の幅も広く、農村の郷土料理・他地域の中華料理・西洋料理があり、宿泊施設に関しても豪華な内装のホテルから安価な民宿まで消費者に幅広い選択肢が用意されている。また周辺地域と比較しても平安村での物価は高く、それぞれの単価は高いといえる。

　これらの特徴から、経済利益追求における速度と効率の高さを有する平安村での旅行業は、すでに市場経済のなかに取り込まれ、それに適応しているということがわかる。インフラ・商業施設・景観が整備されており、大量の短時間滞在旅行者を受け入れているため、平安村住民の平均収入も周辺地域と比較しても抜きん出ている。すでに確立している上記の旅行業の形態は、平安村での旅行業の特徴であり、これは、貧困地域とされてきた山間地域・中山間地域農村の発展という枠組みのなかでの1つの成功例として評価でき、今後も継続されることが予想できる。またこれが平安村にとって地域に合った発展形態であると肯定的に評価をすることができる。

　しかし一方で、本書の調査のなかで示された、平安村の商業化に対して集中した旅行者からの批判も軽視することはできない。これまで、価値のある資源として評価をされることがなかった農村景観が資源として評価される時代が訪れ、その傾向は強まっていくと考えられる。したがって、今後、ますます伝統文化が継承されており、商業化・現代化の及んでいない農村への評価は高まっていくことが予想できる。他の旅行名所と同様の形態によって、旅行業を確立している平安村ではあるが、他の地域と平安村を区別している

特性は、棚田を中心とした壮族の農村生活が作り上げた農村景観である。常に新しい旅行者を求めて、使い捨てのようにその時々の一過性で大量の旅行者を対象とする考えでは、平安村の旅行業には限界があるといえる。旅行者の意識がさらに高まり、他の地域には存在しない龍脊棚田地域特有の農村生活、文化を包括した農村景観を求めるようになった場合、どこにでもみられる商業化された景観と経済利益を第一に考える地域の人々のみが存在するのであれば、今後、一過性の旅行者も地域には訪れることはなくなると考えられる。

平安村は、自給自足を行っていた閉鎖的な農村環境から、わずか数年の間に旅行業を通して大きな発展を遂げ、市場経済のなかに順応してきた。平安村での旅行業の確立は、地域の発展形態として肯定的に捉えられるが、さらに都市の基準や市場経済の基準に村の発展を合わせていくのではなく、地域の伝統性、独自性を再度見直し、他の地域とは異なる特色を活かしていく必要がある。

1-3 グリーンツーリズムの大寨村

今日、大寨村も道路の開通と旅行業の発展によって、外部社会からの影響を受けている。しかし、その影響を受けながらも、地域内での価値観・規範には大きな変化が見られず、村の伝統的生活形態を保持している部分が大きいといえる。この背景にある最も大きな理由の1つは、大寨村の地理的な位置である。大寨村は3つの村のなかで地理的に最も奥まった山の中に位置し、その面積も広大であることから、道路が開通している今日においても村に訪れる、あるいは村から外部に出るためには時間がかかり、また勾配があり、曲り角の多い悪路を通る必要がある。この物理的距離によって、外部社会からの影響を受けにくい状況を作り出しているといえる。

2つ目に、調査から明らかになったように、大寨村の人々には、先祖を敬い、伝統的生活を重視する価値観と選択が随所に見受けられる。薪炭を利用した生活や民族衣装を身にまとった生活は、旅行業のためのパフォーマンスでは

図 5-3　大寨村における農村景観の動態的保全構造

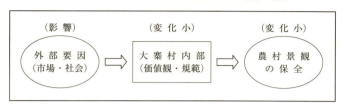

なく、地域の人々が自らの暮らしぶりとして選択していることが長期の参与観察調査によって明らかになった。さらに、「第二の平安村にはなりたくない」という大寨村全体に共有されている合い言葉にも示されているように、経済発展のために旅行者の需要に合わせて自分たちの生活を変えることは望んでいない傾向が強い。大寨村における発展は、地域住民自身が精神的に幸福感を得られる生活の選択と実現を目指し、政府や旅行者といった他者のためにではなく、自分たちのために民族文化や棚田耕作の継承を行っている部分が大きいことが明らかになった。

　大寨村は、旅行地としてみた場合、地理的特徴として外部社会からの道のりが遠い、村の規模が大きい、村内の通路が平坦ではない場所が多いという特徴が挙げられる。こうした地理的条件が最大の要因となり、平安村よりも発展が遅れ、経済収入も低い大寨村であるが、個人旅行者の大寨村に対する評価は高いことが明らかになった。上述したなかで、平安村は旅行業を確立したと表現した。それに対して、大寨村では、グリーンツーリズムが振興しており、それを今後も継続して発展していく可能性が大きいと考えられる。グリーンツーリズムの目的・対象・範囲・価値観については、これまで上述してきたように、単なる旅行業とは差異がある。古池嘉和（2007）は、青木辰司の主張を引用し、「環境保全や社会・文化の持続可能性の確保という意味が『グリーン』に込められていることを看過すべきではない」と述べ、一般的な旅行である「ツーリズム」とグリーンツーリズムの違いを主張している。

　本書の調査で、個人旅行者である国内外の旅行者の多くが、平安村との比較のなかで大寨村を評価した理由は、農村景観に人と自然の調和が感じられることや、地域住民の旅行者に対する友好的な態度によって、交流が生まれ

ることを挙げている。その他に、商業化が進んでおらず、少数民族の伝統的生活習慣が残されている点や、棚田と山林の規模が大きく、広大な自然環境を享受できる点を挙げている。

　中国において大型連休のある5月初旬と10月初旬を除いて、大寨村へ大型バスで団体旅行者が訪れることは平安村に比べてはるかに少ない。大寨村へ訪れる者は、グリーンツーリズムを求める長期滞在の個人旅行者が中心となっている。長期の滞在では、必然的に地域住民との交流も増え、田植え・稲刈りの時期に、旅行者の農業体験を行っている農家も存在する。このなかには、「リピーター」として複数回大寨村に訪れる旅行者が存在することが地域住民と旅行者双方へのインタビューから確認された。大寨村では平安村とは逆で、村内での物価は低いが、旅行者の長期滞在によってまとまった収入を得ることが可能である。

　都市からの旅行者や政府・旅行会社からの一方的な要求として、地域社会の生活に過去の伝統的な生活を強い、棚田耕作を強いることで、地域の農村景観を都市住民の理想のものに強制することはできない。またそうした地域住民の生活を犠牲にした保全は、持続可能性がないと考えられる。しかし、大寨村では、村民委員会をはじめとして多くの住民が、「私たちも発展を目指すが、第2の平安村にはなりたくない」と主張している。この背景には、平安村の商業化と経済利益を最重視する人々の価値観を批判的に捉える大寨村の人々の考えがある。彼らの主張する発展の具体的な方法は、これまで大寨村で行われてきた祖先から受け継いだ文化の継承・農業を重視した生活・旅行者との交流の重視というように、量よりも質を重視していることがわかる。グリーンツーリズムとは、そうした当該地域の農村経営姿勢に対して共感を持ち、地域の全てを包括した農村景観を評価する人々が、地域に集まることが地域にとっても望ましいと考えられる。都市からの旅行者が地域を選択するように、地域住民もまた自分の地域に訪れる旅行者を選択する権利はあるといえる。当該地域のように、豊かな自然環境のなかで、村落共同体が農業という生業を中心に生活を行う地域では、住民が主導となり、地域独自の規則によって旅行者を滞在させる形態が存在することも地域の保全・発展において必要となるのではないだろうか。

第 5 章　農村景観資源の動態的保全戦略　307

図 5-4　大寨村内を歩く旅行者（大寨村）

2012 年 6 月著者撮影

　今日、都市からの旅行者の質が徐々に高まり、グリーンツーリズムを欲する人々が今後さらに増加していくことが予想できる。したがって、目先の利益を重視した旅行者に媚びた商業化ではなく、地域での自然環境と調和した生活、自分たちの民族文化を継承し、さらに家族との生活を重視するといった自己実現を果たすなかで、グリーンツーリズムを発展させていくことが農村景観の動態的保全と活用による大寨村の持続可能な発展となり得ると考えられる。

1-4　生態博物館の古壮寨

　平安村と大寨村は、それぞれに外部社会や政府からの影響はありながらも村民委員会を中心に、各村で自分たちの旅行業のあり方、発展形態を模索・

選択し、現在のそれぞれの特徴を確立したといえる。しかし、古壮寨の場合は、開始の時点ですでに綿密に練られた計画のもと、村に新たに与えられた称号である生態博物館を受け入れ、村の保全・発展の方向性が決定された後に旅行業が開始された。このように他の2つの村とは旅行業開始方法の差異がまず存在し、生態博物館認定地域であることから第3章6で示したように、村内の歴史的家屋や文化財への解説の設置、教材の作成、また資料館と民族舞踊を行う場所の村内設置、さらにはインフラ整備といった多くの初期投資がなされ、多くの整備が行われた経緯がある。また古壮寨は、近年、旅行業が始動したばかりであるため、今後いかなる方向へ進む可能性もある。

村に既存の生業・文化・社会をまるごと保全しようという生態博物館の理念によって、既存の生活・価値観・規範に大きな変化が起きることをあらかじめ制御するという働きが存在した。しかし、村内既存の生活や物事への加工や意味づけ、さらには価値づけが中国博物館学会と文化局によってなされた点での変化は大きいといえる。第3章6で示したように、生態博物館制度が最終的に目指すものは、保全方法と旅行業発展を一定の水準に引き上げた後に、村民が自立して地域運営を行っていくというものである。これが今後、古壮寨において最も注目すべき点といえる。

こうした生態博物館としての村を旅行業に活用するにあたり、地域内の2つの村とは異なる古壮寨独自の立ち位置も確立されようとしている。最大の特徴として、村の歴史や文化・自然環境を学ぶための施設や設置物が整備されていることで、教育的要素を持った旅行業を確立している点が挙げられる。

図5-5 古壮寨における農村景観の動態的保全構造

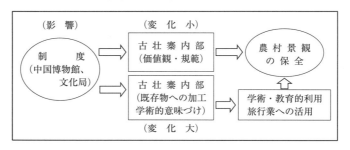

特に、上述したように、古壮寨では伝統的に様々な種類の手工業が存在してきたため、石材加工物・木造・鉄製の様々な歴史的文化財が良好な状態で残っている。これらにそれぞれの解説が設置してあり、それらはいずれも中国生態博物館の研究者と政府関係者が村民への聞き取り調査と文献資料をもとに作成したものとなっている。

　さらに、2010年に旅行業が開始されたばかりの古壮寨では、民宿や飲食店、その他の店舗数は少なく、昔ながらの村の生活が残っていることから、3つの村のなかでも古壮寨を選んで訪れる旅行者も数多く存在する。これは、中国の他地域の旅行業発展において往々にしてみられる典型的な傾向である。本書で上述したように、豊かな自然環境と少数民族独特の生活文化が作り上げた多くの景観が旅行業に活かされている代表的な例として雲南省が挙げられる。雲南省内において、外部社会の発見と注目が早い時期に発生した麗江の開発が進み、麗江古鎮では伝統的家屋の外観は残すものの、今日、家屋内は全て酒場や商店、飲食店と化し、街中で軒を連ねる家屋がショッピングモール化している。その後、さらに秘境を求める旅行者をはじめとする外部社会の目は、麗江近隣の大理を旅行地とし、さらにそこでも開発が街を変えたことで、次はチベットに隣接する、雲南省内のさらなる秘境の香格里拉を次の目的地として求めている。程度に大きな差は存在するが、傾向として、雲南省での麗江→大理→香格里拉という開発の流れが、龍脊における平安村→大寨村→古壮寨に重複する部分がある。旅行業による地域の開発が外部社会からの使い捨てのようになること、また地域が盲目的に商業主義に走ることで一過性で持続可能ではない旅行業形態を築く危険性が存在することは、龍脊棚田地域においても考慮すべき問題といえる。

2 地域住民の兼業化の奨励

2-1 多彩な農村住民の仕事

　農業は、食糧生産以外に水源の確保と国土の保全、健全な生態系の保持、アメニティの創出といった農の多面的機能を有し、また農村の住民は、単に農作物を生産するだけではなく、農産物の加工・森林の管理・家屋の建築・家具や農具の製作と多岐にわたる総合的な仕事をしている。これに関して、進士五十八（2009）と山下惣一（2004）は、農民を指す「百姓」という言葉を用いて、その仕事とそれに携わる人間の存在の意味を論じている。今日、日本社会、特に報道機関の使用用語において、「百姓」という言葉は差別用語として敬遠される言葉の1つにもなっているが、一方で本来持つ肯定的な意味の解釈を主張する農学者や農業従事者も少なくない。進士（2009）は、「『百姓』とは『たくさんの能力が必要な仕事』であり、『たくさんの能力を発揮できる生き方』である」と述べている。同様に、山下（2004）も「全体性を持った人間像を百姓という」と述べ、専業農家と兼業農家という表現は、「行政がつけた背番号である」と主張している。したがって、農業を中心とする農村経営は、農作物の生産のみではなく、それ以外に多くの仕事が存在することになり、また言い換えれば、森林や水源の管理、農産物加工、家畜の管理、家屋や生活用品の製作といった多様な仕事を総合的に行うことで農作物の生産が可能となる。

　例えば、大寨村の32歳女性は、午前中に「仕事に行く」と述べ、山で燃料用の木を切り、棚田の畦の草刈に出かけ、午後にも「仕事に行く」と述べ、山の麓に降りて旅行者に工芸品の販売に出かけ、夜間には「仕事に行く」と述べ、女性たちが数人集まり、自分たちが着るための瑶族の民族衣装の刺繍をする場に出かける。地域住民にとって、これらはいずれも仕事である。このように地域の人々が営む農に関連した多岐にわたる仕事によって、農村景観は形成されるのである。農業そのものが多様な仕事を含むものであり、農

村経営・農村生活は、さらに広範囲での多岐にわたる仕事を包括している。こうした考えのもと、今日の農村での旅行業の存在を肯定的に評価することができる。旅行業を外来型の開発と捉え、否定的に捉える見解も存在するが、農村の生活とはそもそも多様な営みが総合的に存在するのである。農村旅行業のように、農村経営に含まれる内容が時代と共に変化することや、さらに多様な分野を取り入れていくことは、これまで伝統的に農村に蓄積されてきた生活方法の延長線上にあり、今日の新たな蓄積ということができる。

2-2 地域を支える兼業

　農村地域に農業以外の産業が発達しはじめ、農業従事者の兼業化が進むことは、農業を衰退させ、農村を都市化し、自然環境や地域特有の文化を破壊するという見解を示す学者や世論が目立つ。しかし、兼業化が生み出すものは、上記のような負の結果のみではなく、現代社会のなかでの農業・農村の立ち位置を広く全体的に捉え、将来にわたっての展望を見据えた場合、兼業化は農業、農村の持続可能な発展を支えるものであると考えられる。そこで、まず、龍脊棚田地域での調査をもとに、農業の兼業化が農村内で生み出した利点と問題を示して、兼業化が農業、農村の発展に何をもたらしたかを論じる。

　龍脊棚田地域において、旅行業が地域に生まれ、農業と旅行業の兼業化が生み出したものとして、まず、(1)地域内住民の階層分化が挙げられる：①複数の民宿を経営する者、②一軒の民宿を経営する者、③飲食店を経営する者、④工芸品店を経営する者、⑤路上で工芸品を売る者、⑥旅行者に地域内を案内する者、⑦旅行業にはほぼ関与しない者というように、地域住民の旅行業への様々な参入形態があり、それによって、仕事と生活の形態が人によって異なり、経済収入も異なる。この点が、地域で皆が自給自足の生活を営んでいた時分とは変化した最も大きな点である。次に、(2)家族内での役割分担の明確化が挙げられる。調査のなかでは、1つの家庭のなかで、若者である息子夫婦が旅行業に携わり、高齢者の父と母が農業に携わるといった家族内で

の分業形態が最も多かった。これも兼業化がもたらした家庭内での分業化である。これに続いて、(3)地域内での所得増加と生活水準の向上、(4)出稼ぎに行く者の減少が挙げられる。上記の(1)は、貧富の差拡大として問題視され、(2)に関しても、高齢者への負担の増加や労働力の減少という問題が指摘されている。しかし、これら(1)と(2)の課題は存在するが、さらに広い視野で、長きにわたり極貧地域とされてきた地域住民の生活水準の向上と何よりも地域存続・繁栄に必要不可欠な地域居住者の確保という点において、(3)と(4)を肯定的に評価することができる。

これまでに各村から都市へ出稼ぎに出た者の数に関して、3つの村の村民委員会と地方政府の統計局にその詳細は把握されていない。したがって地域住民へのインタビュー結果を頼りにすると、旅行業開始後はそれ以前と比較して、特に、結婚後の20歳代～30歳代と、40歳代～50歳代の中年層において、都市に出稼ぎへ行く者が減少し、村内での生活を選ぶ者が増加したという多くの回答が得られた。

すでに地域に市場経済が取り込まれた現在、市場経済には背を向け、再度、自給自足の生活に逆行することを地域住民は選択しない。したがって、他の多くの農村で生じている事態のように、地域内で経済収入がなくなった場合には、出稼ぎのために地域の人々は都市に流れていき、地域で生活する者は存在しなくなることが予想される。地域内で自家用の農作物を生産する農業以外に、経済収入を得ることができる旅行業が存在し、兼業化が可能であることによって、人々は地域に留まることを選択する。(2)でみられるように、兼業化によって農業における労働力不足を引き起こしている側面は否めない。しかし、それ以上に重要な問題として、地域で生活を営む人々が存在するということは、地域の農業・文化・生活といった農村景観を形成する全てのものの根底的条件である。この条件を確保するうえで、農村での兼業化は地域の存続を守るものといえる。特に、現在の龍脊棚田地域において旅行業での兼業化は、地域の発展のために必要不可欠なものとなっている。

その理由として、まず、①龍脊棚田地域の地理的条件が挙げられる。これまで論じてきた兼業は、必ずしも地域内の旅行業でなければいけないということはない。一般的に、農村住民の兼業形態は、村の周辺にある工場や会社

への通勤も考えられる。しかし、龍脊棚田地域の場合、地理的に他の地域とは隔離している山間地に位置するため、地域に居住しながら外部の地域へ通勤する兼業形態は困難である。そのために、住民が地域に居住することを前提とした場合、兼業による経済収入の獲得のためには、地域内で兼業形態を形成できることが必須であり、農業を基本として成り立つ地域内での旅行業の発展は、当該地域にとって最適の兼業形態であると考えられる。

また当該地域では、②市場経済が地域に浸透している現在でも、農作物を商品化せずに自家用作物を栽培する農業形態、という特徴が存在する。特に、最大の生産物である米に関しては、100％が自家用として地域で消費されており、地域内で旅行者向けに少量の販売を行っている唐辛子とお茶、また近年古壮寨で栽培が開始されたパッションフルーツを除いては、その他の野菜、家畜、木材は一切販売していない。自給自足のための農業形態が地域では根付いていること、またその品質と生産量が高くないという2つの理由から、市場に出す商品作物としては適していないため、今後も自家用作物栽培の農業が継続されていくことが予測される。したがって、農業での経済収入がないため、兼業による経済収入の確保が必要となる。以上2つの独自の理由から、今日の龍脊棚田地域では、農業・農村生活・農村景観が持続的に発展していくために、旅行業との兼業化が必要不可欠であると考えられる。

2-3 本業である農業と副業である旅行業の位置づけ

龍脊棚田地域では、農業が存在することによって、旅行業が生み出された。旅行業の最大の資源となっているのは、数百年にわたって形成・蓄積されてきた棚田を中心とした農村景観である。このように農村旅行業は、その地域に農業が存在しているから成り立つものである。

旅行業が存在することによって、地域に留まる人々が増加しており、彼らは旅行業だけではなく、地域内に居住する限り、大かれ少なかれ農業にも従事することとなる。したがって、旅行業が存在することによって、農業が継続、維持されているという構造も存在している。具体的には、現在すでに多

くの住民が棚田耕作を行う理由は、旅行業のためであると述べ、将来の予想では、それぞれの村で、食糧生産のための農業よりも旅行業のための農業となることを予測している。また旅行業が衰退してなくなった場合にも、同地域で農業を継続するか否かという問いに対して、多くの住民が「やめる」か「恐らくやめる」という回答をしている。さらに、農村景観の変化に関する質問に対して、「風景区が美しくなった」という回答や、農村景観の変化によってもたらされる利点に関して、「景観が良くなる」という回答があり、旅行業の発展後、地域の風景区として指定された棚田の景観が旅行業開始以前よりも美しくなったと述べる者も複数存在した。この具体的な背景として、地域住民は、旅行業のために政府・旅行会社の指導・管理が強化され、地域住民の景観維持に対する意識も強まったからであると述べている。したがって、龍脊棚田地域において、農業と旅行業の両方が地域の農村景観を維持して、相互の産業を維持させているということができる。

　農業と旅行業が農村景観を形成し、また農村経営を維持・発展させているなかで、地域での産業構造の位置づけを明確にする必要がある。当該地域では、農業で得られる経済収益はほぼなく、旅行業で得られる経済収益が地域の経済収入源となっている。こうした状況のなかで、第4章6で示したように、平安村では、村の入り口にある平安村の紹介看板には、「平安村は、すでに旅行業を主産業とし、農業がそれを補う産業として存在する構造となっている」と明記されている。しかし、龍脊棚田地域では、農業を主産業とし、旅行業をはじめとする農業以外の産業は、農業を補完する副業として位置づける必要がある。

　その理由は、まず、1つ目に、農業が地域を形成する基本であることが挙げられる。当該地域の最大の資源は、本来農業によって形成されている棚田景観であり、旅行業は、基幹産業である農業を土台としてはじめて成り立っているからである。

　2つ目に、当該地域の農業は、市場経済のなかで弱い存在であることが挙げられる。龍脊棚田地域の農業のように、自給用の作物生産形態を採用し、景観をはじめとする農の多面的機能の供給が強みである農業は、それらの価値を金銭に換算することが難しく、市場経済に適さない性格を持つために、

その重視と保護が必要となる。

　３つ目に、農業は、他産業とは本質的に異なる重要産業である点が挙げられる。市場経済のなかで存続が困難であるという２つ目の理由以上に重視すべき点は、農業が、自然環境を資本として人間の生命維持のための食糧を形成し、農の多面的機能を生み出す代替不可能な産業であることである。

　こうした以上の理由から、龍脊棚田地域において、いかに旅行業が発展し、経済収益が増えた場合にも、農業を基幹産業と位置づけ、旅行業を副業とする共通認識を龍脊棚田地域内外のアクターが認識し、この位置づけのもとに地域の維持・発展が展開されることが求められる。

3　伝統を基礎とした新共同体の再構築

3-1　自然資源を扱う伝統的な共同体の重視

　本書第１章の先行研究において、中国における村落共同体の存在を否定する先行研究の中で、否定論者は、村落共同体が存在するうえで必要不可欠な３つ要素を挙げて、中国農村ではそれらが欠落しているとしていたが、本論調査地である龍脊棚田地域では村落共同体が明確に確認できた。３つの要素に照らし合わせて考察すると以下のようになる。

　第一に、先行研究では、中国農村ではそれぞれの村落の間に明確な境界が存在しないとされているが、当該地域では、慣習法の時代からすでに境界に関する規則が存在する。さらに、彼らの先人たちは、集落ごとの境界、村ごとの境界をもとに資源分配を行っていたこと、さらにはそれが今日にも継承されていることが明らかになった。

　第二に、当該地域では、強い仲間意識・協力関係がみられた。特に、大寨村の森林の30％以上を水源林として集団所有による共同管理を行う伝統的な制度は、「建設的積極的協同」でなければ、管理・維持が困難である。彼らは、大規模な棚田を管理・維持するうえで、水源や土地を共同管理して今

日まで600年間生活を継続してきたといえる。

　第三に、当該地域のリーダーは歴史的に村民を威圧的に管理する支配者ではなかった。伝統的に存在する寨老という民族の長老は、村民に信望の厚い老人が村民のなかから自然発生的に選出されるものである。新中国成立後に寨老制度が廃止され、行政リーダーが村のなかから公式に選出されている現代においてもなお、村民は寨老を選出し村の運営において重要な役割を任せている。年齢が30代〜40代である行政リーダーの村主任・支部書記も村民のなかから選出されており、彼らと70代以上の寨老の間に、これまで権力闘争などの衝突はなく、村の発展のために協力・補完関係を築いている。大寨村では、これらの村落共同体に必要とされる3つの要素が明確に確認された。

　稲作を中心とした農業を行う村は定住社会であり、龍脊棚田地域においても瑤族と壮族が山東省から移住して以来、その子孫が今日までの約600年間にわたり、定住生活を営んでいる。特に、彼らの祖先が生活を営んでいた山東省青州周辺は、広大な平野部にあり、そこでの土地利用、森林資源管理・水源の利用は、山間地域の龍脊とは大きく異なるものである。したがって、この地での生活をはじめた彼らの祖先は、この土地の地形・気候・自然資源に合わせて、山間地での棚田開拓という厳しい状況を克服するために資源利用をはじめとする本来、彼らが平地農業で培った生活の規範を変革し、農業・生活を確立してきたと考えられる。

　龍脊棚田地域の場合、開拓から100年以上かけて、現在の規模にまで形成された棚田・耕作に必要な水路・水資源の確保のための森林整備が行われた。また、建築資材に必要な経済林・生活のための家屋があり、これらは全て稲作を中心とした当該地域での生活の蓄積である。特に稲作は、大規模な水源や田を必要とするために、各家庭が個別に行う農業形態ではなく、集団で行われることが一般的である。今日までこの生活形態が維持・継承されてきたということは、地域内の構成員によって、合理的な地域資源の利用管理と維持が行われてきたことを意味する。またその資源分配のための単位内では、人々の相互扶助といった精神的なつながりを生み出し、物質的・精神的双方のつながりをもつ集団があり、これが共同体であると表現できる。

　地域での生活のための資源管理と生活の蓄積を代々受け継ぐことを可能と

した共同体の捉え方として、内山節（2010）のように、歴史的・時代的文脈のなかで語るべきであると述べる学者は多くみられる。またマルクス・K（Marcus・K）のように、土地という物質的土台のうえに共同体は成り立つという考え方も存在する。こうした議論に関して、鶴見（1996）は、費孝通（1910-2005年）の理論を引用して、「新しい物事はみな伝統的な模式との繋がりを失うことはできないようであり、しかもしばしば伝統的な模式から生まれるものだということを指摘しておきたい」と、総体的に論じている。龍脊棚田地域での共同体を考える際にも、歴史のなかで各時代の経緯を時間軸で捉え、土地という場所性を踏まえなければ、今後の共同体を考えることはできない。

　本書の第2章において、調査結果から分析した龍脊棚田地域における3つの村での資源の管理・分配の単位となっている集落を示した。平安村と古壮寨では、伝統的自然集落の区分とは別途に、1994年の中国建国以後に行政によって区分された村内の新集落単位が二重構造となって存在しており、大寨村では、伝統的自然集落の区分がそのまま現代の行政集落区分に活用されている。こうした違いがあるが、いずれの村でも、現在も農業と生活のための資源は全て伝統的な自然集落によって管理・分配されている。この伝統的自然集落は、地域において定住社会を築き上げ、今日まで繁栄してきた共同体の最も要となる単位といえる。これは、地域住民が棚田耕作による自給自足の生活を行ううえで、自然環境や地理的条件を熟知し、その条件に合わせて効率性・公平性を加味して、約600年の間に形成・維持してきた集落区分である。時代が変化し、地域を取り巻く環境と地域の産業形態や生活形態の変化した現在においても、人々が農業を行い、自然資源を利用して生活を行いながら、伝統的な自然集落による資源の管理・分配を行っている。その理由は、それが古くからの守るべき習慣であるという理由以上に、地域生活において最適であり、最も効率のいい資源の管理・分配単位であることが地域で認められているからだと考えられる。

　平安村では、村内での自然集落と行政集落の二重構造が存在し、農業や生活での資源の管理・分配を自然集落で行い、旅行業での資源の管理・分配を行政集落で行っている。この資源分配に関して、平安村では、過去から現在

も引き続いて、争いが多いと村民委員会が述べている。また古壮寨において
も第2章で示したように、3つの姓の集落区分を基礎として、さらにそのな
かに自然集落と行政集落が存在する。上述した侯家寨老は、この複雑な集落
形成が、村全体での物事の決定を難しくしていると指摘している。一方、大
寨村にはこの二重構造は存在せず、全ての資源の管理・分配を自然集落であ
り、現在の行政集落でもある区分によって行っており、村民委員会によると
争いは稀である。

　この資源の管理・分配の単位が複数存在し、それぞれの資源を扱う単位が
異なることと、村内での資源をめぐる争いが多いということに相関関係があ
るか否かは、今回の調査によって断言できるものではない。しかし、地域内
における農業や生活、旅行業は、それぞれ個別に存在しているものではなく、
地域の場所を土台として、農村生活と農業経営のなかで相互に連携している
ものであり、それらを総体的に捉える必要がある。こうした考えのもとに、
大寨村のように単一の単位による明確な資源の管理・分配が望ましいと考え
られる。

　その他、自然資源の管理・分配を行う慣習法や規則が、地域の村落共同体
を維持して、地域での生活の富を蓄積してきたことを再重要視する必要があ
る。特に農業は、自然環境と地理的条件に合わせて営まれるものであり、棚
田耕作は平野での農業と異なり、機械化をはじめとする最新技術の投入が困
難で、農法の革新は望めず、伝統的農法の採用が必須である。棚田耕作の目
的と意義が変化しているなかでも、地域での棚田耕作による発展を目指すう
えでは、これまで先人が培ってきた伝統的な森林や水源また棚田の管理・分
配の方法を今後も採用していく必要があるといえる。

3-2　農業に従事しない共同体構成員の捉え方

　前項では、村落共同体の要である資源の管理・分配を行う単位について論
じ、自然資源に対する伝統的な習慣・規則の重視を論じた。それを受けて、
本項では、その共同体のなかの構成員である人間に焦点を当てて、現在発生

第 5 章　農村景観資源の動態的保全戦略　319

図 5-6　他界した村民の自宅から埋葬する墓地へ納骨に向う村民たち（平安村）

2014 年 9 月著者撮影

している村落共同体構成員の変化や問題、さらにその捉え方に関して考察する。

　龍脊棚田地域は、1990 年代後半から 2000 年代前半に旅行業が開始される以前は、外部社会との交流がほぼ存在しない閉ざされた地域で、人々は自給自足の生活を行ってきた。調査で地域住民の話のなかから、他の住民よりも土地を多く持つ富農や、家族が都市に出稼ぎに行き、経済収入を得ている者の存在により、自給自足時代にも、住民間に多少の貧富の差が存在していたことは認められた。ただし、一般的に自給自足時代の村内住民の生活水準は均一的であり、それぞれ平等な関係で、共同体の構成員全てが棚田耕作に携わり、そのための水源林と水源の管理・田や畦の管理を行ってきた。こうした村内の状況では、市場経済はほぼ存在しないため、住民たちの生活は、経済利潤を生み出すためのものではなく、共同体の繁栄が最大の目標であったと考えられる。しかし、約 600 年にわたって継続されてきたこの状態は、わずか数年間に大きく変化を遂げた。旅行業の需要を受け、道路が開通し、外部との交流が容易になり、旅行業が地域に進出したことによって、地域に市

図 5-7　葬儀を行う家（平安村）

2014 年 9 月著者撮影

図 5-8　5 日間続く葬儀で料理を準備する近隣の住民たち（平安村）

2014 年 9 月著者撮影

場経済が取り入れられたからである。

　本書の第 4 章での調査結果で示したように、平安村では、すでに回答者の数名が田を持たず、また農業には従事していないことが明らかとなった。また第 3 章で示したように、平安村では、すでに村内の約 5％の家庭が村外の農民を日雇いで雇い、自家の棚田を耕作している。中国では、人民公社解体後の 1980 年代後半には、農地は均等に各家庭に分配されており、自給自足の時代には、農地は生活の糧の全てと位置づけられるものであった。しかし、現在、平安村住民の間で農地の所有面積がそれぞれ大きく異なり、全く農地を所有していない地域住民も存在する。これは、近年の道路開通・旅行業開始によって地域に導入された市場経済がもたらした 1 つの大きな変化といえる。

　こうした状況を受けて、棚田の役割に変化はあるが、棚田を地域最大の資源として、今後も発展を目指していく村内で、農業に携わらない住民をどう捉え、彼らはどうあるべきかという課題が生じる。農業を行わない人々も地域外からこの地に移住し、旅行業に携わる人々もまた同じ村の住民であり、村のコモンズの構成員に変わりはない。また村外から数日間日雇いで棚田耕作に来る人々も今日、重要な地域の共同体構成員である。たとえ外部から地域に投資して旅館を経営している村内での居住者であっても、「自分は田を

有さず、農業を行わないため棚田とは関係がない」、「日雇いを雇って棚田は整備しているが、村の森林の管理には関わらない」ということはできないと考えられる。なぜなら、先にも述べたように、農業・生活・旅行業は地域のなかで相互に連動し合い、それらは全て自然資源を活用して地域のなかで行われている農村経営全体に含まれているため、個々を線引きすることは不可能であるからである。それに伴い、ある家庭は旅行業の資源の管理・分配には参加するが、生活・農業に関する資源の管理・分配の共同体には参加しないということは不可能である。地域の住民は皆、地域の水源を利用して生活し、地域内では家屋の建築に木

図5-9 地域住民が建築中の家屋（大寨村）

2009年11月著者撮影

図5-10 龍脊の一般的な家屋（大寨村）

2010年3月著者撮影

材を用いることは必須の規定であり、棚田という資源によって旅行業が成立している。自身が田を耕し、苗を植え、収穫する作業を行わない場合でも、家屋周辺の草刈、畦の手入れ、森林の管理といった農作業に関与することは、村で生活を行う村落共同体の構成員としての必須条件である。また村落共同体は、単に資源の利用に関するものに止まらず、冠婚葬祭、家屋の建築、消火活動といった相互扶助においても重要な単位となる。

また龍脊棚田地域内では、民族の伝統的な宮大工の技法による木造3～4階建ての建築があり、これは現在、風景区の景観保全のために義務化されている。どこかの家庭で家を建てる際には、伝統的に同じ集落の男性たちが相互扶助として集まり、地域内の経済林を切り、2～3ヶ月の時間をかけて建築を行う。

図 5-11　新築家屋の屋根に瓦を一枚一枚敷いている村民たち（古壮寨）

2014 年 9 月著者撮影

　村内での産業と人々の働き方が多様化し、各家庭の経済水準に差異が生じた現在においても、農村で生活を営む人々は皆、そこでの自然資源の利用と共同体の相互扶助に一切関わらずに生活することは不可能であり、また一切農作業に関与しないことも不可能である。村内での非農業従事者も、先に挙げた一定の農作業に関与し、村落共同体の一員として、共同体の繁栄のために農村生活・農村経営を行うことが必要となる。

3-3　多様なアクターを取り込む伝統的村落共同体の発展

　村落共同体は、歴史的な時間軸のなかで考察される必要があり、またその時間のなかで人々の蓄積が受け継がれることで、現在の地域の共同体が存在する。したがって、過去の蓄積をもとに時代の変化に対応させて、これからの共同体を再構築していく必要がある。

龍脊棚田地域は、外部と交流のない自給自足による地域内での自己完結型の生活から外部社会との交流から連携、連携から補完による関係性のある生活へと変化を遂げてきた。それに伴って、地域に関わるアクターが地域住民の枠を超えた多様化と広範囲化が進むなかで、共同体の構成員は、こうした外部のアクターを含んだ多様化、広範囲化した共同体のあり方を認めて発展を目指す必要があると考えられる。今後も地域内で棚田耕作を行う住民がその景観維持の主体となって存在していくことが予測できる。しかし、上述したようにすでに現在、政府・旅行会社・学者・旅行者・世界一般といった多様なアクターが、様々な方法を通して地域の農村景観の維持と活用に貢献している。地域の農村景観を資源として存続させるためには、こうした外部社会の多様なアクターの協力・支援を得て協働していくことが必要不可欠となっている。

　こうした考えのもと、特に、現在の大寨村と古壮寨住民と外部アクターとの関係性の構築と発展理念には、望ましいかたちが存在すると評価できる。主任・書記・長老のそれぞれに個別にインタビューを行ったなかで、大寨村と古壮寨村民委員会の代表は、皆一貫して政府・旅行会社と地域住民の協力・連携が重要であると強調し、それを村の人々にも説明・指導していると述べた。地域住民もまた政府・旅行会社との連携を重視し、村での旅行業の運営に関して双方の関係は比較的良好であるという回答が最も多くみられた。これは、村民委員会・地域住民共に政府・旅行会社に不満を持ち、それらのアクターが村内の旅行業から撤退することと地域住民による自主管理を求める傾向が強い平安村とは大きく異なるものである。

　大寨村村民委員会の幹部の考えは、まず、棚田耕作・少数民族の伝統文化・農村生活を形成したのは地域住民であるが、それを旅行業の資源として活用するためには、インフラ整備・宣伝活動・外部社会との交渉・資金の投資・旅行業発展のための方向性と具体的計画が必要であるというものである。この管理・運営の能力と資金の調達は、村が単独で行うことが不可能であるという考え方である。そこで、政府・旅行会社の管理・運営の能力・資金と、地域住民が有している地域の全てを包括した農村景観という資源を双方の連携によって活用し、補完関係を形成することを目指している。大寨村では、

現状の旅行業発展における村の持つ強みと、村の限界を明確に認識し、そのうえで、村内と外部アクターとの役割分担を明らかにしている。さらに、村民全体の共通認識と発展の方向性を村内に広め、村の団結を図っている点も評価すべき点である。農村景観を資源として、保全・活用していく発展形態を採用するうえで、村落共同体の構成員は村内の限定的なものではなく、時代の変化に合わせて動態的に変化・対応し、多様なアクターを含んで広範囲に展開していく必要があるといえる。

4　地域の強みへと転換した従来の弱点

4-1　農村景観資源の活用における地理的優位性

　龍脊棚田地域は、近年旅行業の開始までは外部地域との交流がほぼなく、また道路が開通した現在も周辺の最も大きな都市である桂林まで約77km、龍勝まで約13kmの道のりがあり、公共の交通手段は1日に往復4本程度のバスのみである。

　こうした地理的条件は、地域の孤立を決定的なものとしてきた。また国内の戦乱から逃れて行き場を失い、この山間地を開拓した歴史、また当該地域への定住後にも少数民族であることから周辺地域の漢族から差別を受けたという歴史的条件は、600年以上にわたって龍脊棚田地域を閉鎖的な社会としてきた。これらの諸条件は、地域の発展を妨げ、貧困農村からの脱却を困難とする要素として存在してきた。しかし、地域に道路が開通し、旅行業が開始されて発展を遂げてきている現在、農村景観を地域最大の資源とした発展形態を確立するなかで、従来悪条件とされてきた要素の多くを好条件へと転換することが可能になった。

　まず、龍脊棚田地域の地理的条件は、農村景観資源の管理において優位性を持つ特徴が挙げられる。農村景観や農村での生活や文化といった非経済的要素が、農村地域での旅行業であるグリーンツーリズムによって、外部経済

の内部化を実現する。しかし、一般的には、こうした非経済的要素である農の多面的機能として農村が作り出すアメニティ要素を持つ資源は、一般的に経済化することが難しい。

　例えば、田畑が道路に隣接している農村や近隣の丘から田畑が一望できる農村では、その農村景観を誰もが無料で観賞することが可能であり、こうした地域が世界中に多く存在する。その点において、龍脊棚田地域では、農村景観資源を活用した外部経済の内部化を実現するために、他地域にはない有利な地理的条件を有する。当該地域は周辺の他地域との隣接がなく、四方が山に囲まれているため、地域の農村景観を参観するためには、地域につながる1本のみの道路を通過する必要がある。地域への到達方法が1つに限定されており、その道路は他地域への通過点ではなく、終着点である当該地域に訪れるという目的を持つ者のみが訪れるという特徴がある。換言すれば、そこを訪れる人間のなかで、地域住民以外は全て龍脊棚田地域の農村景観を楽しむために訪れた旅行者として管理することができる。地域で実施されている旅行者への入場チケット販売がそれにあたるが、このように、資源として農村景観をみる外部の眼である外部経済を内部化するうえで、龍脊棚田地域は他にはない絶対的な優位性を有している。この地理的条件の優位性は、農村景観を資源とした持続可能な発展を可能とする1つの重要な要素と捉えられる。

4-2　視覚的変化を農村景観に有する優位性

　龍脊棚田地域のある広西自治区内や近隣の雲南省は、東南アジア諸国とも隣接し、熱帯性気候に位置することから、二期作農業を行っている地域が大部分を占める。しかし、龍脊棚田地域では、主要要因として、海抜約300m〜1100mの山間地域に棚田があり、特に秋・冬の気温が低い場所であること、その他、棚田耕作での水源と人々の労働にも限界があることから二期作を行わずに、一期作での稲作農業を行っている。

　龍脊では、4月下旬から5月にかけて棚田に水を張り、また5月初旬から

中旬にかけて田植えが行われる。収穫が行われるのは10月中旬頃であり、農繁期は約6ヶ月間といえる。したがって、1年のうち残りの約6ヶ月は農閑期となっているため、この時期に地域住民は都市への出稼ぎや地域内での相互扶助として家屋の建築、手工芸品の作成を行ってきた。現在もこうした地域住民の農閑期の過ごし方は継続されているが、旅行業が村に存在する現在、地域内における農閑期の仕事は増加し、地域内における現金収入獲得の機会が多く生まれた。

地域では従来、1年のうち約半分の時間が棚田を利用しない時間であったが、旅行業の発展と共に1年間全ての季節において棚田の手入れをして利用する形態に変化した。近年、地域では、初春には菜の花が栽培されている一面黄色の棚田、春には田に水が張られて一面水色の棚田、夏には稲が生長して一面緑色の棚田・秋には稲が収穫の時期を迎えて一面金色の棚田、晩秋には稲収穫後で田の土が現れ、畦の草も枯れた一面茶色の棚田、また冬にはその季節に数週間、雪が積もって一面白銀の棚田となる。こうした季節の移り変わりによって変化する棚田の景観は、全ての季節において旅行者を楽しませる地域の旅行資源の魅力となっている。

以前みたものとは異なる棚田の景観をみるために、すでに地域に訪れたことのある旅行者が複数回地域に足を運ぶ最大の理由の1つが、季節ごとに変化する棚田景観を地域が有することにある。特に、広西は、年間を通して温暖な気候であるため、降雪・積雪がみられる地域はほぼ存在しない。しかし、龍脊棚田地域は山間地域に位置するため、冬季の降雪・積雪がみられ、またそれぞれの季節の移り変わりが明確に農村景観に表される。これは現在、農繁期と農閑期の別を問わずに、地域の旅行資源として活用することのできる地域の強みと捉えることができる。この特性を活かし、地域では、季節ごとに異なる様相をみせる農村景観の写真と説明を使い、新たな旅行者の獲得と同時に、すでに地域に訪れた人々を「リピーター」として再び地域に訪れることを促していくことも必要だと考えられる。

4-3 少数民族居住地域としての独自性

　当該地域の主要な特徴の1つとして、少数民族の生活文化が継承されている点が挙げられる。これまで、平安村の壮族と大寨村の瑤族、古壮寨の壮族は、民族的差別を受ける歴史が繰り返されるなか生活を営み、現在まで民族の血統と伝統文化を継承してきた。約600年以上前、戦乱のなか少数民族である彼らに対して民族的排除が進められたことで、地域住民の祖先は故郷の山東省を離れ、現在の龍脊に辿り着いた。

　さらに当該地域に定住後も迫害の歴史は継続したことが多くの歴史文献から理解できる。封建王朝統治の一環として、西南地域に広く敷かれていた「土司制度」により、少数民族は圧政に苦しんだ歴史が確認できる。土司制度のように多くの西南地域では、宋の時代から清の時代まで約820年間のそれぞれの地域における世襲による統治者が存在し、厳しい納税義務や管理により、少数民族は政治的・経済的な圧迫を受けた。黄現璠、黄増慶、張一民（1988）によると、少数民族の多い広西では、他の西南地域よりも早い唐の時代から土司制度の前身といえる「羈縻制度」が存在し、その後、他地域での土司制度の開始を受けて、土司制度へと移行した。したがって、広西での一連の制度は千年を超えて継続されたといえる。

　その後も、1918年（民国5年）に、龍脊政府は「民族差別政策」を推し進め、「風俗改良会」によって、少数民族の生活・風習・文化における特異性を廃止する動きが強まるなど迫害の歴史は続いた。しかし、新中国が誕生後、居住区・生活・教育といった多分野で少数民族に対する保護政策が施行されて今日に至る。

　少数民族としてのその希少性・独自性・伝統性は、今日、地域の旅行業の大きな魅力の1つに変化している。特に、大寨村では、現在も女性たちが民族衣装を身にまとい、民族の伝統的な習慣が日常生活のなかに色濃く継承されている。時代の変化に伴って、これまで社会全体から差別を受けていた少数民族という身分が見直され、その伝統と特徴的な文化が価値あるものとして認められるようになったのである。この要素も、現在、地域の農村景観資源をより価値のあるものとする長所であり、継承の強化やその戦略的な活用

を行うことが望まれる。

4-4　資金と労働力の確保における優位性

　現在、地域住民が得られる収入として、1つめに、旅行業に関連する各自の商売、2つめに、政府から直接支払われる環境保護政策や生態補償、貧困救済補償が存在する。

　上述のように、旅行会社が入場チケットの管理を行っているが、一方で、旅行者が入村後の宿泊・飲食・荷物の運搬・工芸品の販売といった旅行業関連の商売は、政府や旅行会社の管理は全く無く、住民たちが自由に各商業活動を行うことができる。したがって、各自の努力次第で収入を向上させることが可能といえる。しかし、民宿やレストランをはじめとする商売を開始するためには、一定の資金が必要であることをはじめとし、家族構成・個人の適正・自宅の立地といった諸理由から、誰もが旅行業関連の商売で成功し、安定的経営をすることができるものではない。自給自足の生活を行っていた1990年代以前と比較して、今日、地域内の貧富の格差は拡大している。

　一方で、地域において、旅行業が開始されてから政府から支払われる補償金の種類と金額は増加しており、これも地域における1つの大きな資金確保、所得確保の手段となっている。すでに上述したように、電気・道路・メタンガスのインフラ整備が地域内で完了している今日、当該地域における補助金制度は、主に地域の景観形成に関する分野に集中している。

　政府から地域への各補償内容には、補償金が支払われる一方で農閑期の棚田景観形成を目的とした菜の花プロジェクトや棚田景観保全のために、下草狩りの徹底や畦の整備を徹底する規則、建築物統一と土地利用規制に関する規則が細かく設けられている。このように補償内容は、旅行業を支える最大の資源である棚田景観の形成と維持、また環境保全に関わる生態補償に関するものが主流となっている。また龍脊は、周辺農村や中国国内の他の貧困農村地域に示すことのできる模範的な発展農村であるという政府からの位置付けによって、政府は地域を支援し、貧困救済のための所得補償も行っている。

今日、地域住民の生活は、政府からの景観形成に関する規制も多い一方で、多くの支援を受けている。政府から新たに導入され始めた補償内容は低所得家庭への直接支払いの他、マイクロクレジットの導入により、旅行業と農業のバランスの維持、生業の多様化による所得格差のバランスの維持を目指すものが近年増加している。

次に、労働力の確保に関して、龍脊棚田地域においても他の多くの地域同様に、旅行業の発展で住民の農業離れが起きている。しかし、村内で収入を得ることが可能となった現在、若者の出稼ぎのための離村は減少し、定住人口は増加している（李富強2009、桂林日報2013）。

特に、平安村における農業の担い手不足は、今後さらに顕著となることが村内でも予想されている。そのなかで、第3章で紹介したように、今日、村における新たな農業の担い手として、周辺の極貧農村から平安村に棚田耕作に来る出稼ぎの人々が存在し始めている。

大寨村と古壮寨では、平安村のように、村外農民を棚田耕作のために雇うという状況はこれまで存在していない。2つの村でも、旅行業によって経済収入が大幅に向上し、それによって人々の農業離れが進んだというのも1つの側面として否定できないが、ただ、一方で、旅行業が村で発展し始めたことによって、農業も守られている側面も大きいと各村民委員会は述べている。それは、上述したように、村外に出稼ぎに行かずに村内で何らかの現金収入を得ることが可能になり、出稼ぎに行く村民が大きく減少したことに起因する。人々が村に留まるということは、同時に、人々は多かれ少なかれ生活のなかで農作業にも関わることになる。また旅行業があることによって、棚田に対して、村内だけではなく、政府からの厳しい管理の目が向けられるようになったことで棚田保全のための労働力確保への対策には大きな効果があるといえる。

5　結　論

5-1　龍脊棚田地域の質的変化が現代中国で意味するもの

　三農問題（悪条件下にある農業・農民・農村の諸問題）が深刻である現代中国において、龍脊棚田地域の農村旅行業は、その一緩和策のモデルとして示すことができる。

　中国では、急速な経済成長が進むなかで、都市と農村の貧富の格差・近代化の格差は広がる一方であり、三農問題はさらに顕著なものとなり、その解決・緩和はさらに難しくなってきている。こうしたなかで、龍脊棚田地域の今日の質的な変化は現代中国においていかなる意味を持つかを考えたい。農村での旅行業が流行しているこの現象は、発展の時期が早く、すでに国民のなかで中間層以上が多く存在している日本や欧米諸国においては、真新しいものではない。しかし、二元戸籍制度によって、都市と農村の差別化が明確であり、現在でも農村に対する負の印象が強く、農民の地位の低さが顕著な中国社会においては、画期的なこととして捉えられる。

　三農問題対策を、都市においてではなく、まず、農村において行う必要がある。出稼ぎのために都市へ出る農民は、農村地域において現金収入が少ないことから都市に向かうのであり、農村で一定の収入が得られるようにすることが必要である。そこで、農村地域で従来から行われている農業を補完する産業の振興が生まれることが望まれる。

　これまでに農村地域内で農業以外の産業振興とそれに伴う農民の所得向上を目指した代表的な例として挙げられるのが、郷鎮企業の誕生と発展である。しかし、中国の郷鎮企業は、完全な社会主義体制のなかでのみ発展が可能である。言い換えれば、中国内陸部農村という生産・加工・物流において、効率の悪い場所での経営であり、国際競争のなかでは生き残ることが困難であることはすでに明白である。この失敗を補い、それとは異なる農村地域内での農業を補う新たな産業として、本書で挙げた龍脊棚田地域での農村での旅

行業の台頭が期待できる。

　現在の中国において、社会の発展により、中間層以上の人々が農村の自然・文化・生活を包括した農村景観を享受することを欲している。またその潮流が、所得政策を必要とする貧困農村地域に、経済的豊かさをもたらすことのできる機会となっている。しかし、農村における資源の活用方法は、未成熟なものであり、多くの地域において破壊的開発を行っているといえる。短期間での経済利益を求める農村の商業化の促進は、環境面・人間生活面・文化面において地域の破壊を招く。

　龍脊棚田地域、特に大寨村での旅行業の発展は、中国国内における農村での旅行業の1つの成功事例として挙げることが可能である。経済発展を目指すなかでも、消費者である旅行者のために、自分たちの生活を変えるのではなく、自分たちが望む生活形態を保持・選択していることから、地域性・伝統性・文化性を失うことなく、緩やかな市場経済への適応を図っている。大寨村の発展形態と今後村が目指す方向性は、現代中国における農村地域での旅行業による発展モデルとして、他の地域に模範的モデルを示すことができると考えられる。

　政府によるインフラ整備によって、地域の人々の一定の生活水準を確保し、そのうえで、地域の伝統文化・風習の継承と、自然資源の利用によって、可能な限りこれまでの農村景観を保持していくことが、将来的に可能性のある農村での旅行業の発展形態であるといえる。これが、新たな時代における中国農村地域内での三農問題の緩和・解決の一端を担うものとなり得る。

5-2　市場経済への緩やかな移行形態

　世界中に広がる国際化と市場経済の波は、600年以上棚田耕作による自給自足の生活を継続してきた龍脊棚田地域にも大きな影響を与えている。電気・道路・メタンガス・上下水道が整備されて生活の利便性が改善された生活を経験し、市場経済が地域に入り込んだ現在、地域住民が過去の自給自足の生活に戻ることは考え難い。地域の住民には、こうした現代化や市場経済の恩

恵を享受する権利があり、生活水準の改善と向上を目指すのは自然なことである。仮に、地域の自然環境・農村景観・民族の伝統文化を守るために、地域の現代化・市場経済化を批判して地域住民の生活の犠牲を強いるは、都市住民の身勝手な要求である。しかし、一方で、龍脊棚田地域の住民が生活の利便性と経済性を過剰に追求し、都市のような発展を目指した場合、地域が有する希少性・独自性・自然との調和という都市にはない地域の価値を失うこととなる。それは同時に、龍脊棚田地域が市場経済のなかで価値・優位性を失うことであり、地域の発展を阻害することにつながる。

　そこで、地域が市場経済のなかに取り込まれていることを問題視し、市場経済へ取り込まれることの対抗策としての道を探るのではなく、すでにあるこの状況を認め、そのうえで、先に述べた地域の価値を維持・活用しながら、いかに緩やかに地域の生活を市場経済のなかに順応させ、発展することができるかを探る必要がある。約600年もの間、自給自足の農村生活が蓄積され、それが10数年前まで継続されていた地域において、道路開通と旅行業の発展により、急速に市場経済に取り込まれる場合、その変化の大きさから地域住民の混乱・既存の共同体の不和・自然環境への負担増加といった多くの問題が生じることは避けがたい。市場経済では、経済利益の追求のために、合理性と高速性が求められるが、特に、自然環境を資本として農作物と農の多面的機能を生産する農業には、こうした要素は本質的に適応しないために、農村において合理性・高速性を求める発展形態は相応しくない。市場経済のなかで人間が規定している発展のサイクルは、工業・商業といった産業には適応できるが、農業や自然環境のサイクルに当てはめることができるものではなく、時代が変化しても地域ごとにある自然環境の規定はそれに左右されるべきものではない。

　したがって、いかに旅行業が成長し、市場経済が地域を席巻しても、農業に関する資源利用や農村生活のなかでの自然と共存する伝統文化・地域共同体のなかでの精神性といった非合理性を含む営みは再重視される必要がある。それらは、外部者による評価の高い地域の農村景観を形成し、龍脊棚田地域と他地域に差異を生み出し、価値のあるものとして存在している要素といえるからである。

龍脊棚田地域においては、3つの村の比較から、地域内での経済的な豊かさと人々の地域生活に対する満足度や地域への愛着は比例するものではないことがわかった。地域住民が地域での生活を継続するということは、地域の持続的な発展のために必要不可欠である。経済的な豊かさが得られる基盤が存在することは重要な点であるが、それ以外に、調和のある共同体のなかでの円滑な資源分配と地域外部のアクターとの連携による地域内の信頼関係と団結や、また民族のなかでの祖先に対する尊敬と土地への愛着といった非経済的な要素は、経済的な要素と同様に地域発展を進めるうえでなくてはならないものである。

5-3 他の中山間地農村への示唆

自給自足の村において、旅行業による発展が短期間で行われる場合、往々にして破壊的な商業開発が行われ、地域社会の崩壊や自然環境の破壊を招く地域が中国国内にも多数存在してきた。龍脊棚田地域においても、現金所得が生まれたことは、貧富の格差拡大を生み、物質的豊かさは一部の環境破壊を招き、政府からの支援や村内外の人間による棚田の価値と民族文化の高評価を得たことは同時に規制・制約の増加、労働量の増加を生んだ。また旅行業による雇用創出と外部社会との交流は、村外の人間の増加を生み出し地域の人々にも影響や変化を与えていると考えられる。このように、旅行業が地域に与えた変化は、個別の課題をみた場合、プラスの面だけではなくマイナスの面も同時に存在している。しかし、総じていうと、旅行業により、地域住民が村に留まり、また村外住民が集まってきている。人が集まり、そこで生活を営むということは地域発展の最も基礎となる点である。さらに、地域既存の資源を活かしており、それによって極貧の生活環境が改善された。こうした理由から、龍脊棚田地域の棚田景観を活用した旅行業は、棚田の保全・維持と地域住民生活の改善に大きな成果と今後の可能性を創出したと評価できる。また大差のない地域資源を有する近隣の3つの村が、それぞれにこれまでの発展阻害要因を強みに変えて、異なる特徴を活かした旅行業形態を確

立している点は、他の農村地域にも多くの示唆を与えてくれる例として評価することができる。

　龍脊棚田地域のように山間地域・中山間地域農村は、中国揚子江周辺やアメリカの農村のように広大で肥沃な平野地域と比較した場合、その収穫量・品質・農作業の効率の全てにおいて、大きく劣ることは容易に結論づけられる。しかし、従来農業の唯一の目的とされた農産物生産の目的以外に、環境保全や景観形成・維持の目的という側面への評価と需要が市場経済と社会のなかで確立しはじめたことによって、豊かな森林資源のなか、小規模で伝統的な農業形態を持つ山間地域の特徴を活かすことが可能となった。さらに、それらを経済に結びつけるために、農業のみではなく、農業と平行して旅行業をはじめとする他産業の発展を地域に生み出すことが可能となった。

　山間地域・中山間地域農村において、農業での経済収入が少ない、あるいはない場合、兼業による経済収入の確保が必要となる。言い換えれば、今日、こうした地域の農業・農村生活・農村景観を持続的に発展されていくうえで、兼業化が必要不可欠である。本来、当該地域を含む多くの農村地域において、兼業が行われるということは近年に始まったことではない。農村地域では、農作物を生産する以外に、地域住民は林業に携わり、燻製や漬物などの食品加工業も行い、畜産業や建築業といった多様な生業を営んでいるのである。これらの農村経営の多様な営みのなかに、時代の変化に合わせて地域既存の資源を活かした旅行業が新たな兼業として生まれたことは自然な流れといえる。

　多面的な機能を持つ農業という産業は、必ずしも食糧生産のために行われるべきだと限定されるものではなく、食糧生産以外にも多様な目的・形態が存在して良いと考えられる。当該地域の兼業化は、農業・農村の発展を支えるものであり、必要な発展手段であると考えられる。

　龍脊棚田地域での調査をもとに1.伝統的村落共同体の重視と革新、2.所得確保と資金の確保、3.農業を担う労働力の確保、4.地域そのものあるいは地域資源に付加価値を高める方法の確立、5.各地域の特徴を活用した発展方法の模索は、今日、山間地域・中山間地域農村発展のために、必要不可欠な要素といえる。これらを各地域の状況と照らし合わせて、個別の地域にふさ

わしい形態を考察することが地域発展を目指す第一歩になると考えられる。

5-4　農村景観の動態的保全

　農村景観の動態的保全とは、単純に目に映る農村景観の色や形の保全を目指すのではなく、農村景観を形成する資源分配の方法とそれに関わるアクターの多様化と役割の変化、またその規定範囲を社会の変化に対応させて動態的に再構築していくことだと考えられる。

　本書冒頭に示したように、本書において、農村景観は人と自然の共同作品であり、住民の地域の自然環境に対する作法の表れであると認識している。農村景観の保全とその活用が難しいのは、まず、農村景観が地域の自然環境に対応した農業を中心とした人間生活によって形成される総合的・複合的なものであるからだといえる。さらに、自然・社会・文化的要素を複合的に包括する農村景観は、金銭に換算することが難しく、市場経済に適応し難い性格を持つ。また外部社会の影響を受け、人間生活が変化することによって、容易に農村景観の変化を招く性格があることも保全の難しさの1つである。

　往々に、農村景観が資源として成り立つ農村では、自然環境の保全がなされ、そのなかで経済的安定があると同時に、社会的・文化的安定がみられる。社会の変化、時代の変化のなかで、市場経済が龍脊棚田地域にも押し寄せているなかで、非経済的要素を多く含んで形成されている農村景観資源を保全・活用するためには、地域住民のみの努力ではなく、外部社会の多様なアクターとの協力・連動が必要である。今日すでに、龍脊においても農村景観資源の保全・活用は、村内の各家庭・各集落・村・複数の村を含む地域単位から、政府・旅行会社・旅行者・学者といった外部社会を包括しての広範囲での単位に拡大している。各段階のコモンズの構成員が、共通の資源である農村景観形成のために、それぞれの異なる役割を果たし、保全と活用を行うことで持続可能な発展形態を形成することができるといえる。

　龍脊の事例から、農村景観の動態的保全を目指す方法は、1つではないことがわかる。その地域の立地条件、歴史的背景、住民の価値観というように、

それぞれの地域には異なる特徴がある。したがって、その地域にふさわしい地域経営方法を選択することが農村景観の動態的保全による地域の持続可能な発展といえる。これまでの景観保全や環境保全に関する学術的議論では、その基準設定の厳格さが目立ってきた。こうした従来の議論に基づいて、3つの村を比較・考察した場合、商業化や現代化が進み、伝統的な農村経営が大きく変容している平安村を批判的に捉えることになる。また大寨村に関しても、一定の評価を与えつつ、近年生じている変化に関して、今後、農村景観の動態的保全を脅かす要素として指摘することとなる。さらに古壮寨は、内発的・自発的な発展とは相反する外来型開発として批判的に解釈することもできる。しかし、こうした厳格な基準では、多種多様な性格を有する多くの農村において適応が不可能となる。便利な旅行地としての平安村、奥地のグリーンツーリズムの大寨村、生態博物館の古壮寨というように、地域の性格に応じた発展形態の許容、農村景観の動態的保全形態の多様なあり方の許容といった柔軟性が必要である。

【付記】

　本章は、① 2015 年 9 月発行の Journal of International Agriculture, Ecology and Biological Engineering に掲載された論文：Masumi Kikuchi, Development Styles of Rural Areas from the Perspective of the Establishment of Three Different Tourism Industries with Rural Landscapes as Resource、② 2012 年 8 月発行の『棚田学会誌 日本の原風景・棚田』第 13 号に掲載された論文：菊池真純「地域の短所を長所に変えた棚田景観の保全と活用」に加筆したものである。

参考文献

内山節（2006）『「創造的である」ということ（下）地域の作法から』農山漁村文化協会、90-91 頁。
古池嘉和（2007）『観光地の賞味期限「暮らしと観光」の文化論』春風社、29 頁。
進士五十八、熊谷宏、堀口健治、倉内宗一、原剛（2009）『わが国　農業・農村の再起』財法人農林統計協会、168 頁。
山下惣一（2004）『百姓が時代を創る』七つ森書館、59-77 頁。
内山節（2010）『シリーズ地域の再生 2・共同体の基礎理論・自然と人間の基層から』社団法人農山漁村文化協会、22-25 頁。
鶴見和子（1996）『内発的発展論の展開』筑摩書房、203 頁。

李富強 (2009)『現代背景下的郷土重構:龍脊平安寨経済於社会変遷研究』科学出版社。
桂林日報、2013 年 6 月 22 日。
黄現璠、黄増慶、張一民 (1988)『壮族通史』広西民族出版社。
菊池真純 (2012)『農村景観の資源化による動態的保全 ——中国広西龍脊棚田地域を事例に——』早稲田大学出版部。

おわりに

　山奥の村に住むおばあさんの生活に生じた小さな変化から、国際社会や地球環境の変化を論じる研究をしたい、という目標を持って筆者はこれまで研究を行ってきた。このように、本書は、現地での質的調査方法を用いて、帰納的にミクロな視点からマクロに論を展開することを目指したものである。

　本書は、2012年に早稲田大学出版部から出版したモノグラフ『農村景観の動態的保全——中国広西龍脊棚田地域を事例に——』にさらに4年間研究を継続し、加筆・修正を行い、完成させたものである。本書の調査地では、2008年〜2015年の7年間、短期、長期の12回にわたる現地調査を行った。この研究の蓄積によって一定の成果が得られたため、今回、書籍として発表するに至った。

　本書調査地である龍脊棚田地域に到着するまでの道のりをこれまで多くの方々に質問されてきた。博士課程の学生であった時期には、当時所属していた北京大学のある北京から桂林まで片道25時間汽車に乗り、それを往復したことが数回あった。日本から現地に赴く場合、日本から最寄りの空港である桂林空港への直行便はないため、広州、香港、上海、あるいは北京で飛行機を乗り継ぎ、国内線で桂林空港に向かう。さらに空港から村へは公共の交通手段がないため、約45分かけて桂林市内へバスで移動をする。市内に着いたら、琴潭バスターミナルへ行き、和平まで約2時間バスに乗る。和平から龍脊へのバスは本数が少ないため、和平でバスを待つ時間は運次第である。長い場合、3時間待つこともある。さらに小型バスに乗って約1時間で平安村に到着する。大寨村行きのバスの場合は、和平から約2時間を要する。平安村入口から大寨村へのバスに乗ることもある。大寨村での滞在の場合は、村のどの位置の集落に滞在するかにもよるが、入口から一番麓の集落である大寨や新寨であれば徒歩20分で到着するが、田頭寨など山の上の集落へ行

く場合は、徒歩で1時間以上はかかり、大福山などの集落へは約2時間かかる道のりである。

　筆者にとっては、このように辿り着くだけで長い時間と労力を有する場所へ7年間12回調査に行くだけの魅力が龍脊棚田地域には存在した。本研究を進めるにあたり、大寨村・平安村・古壮寨の3つの村の村民委員会の皆様には多大なご協力とご支援を頂き、本当に感謝の気持ちでいっぱいである。また筆者が博士課程の学生の時期から学位論文の査読者として研究のご指導を頂き、今日まで多くの学術的指導を頂いてきた関良基先生、山岡道男先生のおかげで今日まで研究を継続することが可能となった。ここに深く感謝の意を示したい。また出版に際し、御茶の水書房の小堺章夫様にも多くのご指導を頂き、本書を出版させて頂けたことに感謝の気持ちでいっぱいである。最後に、これまでの7年間に陰ながら大きな支えとなってくれた祖母、両親、おば、夫に深く感謝をしている。

　本書の刊行に際しては、独立行政法人日本学術振興会・平成28年度科学研究費補助金（研究成果公開促進費：学術図書、課題番号16HP5179）の交付を得ることができた。記して感謝申し上げる。

　　　2016年6月

　　　　　　　　　　　　　　　　　　　　　　　　　　菊池　真純

人名索引

あ行

赤尾健一　21
安芸皎一　34
秋道智彌　56, 58, 60
浅香勝輔　34
足達富士夫　29
阿部一　40
朝日新聞　31
A・ファリナ（A・Farina）　36
イズマル・セラゲルディン（Ismail Serageldin）　56
井手久登　27
井上真　58, 60
稲葉信子　38
岩崎允胤　43
インゲ・カール（Inge Kaul）　32
鄔建国　30, 54, 55
内山節　276, 301, 317
E・ジンマーマン（E・Zimmerman）　49
オギュスタン・ベルク（Augustain Berque）　27, 28, 36
王恩涌　36
王輝　63
王民　43
オストロム，E（Ostrom, E）　58
大原一興　166

か行

何麗芳　14
角媛梅　36
郭玉華　16
郭吉忺　108
嘉田由紀子　15
戒能通孝　64
岳友熙　44
柏祐賢　17

勝原文夫　28, 31, 34
桂系陸栄廷　155
合田素行　19, 20
クラウド・モーリン（Claude Moulin）　19
クリフォード．J（Clifford.J）　69
垣内恵美子　23
菊池真純　154, 187
北川宗忠　53
北澤毅　65
ギャレット・ハーディン（Garet・Hardin）　57
経済の伝書鳩　19
桂林日報　97, 329
後藤春彦　29
小原秀雄　34, 41
孔繁徳　46
高愛明　46
高其才　116, 117, 155, 157
侯家宏　109
侯慶龍　129, 132
侯玉金　178, 181
黄方平　154
黄春雨　170
黄鈺　96, 154
黄現璠　327
黄増慶　327
潘鴻金　109
古賀正義　69
古池嘉和　305
胡箏　85
G・ラッセル（G・Russell）　36
C・O・サウアー（C. O. Sauar）　36, 37
K・クラックホーン（K・Kluckhohn）　41
C・E・ロス（C・E・Roth）　42
C・デュドス（C・Dubos）　46
C・M・ホール（C. M. Hall）　53
C．ギアーツ（C. Geertz）　70

さ行

齋藤潮　31
斎藤純一　32
酒井惇一　50, 51
進士五十八　10, 12, 13, 16, 23, 28, 33, 47, 52, 54, 310
佐藤郁哉　67
佐藤健二　52
佐藤誠　10
佐藤仁　49, 54
佐々木高明　47
柴田久　32
篠原修　10, 30, 31
佟慶遠　36, 42
朱小雷　55
周恩来　62
徐祖様　117
新桂系李宗仁　155
ジョン・エイジ・ジェストロン（John Aage Gjestrum）　167
菅豊　50, 60, 65
須藤廣　53
成官文　82
関良基　58, 59
千賀裕太郎　31
祖田修　13, 17, 18, 19, 33, 60
章家恩　14,
邵興華　139
J・A・ウィーンズ（J・A・Wiens）　29
蘇東海　167, 170, 171, 172
孫業紅　46
S・コービン（S・Corbin）　48
S・J・ペイジ（S. J. Page）　53

た行

竹林征三　47
田中喜一　52
田中耕司　33
玉城哲　34

玉野井芳郎　　59
湯茂林　　10
高瀬浄　　12, 56
鳥越皓之　　12, 15, 28, 37, 188
張一民　　327
張明娟　　27
趙翠　　35, 36
張建華　　45
張晋平　　168
鶴見和子　　287, 317
鄭泰根　　96
伝慧明　　97
T. パーソンズ（T. Parsons）　　66
デ・ソト・ハーナンド（De Soto Hernando）　　50
D・A・フェネル（D・A・Fennell）　　53
ドルサック・N（Dolsak, N）　　58

な行

中島峰広　　28, 138, 139
中村良夫　　30, 35
中村尚司　　59
ナヴィー・リーバーマン（Naveh Z. & A. S. Lieberman）　　27
西村幸夫　　27
任余　　46, 55

は行

旗田巍　　64, 65
原剛　　11, 12, 20, 33
原田津　　19
潘庭飛　　178
潘保玉　　97, 99, 102, 105, 107
潘富文　　125, 129
潘潤六　　97, 102, 105
ピーター・バーグ（Peter Berg）　　59
平野義太郎　　64
堀川三郎　　14
古池嘉和　　52

古田陽久　38
フェリー・L（Ferry, L.）　15
費孝通　20, 170, 317
ファラー・T（Fuller・T）　20
F・H・アレクサンダー（F・H・Alexander）　27, 29
F・スターン（F・Stern）　54
裴相斌　29
H・H・バークス（H・H・Birks）　36
B・ボン・ドロースト（B・Von. Droste）　37
B. マリノフスキー（B. Malinowski）　69
B. G. グレーザー（B. G. Glaser）　69
H・アーヴィン・ズービ（H・Ervin.Zube）　43
F・ロイド・ウィリアム（F・Lloyd. William）　57
フェルディナント・テンニース（Ferdinand Tönnies）　64
ブリン・グリーン（Bryn Green）　47
ブーアスティン・J・ダニエル（Boorstin・J・Dannie）　53
深海博明　51

ま行

松井健　49, 50
松井春生　49
村松和則　47
M・R・モス（M・R・Moss）　29
M・ゴードロン（M・Godron）　30
マルクス・K（Marcus・K）　317
本中眞　38
宮城音弥　41
室田武　57
三俣学　57, 60
三谷孝　122
毛沢東　62, 180
毛文永　55
盛山和夫　65, 66, 69

や行

読売新聞　22
俞孔堅　25, 170

ユルゲン・ハーバーマス（Jorgen Habarmas） 32
葉文虎　　42, 44
楊朝飛　　45
姚舜安　　117
山本正三　47
山下晋司　51
山下惣一　310

ら行

R・T・T・フォアマン（R・T・T・Forman） 30
李亜石　　88, 91, 300
李文華　　32
李金昌　　44
李暁明　　61
李富強　　89, 118, 155, 329
李王峰　　171
粟冠昌　　85
梁中宝　　82
廖元壮　　90, 95, 96, 139
廖志国　　178
廖超穎　　90, 96, 139
廖輔林　　120, 123
劉茂松　　27
レイチェル・ガンバータン（Rachel Guimbatan） 63
ロデリック・ナッシュ（Roderick Nash） 34
盧葉　　　138

わ行

渡部章郎　29
W. F. ホワイト（W. F. White）　69

地名索引

あ行

アメリカ・サンタフェ　38
インドネシア・バリ　39
内蒙古敖倫蘇木生態博物館　167
雲南省麗江古鎮　22, 309
雲南省大理　309
雲南省香格里拉　309
雲南省紅河ハニ族棚田群　39

か行

広東省広州市　127, 130
賀州市昭平県黄姚古鎮　61, 63
貴州省六枝梭嘎生態博物館　167
貴州省鎮山布依族生態博物館　167
貴州省黎平堂安生態博物館　167
貴州省花渓鎮山村生態博物館　167
貴州省錦屏隆里生態博物館　167
九龍五虎観景点　90
広西壮族自治区桂林市　82, 127
広西壮族自治区桂東北　61
広西壮族自治区三江　165
広西壮族自治区泗水郷周家村白面瑶寨　62, 217
広西壮族自治区東興万尾京族生態博物館　169
広西壮族自治区靖西旧州壮族生態博物館　169
広西壮族自治区那坡達文黒衣壮族生態博物館　169
広西壮族自治区南丹黒湖白褲瑶生態博物館　169
広西壮族自治区融水安太苗族生態博物館　169
広西壮族自治区三江侗族生態博物館　170
広西壮族自治区灵川灵田長崗岭商道古村生態博物館　170
広西壮族自治区全秀瑶族生態博物館　170
広西壮族自治区賀州蓬塘客家囲屋生態博物館　170
広西壮族自治区南寧市　170
広西壮族自治区陽朔　199
湖南省五渓　96

湖南省長沙　　96
湖南省洞庭湖　　96
湖南省武陵　　96

さ行

三峡ダム　　22
山東省青州市　　96
スイス・ラヴォー　　39
スウェーデン・エーランド島南部　　39
スペイン・エルチェ　　39

な行

七星伴月観景点　　90

は行

フィリピンのコルディリェラ山脈の棚田　　39, 138
ブラジル・リオデジャネイロ　　42
北京市　　22
ポルトガル・アルト・ドウロ　　39
ポルトガル・ピコ島　　39

や行

山形県高畠市　　35

事項索引

あ行

一次的自然景観　　13
インフォーマル・インタビュー　　67, 68, 70, 120, 187, 188, 232
上有政策，下有対策　　297
請負責任山　　163, 164
エコ・ツーリズム　　19
エコ・ミュゼ　　166
エスノグラフィー　　69
エントロピー学派　　59

か行

科学技術庁資源調査会　　49
価値観　　3, 4, 21, 24, 26, 41, 42, 43, 45, 50, 51, 52, 54, 172, 253, 284, 285, 288, 302, 304, 305, 308
環境意識　　42, 43, 45
環境価値　　44, 45
慣習法　　117, 134, 137, 155, 161, 162, 184, 315, 318
外部経済の内部化　　324, 325
合作社　　122
キーパーソン　　70, 120
客観主義的参与観察　　70
組仲間的共同體　　64
グラウンデッド・セオリー・アプローチ　　70
グリーンツーリズム　　19, 52, 63, 305, 306, 307, 324, 336
グローバル・コモンズ　　60
景観生態学　　29, 30
経済価値　　18, 19, 20, 33
経済林　　157, 161, 163, 164, 165
桂林龍脊旅行有限責任公社　　86, 88, 111
県級景区管理室　　289
建設的積極的協同　　65, 315
兼業　　310, 311, 312, 313
原風景　　31
公共性　　32, 35

公共財　32, 33, 36, 297
耕作放棄地　94, 113, 124, 206, 244, 297
広西郷村発展研究会　87
広西民族生態博物館建設1＋10工程　169
個人史　5, 67, 70, 120
国連環境宣言　42
国連人間環境会議　42
コミュニティ型コモンズ　65
コモンズ　5, 9, 56, 57, 58, 59, 61, 320, 335
コモンズ論　9, 56, 57, 58
コモンズ（共有地）の悲劇　57, 63
郷鎮企業　330

さ行

晒衣節　100
山間地域・中山間地域農村　4, 6, 139, 299, 334
三中全会　126
三農問題　25, 26, 79, 285, 330, 331
三魚共首橋　131, 176
参与観察　67, 69
寨老　5, 71, 105, 115, 116, 117, 118, 119, 120, 122, 128, 129, 130, 131, 132, 133, 134, 155, 316
寨老制　115, 116, 117, 118, 134
シカゴ学派　69
資源化　3, 4, 9, 52, 53, 54, 300, 301
資源管理　3, 4, 64
資源分配　4, 287, 315, 316, 333
資源論　5, 9, 51
師公　131
四清工作　127
自然環境に対するその地域の人々の作法の表れ　3, 12
自然中心主義　14, 15
自然文化遺産　38, 39, 55
質的研究　65, 66, 67, 68, 69
集団所有　161, 162, 315
主観主義的参与観察　70
小康　220, 301
商業化　5, 257, 258, 262, 263, 271, 272, 273, 278, 303, 307

森林資源管理　　137, 138, 151, 158, 165, 316
自給自足　　24, 26, 80, 173, 304, 311, 319, 331
人民公社　　122, 320
人民代表　　122
持続可能な発展　　42, 43, 335
自留地　　126
自留山　　164
人工景観　　13
水源林　　157, 158, 161, 162, 165
生育計画　　121, 194
生態環境価値　　17, 18, 19, 20, 33
生態公益林　　157
生態博物館　　6, 81, 110, 113, 114, 130, 132, 138, 166, 167, 168, 169, 170, 171,
　　　　　　　172, 174, 176, 181, 182, 183, 184, 197, 202, 204, 205, 214, 221,
　　　　　　　222, 225, 280, 308, 336
生態補償　　162, 292, 295, 296
生活価値　　17, 18, 19, 20, 33
生活環境主義　　15
静態　　24
清賦　　155
成文慣習法　　154, 155, 158
石碑制　　117
世界遺産　　22, 37, 172
世界重要農業遺産システム　　39
村規民約　　118, 154, 292
村落共同体　　3, 4, 5, 6, 7, 64, 65, 137, 154, 173, 299, 306, 315, 316, 318, 322,
　　　　　　　324, 334
壮族　　81, 85, 108, 118, 169, 238, 327

た行

退耕還林政策　　295
田相　　34
棚田維持費　　89, 94, 125
棚田維持管理委員会　　105
棚田公園　　281, 282
棚田の公園化・庭園化　　283, 288
大自然　　237, 242, 244, 245
第二の平安にならない　　81, 305, 306

中国博物館学会　　23, 88, 110, 114, 167, 174, 308
土司制度　　116, 327
動態的保全　　7, 46, 48, 299, 302, 307, 335, 336

な行

菜の花プロジェクト　　94, 149, 150, 151, 293, 294, 296, 328
農学原論　　17
農の多面的機能　　3, 17, 19, 40, 310, 314, 315, 325
農村の大都会　　81, 216, 219
農林水産業に関連する文化的景観の保存・整備・活用に関する検討委員会　　40
二元戸籍制度　　25, 266, 301
二次的自然景観　　9, 13
人間中心主義　　14, 15, 44
人間と自然の調和　　14, 15
ネットワーク型コモンズ　　65
内発的発展　　287, 288
ナラティブ・インタビュー　　70, 120

は行

バイオ・リージョナリズム　　59
バウエル　　64
パラダイムシフト　　20
平野・戒能論争　　64
日雇い棚田耕作者　　5, 142, 146, 147, 148, 149, 150, 151, 152, 153
表象の暴力　　69
美的価値　　31
人と自然の共同作品　　3, 38, 335
百年古屋　　178, 179
フォーマル・インタビュー　　67, 68, 69
風景　　10, 12, 27, 28, 47
不成文慣習法　　154, 155, 165
文化資源学会　　51
文化的アイデンティティ　　28
文化庁　　23, 39, 40
文化局　　23, 39, 167, 180, 308
文化景観　　40
文化的景観　　10, 36, 37, 38, 39, 40, 45, 48

文化的農村景観　　5, 9, 24, 41, 45
平安酒店　　93, 148, 150, 152
紅瑤　　99, 100, 128
保甲制度　　116
保存的再開発　　14
防衛的消極的協同　　65

ま行

マイクロクレジット　　193, 197, 296, 329
満足景観　　35
緑のダム　　138
メタンガスプロジェクト　　159

や行

瑤族　　81, 85, 96, 98, 100, 101, 117, 118, 154, 155, 156, 169, 220, 224, 238, 285, 310, 327
瑤民起義　　118
ユネスコ　　22, 23, 37, 38, 39, 40
用材林　　157

ら行

リピーター　　279, 306, 326
林権証　　164, 165
林権改革　　164, 165
林枝站　　163
量的研究　　65, 66, 67, 68, 70
龍勝各族自治県民族局　　62, 96, 128, 155, 217
龍勝県森林資源管理条例　　154
龍脊大隊　　122
龍脊鎮人民政府・龍脊風景名勝区管理局　　289, 291, 292
麗晴飯店　　93, 122, 123
六枝原則　　168
ローカル・コモンズ　　59, 60
ローカル・ノレッジ　　70

図表索引

第1章　農村景観の動態的保全に関する理論
図 1-1　現代農業・農学の価値目標……………………………………………18
図 1-2　稲杭のある農村景観（日本・山形県高畠町）………………………35
図 1-3　農村景観を保存することでの各アクターにとっての主な価値……56
表 1-1　自然保護地域内における環境評価主体の価値目標…………………55

第2章　龍脊棚田地域の3つの村
図 2-1　中国全土のなかでの広西龍脊棚田地域の位置………………………82
図 2-2　菜の花が植えられている春の棚田（大寨村）2010年3月撮影……83
図 2-3　水が張られ田植えが始まった夏の棚田（平安村）2010年5月撮影…83
図 2-4　稲刈り前の秋の棚田（平安村）2014年9月撮影……………………84
図 2-5　稲刈りが終わって1ヶ月後の冬の棚田（平安村）2009年11月撮影……84
図 2-6　龍脊棚田地域の地図……………………………………………………86
図 2-7　龍脊棚田地域の地図……………………………………………………87
図 2-8　平安村小学校（平安村）………………………………………………95
図 2-9　瑤族（紅瑤）女性の民族衣装（大寨村）……………………………99
図 2-10　瑤族の女性（大寨村）………………………………………………100
図 2-11　針仕事をする瑤族の女性たち（大寨村）…………………………101
図 2-12　大寨村の一般的家庭（大寨村）……………………………………104
図 2-13　龍勝―平安村間の循環小型バス（平安村）………………………107
図 2-14　土砂崩れで寸断された道路（古壮寨）……………………………112
図 2-15　棚田上部の森林の小規模な土砂崩れ（古壮寨）…………………113
図 2-16　平安村寨老・廖輔林氏………………………………………………123
図 2-17　大寨村寨老・潘文富氏………………………………………………129
図 2-18　古壮寨、侯家の寨老の1人・侯慶龍氏……………………………132
図 2-19　古壮寨の棚田…………………………………………………………133
表 2-1　龍脊棚田地域において棚田を活用した観光業を行う3つの村（2014）……81

表2-2	龍脊棚田地域（平安村・大寨村・古壮寨）における旅行業開発の経緯	88
表2-3	平安村を構成する地域の戸数と人口	91
表2-4	平安村の1人あたりの平均年収の変化	93
表2-5	大寨村を構成する地域の戸数と主要な姓と民族	98
表2-6	大寨村の1人あたりの平均年収の変化	103
表2-7	行政区分の6自然集落の13グループ	109
表2-8	古壮寨を構成する3姓の戸数と人口	109
表2-9	古壮寨の1人あたりの平均年収の変化	112

第3章　3つの村の棚田保全を支える特徴的要素

図3-1	仕事をする瑤族の女性（大寨村）	156
図3-2	広西民族生態博物館建設1＋10工程	169
図3-3	古壮寨の資料館	175
図3-4	古壮寨にある歴史的文化財の点在地	175
図3-5	古壮寨の3つの姓が共生を誓った証の三魚共首石刻図（古壮寨）	176
図3-6	水車小屋（上）とその解説（下）	177
図3-7	非常用水備蓄の太平清缸（上）とその解説（下）	178
図3-8	侯家の百年古屋（上）とその標識（下）	179
図3-9	侯玉金氏の百年古屋内部	180
図3-10	侯玉金氏	181
表3-1	村外日雇い棚田耕作者が必要になった理由（複数回答）	143
表3-2	村外の人を雇う理由（複数回答）	144
表3-3	日雇い棚田耕作者の農業技術に対する考え	145
表3-4	日雇い棚田耕作者への日給としてふさわしいと考えられる額	146
表3-5	今後村外の日雇い棚田耕作者を雇うか否か	146
表3-6	今後雇う／雇うかもしれない理由（複数回答）	146
表3-7	今後も雇わない理由（複数回答）	147
表3-8	村外の日雇い棚田耕作者が普遍化することに対しての考え（複数回答）	147
表3-9	平安酒店の近年の村外日雇い農民の雇用実績	148
表3-10	村内各集落での各戸への経済林分配面積	163

第4章　住民・旅行者・政府の農村景観への眼差し

図4-1	回答者の年齢	192
図4-2	回答者の学歴	193
図4-3	回答者の職業（複数回答）	194
図4-4	回答者の家族の人数	195
図4-5	回答者の家庭の所有農地面積	195
図4-6	収入が増加したと実感した時期	196
図4-7	地域の農村景観を美しいと思うか否か	198
図4-8	地域の農村景観に誇りを感じるか否か	200
図4-9	個人所有のものも地域景観の構成を担っていると考えるか否か	201
図4-10	個人所有のものも地域景観のなかの貴重な財産であると考えるか否か	203
図4-11	地域の農村景観は誰のものかという考え（複数回答）	204
図4-12	農村景観変化の有無	205
図4-13	農村景観に生じた変化	206
図4-14	農村景観に変化が生じた理由（複数回答）	206
図4-15	農村景観が変化することでの利点（複数回答）	207
図4-16	農村景観が変化することでの欠点（複数回答）	207
図4-17	自家の棚田の耕作状況	209
図4-18	今日まで棚田が維持されている理由（複数回答）	210
図4-19	棚田維持で苦労している点（複数回答）	211
図4-20	棚田維持のために必要なこと（複数回答）	213
図4-21	農村景観美化のためにしていること（複数回答）	214
図4-22	現在棚田耕作を行う理由（複数回答）	215
図4-23	将来において棚田耕作を行う理由（複数回答）	215
図4-24	旅行者が地域に訪れる理由として考えられること（複数回答）	216
図4-25	地域の旅行業管理に最適なアクター（複数回答）	218
図4-26	龍脊棚田地の3つの村で経営方式、生活方式が最も良好であるといえる村	219
図4-27	将来地域の農村景観がどう変化するか（複数回答）	222
図4-28	農村景観を軸とした生活継続のための解決すべき課題（複数回答）	223
図4-29	棚田を平地の水田に開拓することへの考え	225
図4-30	棚田を娯楽施設に変えることへの考え	226
図4-31	都会への移住希望	227
図4-32	都市への移住希望者の理由（複数回答）	227
図4-33	都市へ移住を希望しない者の理由（複数回答）	228

図 4-34	都市と村での収入比較	229
図 4-35	旅行業が衰退消滅した場合棚田耕作を継続するか否か	230
図 4-36	将来自身の子供が村で生活することを希望するか否か	231
図 4-37	性別	235
図 4-38	年齢	235
図 4-39	学歴	236
図 4-40	龍脊地域での滞在日数	236
図 4-41	旅行同伴者人数	237
図 4-42	農村景観への美的評価	237
図 4-43	農村景観に対しての親近感	238
図 4-44	住民個々人のものも全て地域景観を構成する一部分と考えるか否か	240
図 4-45	住民が有する個々人のものは全て地域景観の貴重な財産だと思うか否か	241
図 4-46	当該地域の農村景観は誰のものだと思うか	242
図 4-47	当該地域農村景観の長所	243
図 4-48	当該地域農村景観の短所	244
図 4-49	過去と現在で景観に変化があると思うか否か	245
図 4-50	農村景観に変化を生み出した要因の予想	246
図 4-51	農村景観に変化を生み出さなかった要因の予想	247
図 4-52	農村景観の変化によってもたらされる利点の予想	249
図 4-53	農村景観の変化によってもたらされる欠点の予想	249
図 4-54	当該地域で今日まで棚田を維持している理由の予想	251
図 4-55	住民が農作業のなかで最も苦労している点の予想	252
図 4-56	農作業の苦労を克服するために住民が最も必要としていることの予想	253
図 4-57	自身が地域訪問後に景観保全のために気をつけていること	254
図 4-58	農村景観保全のためにボランティアに参加可能な日数	255
図 4-59	当該地域に訪れた理由	256
図 4-60	地域訪問後に魅力を感じた点	257
図 4-61	地域訪問後に残念に感じた点	257
図 4-62	地域訪問前に予想していたことと訪問後との差異	259
図 4-63	地域の旅行業管理に最も相応しいと思うアクター	260
図 4-64	大寨村と平安村に対する好感の比較	261
図 4-65	地域農村景観の将来の予想	263
図 4-66	棚田を放棄して平地農業にすることを支持するか否か	264
図 4-67	棚田を放棄して娯楽施設にすることを支持するか否か	264

図 4-68	旅行業衰退後に住民が棚田耕作を継続するか否かの予想	265
図 4-69	地域住民の都市移住願望に対する予想	265
図 4-70	商品販売のため旅行者を囲む地域住民（大寨村）	270
図 4-71	入り口の路肩に続く商店（平安村）	271
図 4-72	民宿娯楽施設の案内（平安村）	272
図 4-73	写真撮影用の有料衣装貸し出し（平安村）	272
図 4-74	平安村入口にある村を紹介する立て看板（平安村）	281
図 4-75	棚田公園で遊ぶ旅行者（平安村）	282
図 4-76	棚田公園でオタマジャクシを捕まえる村の子供（平安村）	282
図 4-77	政府の指導によって景観整備をした棚田・2（大寨村）	283
図 4-78	瑤族の村に存在する一対の祖先の像（大寨村）	286
図 4-79	村内の建築家屋の許可地点を示す図（大寨村）	290
図 4-80	政府からの「棚田での水稲耕作の確保に関する通知」（大寨村）	290
図 4-81	「平安風景区環境衛生整備に関する通知」（平安村）	292
図 4-82	「龍脊風景区核心地域内統一稲刈りに関する通知」（平安村）	292
図 4-83	村民委員会が政府の補助金支給制度を活用するよう住民に促す通知	293
図 4-84	政府からの補助金と指導による菜の花での景観整備の内容	293
図 4-85	政府の補助・指導により植えられた農閑期の菜の花（大寨村）	294
図 4-86	政府の補助・指導により植えられた農閑期の菜の花（平安村）	295
図 4-87	マイクロクレジットの説明（大寨村）	296
図 4-88	村内のマイクロクレジットの一連の手続きを行う事務所（平安村）	296
表 4-1	平安村各集落からの回答者の選出	188
表 4-2	大寨村各集落からの回答者の選出	188
表 4-3	古壮寨各集落からの回答者の選出	189
表 4-4	回答者の性別	191
表 4-5	回答者の民族	191
表 4-6	回答者の出身地	191
表 4-7	出身地中国国内旅行者10名海外からの旅行者10名	235

第5章　農村景観資源の動態的保全戦略

図 5-1	農村景観の資源化の過程	300
図 5-2	平安村における農村景観の動態的保全構造	303
図 5-3	大寨村における農村景観の動態的保全構造	305

図 5-4	大寨村内を歩く旅行者（大寨村）	307
図 5-5	古壮寨における農村景観の動態的保全構造	308
図 5-6	他界した村民の自宅から埋葬する墓地へ納骨に向う村民たち（平安村）	319
図 5-7	葬儀を行う家（平安村）	320
図 5-8	5日間続く葬儀で料理を準備する近隣の住民たち（平安村）	320
図 5-9	地域住民が建築中の家屋（大寨村）	321
図 5-10	龍脊の一般的な家屋（大寨村）	321
図 5-11	新築家屋の屋根に瓦を一枚一枚敷いている村民たち（古壮寨）	322

著者紹介

菊池真純（きくち　ますみ）
東京大学教養学部特任准教授、博士（学術）。

2005－2006年：広東培正大学国際学院（中国広東省広州市）講師、2006－2009年：青島理工大学国際学院（中国山東省青島市）講師を経て、2008－2011年：早稲田大学大学院アジア太平洋研究科後期博士課程国際関係学専攻在籍、2009－2010年：北京大学大学院環境科学与工程学院環境科学系交換留学、2011年：早稲田大学にて博士（学術）を取得。2011－2015年：早稲田大学国際教養学部助手を経て、2015年より現職。

農村景観の資源化
――中国村落共同体の動態的棚田保全戦略――

2016年10月26日　第1版第1刷発行

著者　菊　池　真　純
©2016. Kikuchi Masumi

発行者　橋　本　盛　作

発行所　株式会社　御茶の水書房
113-0033　東京都文京区本郷5-30-20
電話　03-5684-0751／FAX　03-5684-0753
印刷・製本　シナノ印刷㈱

ISBN978-4-275-02052-9　C3036　Printed in Japan
＊落丁本・乱丁本はお取替えいたします。

複雑適応系における熱帯林の再生――違法伐採から持続可能な林業へ	関　良基 著	A5判・二八〇頁　価格　五七〇〇円
中国の森林再生――社会主義と市場主義を超えて	関良基・向虎・吉川成美 著	A5判・二七八頁　価格　二二〇〇円
中国農村の共同組織	小林一穂・劉文静・秦慶武 著	A5判・三一〇頁　価格　五四〇〇円
中国華北農村の再構築――山東省鄒平県における「新農村建設」	小林一穂・劉文静・編著	A5判・二四二頁　価格　三三〇〇円
中国朝鮮族村落の社会学的研究	劉文静 編著	A5判・六六〇頁　価格　七二〇〇円
近代上海と公衆衛生――防疫の都市社会史	林　士由紀 著	A5判・三三〇頁　価格　六八〇〇円
現代中国の移住家事労働者――農村‐都市関係と再生産労働のジェンダー・ポリティクス	大橋史恵 著	A5判・三三二頁　価格　七八〇〇円
環境・農業・食の歴史――生命系と経済	伊丹一浩 著	A5判・二一四頁　価格　三二〇〇円
オアシス社会50年の軌跡――イラン農村、遊牧そして都市	後藤　晃 編	菊判・四〇〇頁　価格　六〇〇〇円
グローバリゼーション下の農業構造動態――本源的蓄積の諸類型	山崎亮一 著	A5判・三三〇頁　価格　八六〇〇円
ヴィレッジフォン――グラミン銀行によるマイクロファイナンス事業と途上国開発	佐藤彰男 ほか著	A5判・二〇〇頁　価格　二八〇〇円
開発フロンティアの民族誌――東アフリカ・灌漑計画のなかに生きる人びと	石井洋子 著	A5判・三二〇頁　価格　四八〇〇円

御茶の水書房
（価格は消費税抜き）